JN035700

大阪大学出版会

生命科学が変わる！

Life Science is Changing!

タンパク質の構造・機能の
基礎から研究テーマ例まで

倉光成紀
増井良治
中川紀子 著

はじめに

　ヒトのゲノム解析が完了し、我々はゲノム情報を手中に収めた。そのゲノムとは、ヒトの細胞の中にある生命活動を営むために欠くことのできない遺伝子群の1セットである。ゲノムには約2万個の遺伝子が存在し、そのおかげで我々ヒトはこの地球環境の中で生きることができる。そのゲノム情報の中には、「神業」としか思えないような巧妙な仕組みが数多く組み込まれていることがわかってきた。しかし、まだその「機能」がわかっていない遺伝子も半分近く残されているうえ、各遺伝子の発現を調節する領域についてもわかっていないことが多い。そこで、次のステップとして、ゲノム情報の意味を解読するためのさまざまな研究が始められており、新しい現象が次々と発見されている。このように、研究者にとって現代はとても幸せな時代であるが、研究者ごとに異なるテーマで研究を行い、得られる情報が飛躍的に増えてくると、生命科学の全体像を理解することが難しくなってきた。

　著者らはこれまでに、タンパク質からなる酵素分子の研究を中心にして、細胞全体を原子分解能で理解することを最終目標にした研究に着手してきた。その経験から、タンパク質分子の働き方はさまざまでも、それぞれの働きをするためのメカニズムには共通の一般法則が数多くあることを知った。そのような一般法則が数多く分かるようになれば、将来の生命科学の学習は、まず、(1) 一般法則を学んでおき、その後、(2) 各論的な情報をデータベースで検索するという形で進めることが可能になり、学習者の負担が大幅に軽減できる。そのためには、(1) の一般法則の情報量を充実させておくことが課題となる。

　本書では、生命科学を理解する上で、知っておくと便利で、いろいろな場面に役立ちそうな一般法則を、おもにタンパク質の立体構造と機能について収集することを試みた。いざ、そのような試みを始めてみると、生命科学の領域にはいかに多くの課題が手つかずで残されているかにも気づかされた。そこで、現時点では一般法則として認められていないが、将来、生命科学の一般法則となりそうな、「原理が解明されていない生命現象」も書き留めてみた。志ある方々に、「将来の一般法則」に育て上げていただければ幸いである。新たな現象の理解は、自然の偉大さをあらためて認識することだけでなく、その理解を応用した社会貢献の可能性にもつながる。

　本書では、生物のゲノム解析後の課題である「タンパク質」について理解するための基本事項をコンパクトにまとめた。タンパク質にはいかにまだ多くの謎が残されており、その研究分野はいかに魅力的であるかが伝わることを願っている。やや難解な部分もあるかもしれないが、この小さな本に、タンパク質の理解に必要な基礎的知識や図版をなるべく収めて、教科書ともなるように努めた。将来の社会では、自分の健康管理をできるだけ自分自身で行い、病気になった時の治療法も、医師から提案された中から、自分で選択するような機会がますます増えると予想される。さらに、健康食品、遺伝子組み

換え食物、有機農業などに対するリテラシーも求められる。そのような生命科学に関する事柄を自分自身で的確に理解するためには、たとえ遠回りに思えても、基本的な生体分子の構造と機能を化学的に理解しておくことが、「急がば回れ」で、結局は近道になる。

本書は以下のように構成されている。

第1章で、DNA情報を利用してタンパク質ができるまでの全体像（セントラルドグマ）から、「生きていること」のすばらしさを概観した後、第2章では、生きることを可能にしている生体分子、とくにタンパク質を中心にして、「生命現象を化学的に、さらに、なるべく定量的に、理解するための基礎知識や一般法則」を理解することを試みる。タンパク質が関与する生命現象を理解するためには、第2章前半のアミノ酸側鎖に関する箇所だけで十分だが、より広範囲に生命現象を理解する必要が生じた時には、第2章後半に記載された生体分子の構造の情報が役立つ。これらは、生命科学の基礎を大学で講義されている国内外の先生方とも議論を重ね、「いかに少ない知識で、生命現象が理解できるか」という趣旨で選んでみた。これらの生体分子は代表的な分子であり、それら自身やその誘導体は頻繁に出現する。そのため、同じ情報を検索するにしても、関連分野の理解がより深く、速くなる。

第3章では、タンパク質分子の立体構造と、その構造ができる過程や壊れる過程、そして、できた構造の安定性などについて、第2章を活用しつつ紹介する。

第4章では、タンパク質分子の中の酵素分子について、基質と低濃度の酵素との定常状態の反応解析によって、酵素反応全体のどのような情報が得られるかを紹介する。酵素分子は、基質に結合した後、「切ったり、貼ったり」する反応を触媒する。その結合過程の解析法は、「切ったり、貼ったり」を行わないタンパク質分子の結合過程にも利用できる。さらに第4章後半では、酵素分子を含めたタンパク質の研究方法の中で、第2〜6章で使用する方法をまとめてみた。

第5章では、第2〜4章までの情報も利用し、「酵素タンパク質の立体構造と分子機能は、どこまで理解することができるようになったか」、「何がわかっていないか」などについて、実際の例を利用しつつ、なるべく一般性を持たせて紹介する。それらによって、「一般法則」として認められている生命現象や、現代ではまだ「一般法則」としては認知されていないが頻出する「不思議な生命現象」があるとともに、各タンパク質の研究がいかに深いか、楽しいか、などが伝われば幸いである。第6章で対象となるタンパク質群は、第5章のような個性あるタンパク質達である。

なお、本書の構成として、生命現象をなるべく定量的に理解してもらうことを意識した。そのため、第2章ではアミノ酸側鎖の平衡反応、第3章では立体構造形成を例にして平衡と反応速度との関係、第4章と第5章では酵素反応における平衡と反応速度との関係が理解してもらえるように努めた。また、反応式の導出などは、基本的な一例について、なるべく詳細に紹介してみた。本文全体の流れにはよくなかったかも知れないが、

反応式を導出する過程で、その中に含まれている仮定などが理解できることが多いので、「式が苦手」という方はぜひ挑戦してみていただきたい。

　第6章では、個々の生物の生命現象が予測できる時代へ向けた研究方法を考えてみる。我々の身体には、第3〜5章のようなタンパク質が2万種類以上存在する他に、DNA、糖、脂質、金属、その他多くの分子も存在し、我々が寝ている間にですら、それらの多数の分子・原子群は実にうまく働いている。これは、まさに奇跡に思える。そのようなヒトの身体の仕組みを、その構成分子の立体構造にもとづいて理解しようとするならば、どのような過程が有り得るかを第6章で具体的に考えてみる。

　時代とともに新たな事実が次々に解明されていくので、著者らの考えもあっという間に陳腐なものになるのは覚悟の上で、各章末の研究テーマの例を含めて、敢えて提案を試みることにした。それらに対して、忌憚のない、積極的な御意見・御提案をお寄せいただきたい。

　なお、今後の改訂などについては、大阪大学出版会のホームページ（https://www.osaka-up.or.jp/book.php?isbn=978-4-87259-797-4）に掲載の予定です。

　2022 年春

倉光成紀、増井良治、中川紀子

目　次

はじめに ………………………………………………………………………………… i

第1章　生きていることの神秘 …………………………………………………… 1

1. 命の設計図（DNA）はどのような形をしているのか ……………………… 1

2. DNA が「切れず」「もつれず」正確に複製される仕組み ………………… 4

3. 意外に不安定な遺伝子情報を正確に引き継ぐ仕組み ……………………… 4
　3.1　DNA は意外に不安定 ? ………………………………………………… 4
　3.2　DNA の修復と生物の進化 …………………………………………… 6

4. DNA の転写と翻訳 ……………………………………………………………… 7
　4.1　選ばれた 20 種類のアミノ酸 ………………………………………… 7
　4.2　アミノ酸の並び順を決める巧妙な暗号 …………………………… 7
　4.3　DNA から転写される RNA の形と役割 …………………………… 8
　4.4　RNA の情報を翻訳しタンパク質を作る驚異的な装置 ………… 9

　本章に関連した研究テーマの例 ……………………………………………… 11

第2章　生体分子の構造と働き ………………………………………………… 13

1. 生体分子の元素 ………………………………………………………………… 13

2. タンパク質分子のイメージ …………………………………………………… 14

3. 多くの機能を備えたアミノ酸側鎖（残基） ……………………………… 16
　3.1　各アミノ酸側鎖の構造式と略号 …………………………………… 18
　3.2　各アミノ酸側鎖の疎水性 …………………………………………… 20
　3.3　解離性側鎖のイオン化の挙動 ……………………………………… 22
　3.4　分子間相互作用を予測するための定量的理解 ………………… 23
　　3.4.1　理解のための手順 ……………………………………………… 23
　3.5　アミノ酸側鎖の pK_a シフト ……………………………………… 29

　　　3.5.1　電荷の影響 ……………………………………………… 29

　　　3.5.2　疎水性の影響 …………………………………………… 30

　　3.6　複雑な分子間相互作用 ……………………………………… 31

4. 生命科学をより深く理解するための基本事項 …………………… 32

　　4.1　生命科学で頻出する生体分子の構造式「チェックリスト」… 32

　　4.2　チェックリストを習得するための資料 …………………… 33

　　　4.2.1　タンパク質のアミノ酸側鎖 …………………………… 33

　　　4.2.2　糖質 ……………………………………………………… 34

　　　4.2.3　ヌクレオチド・核酸 …………………………………… 43

　　　4.2.4　脂質 ……………………………………………………… 46

参考文献 ……………………………………………………………… 50

本章に関連した研究テーマの例 …………………………………… 51

第3章　タンパク質の立体構造─これまでにわかった法則と残された謎─ ……… 53

1. タンパク質の構造が変わると生じる機能変化 …………………… 53

2. アミノ酸配列から立体構造を予測する挑戦 …………………… 55

　　2.1　高次構造の予測へ向けた初期の試み ……………………… 56

　　2.2　成功したフォールド（ドメイン単位）の立体構造予測 …… 65

3. 予測した立体構造が正しいことを確かめる方法 ………………… 70

4. 立体構造予測法の進歩によって、可能になったこと …………… 70

　　4.1　医薬品開発が飛躍的に発展した …………………………… 70

　　4.2　新しい構造のタンパク質を作ることができた …………… 70

　　4.3　新しい機能の酵素ができた ………………………………… 71

5. 今後の立体構造解析 ……………………………………………… 72

6. 分子の相互作用の一般法則 ……………………………………… 73

　　6.1　相互作用の熱力学的解釈 …………………………………… 73

　　6.2　非共有結合の相互作用 ……………………………………… 76

　　　6.2.1　疎水性相互作用 ………………………………………… 76

　　　6.2.2　水素結合 ………………………………………………… 77

　　　6.2.3　イオン間相互作用 ……………………………………… 78

　　6.3　共有結合の違いによる相互作用の変化 …………………… 78

　　　6.3.1　SS 結合 ………………………………………………… 78

  6.3.2 ループ部分やプロリン残基 ·· 79
 6.4 タンパク質の安定化エネルギーの不思議 ································· 79

7. タンパク質の安定性─平衡反応と反応速度との関係 ············· 80
 7.1 平衡反応（平衡定数） ·· 80
 7.2 平衡と両方向の反応速度との関係 ······································· 82
 7.3 タンパク質の安定性と再生・変性の速度との関係 ··············· 86
 7.4 タンパク質の耐熱性─理論編 ·· 87
  7.4.1 各アミノ酸側鎖間の安定化エネルギーを調べる方法 ··········· 89
  7.4.2 タンパク質の立体構造形成過程 ······························ 91
  7.4.3 遷移状態の立体構造 ··· 91
  7.4.4 タンパク質を安定化する試薬類の作用 ··················· 93
 7.5 タンパク質の耐熱化─実践編─ ··· 94
 7.6 安定性を調べる実験のコツや落とし穴 ································· 99

参考文献 ·· 101
本章に関連した研究テーマの例 ··· 103

第4章 タンパク質の分子機能─これまでにわかった法則─ ············· 105

1. 酵素タンパク質の反応過程 ·· 105
 1.1 もっとも簡単な反応過程の理解 ··· 105
 1.2 極限まで進化している多くの酵素 ······································ 111
 1.3 解離速度に依存する基質との親和性 ··································· 112
 1.4 基質の結合と解離の謎 ··· 114
 1.5 グラフを利用して反応動力学定数を求める方法 ·················· 114

2. 迅速平衡の取り扱いの利用例 ··· 116
 2.1 阻害様式の反応式 ·· 116
 2.2 非生産的結合の影響を受けない k_{cat}/K_m ···························· 118
 2.3 基質濃度［S］に対して活性が直線的に増加しても、落胆しなくてよい！ ···· 121
 2.4 k_{cat} と K_m の pH 依存性から得られる酵素反応機構の情報 ··· 121

3. タンパク質の機能を調べるための実践的アドバイス ··············· 125
 3.1 タンパク質の選定 ·· 126
 3.2 生物種の選定 ··· 126
 3.3 細胞内機能の情報の収集 ··· 126
 3.4 原子分解能を目指した分子機能解析 ··································· 128

3.4.1 タンパク質の安定性を確認 ·· 128
3.4.2 タンパク質の調製 ··· 128
3.4.3 基本データの収集 ··· 129
3.4.4 立体構造解析と分子機能解析 ·· 133

参考文献 ·· 142
本章に関連した研究テーマの例 ·· 143

第5章　タンパク質の分子機能解析と残された謎 ······················· 145

1. 活性部位のアミノ酸媒基の役割を調べる一般的方法 ··········· 145
　1.1 触媒基について調べる方法 ·· 145
　1.2 基質結合残基について調べる方法 ······································ 146

2. 分子機能を広く学ぶことができるタンパク質の例 ··············· 146
　2.1 ミオグロビンとヘモグロビン ·· 147
　2.2 セリンプロテアーゼ ··· 148
　2.3 リゾチーム ··· 150
　2.4 Tyr-tRNA 合成酵素 ·· 150

3. 二基質酵素に秘められた謎 ·· 151
　3.1 基質との結合の謎（K_m 関連）··· 151
　　3.1.1 親水性基質にも疎水性基質にも働く「二刀流」酵素 ·················· 151
　　3.1.2 生物進化における基質認識などの変化の自由度 ······················· 155
　3.2 酵素反応の遷移状態を含めた謎（k_{cat} と K_m）···················· 157
　　3.2.1 定常状態と前定常状態の反応解析法を併用した反応過程の解析 ······· 157
　　3.2.2 反応速度解析で明らかになった中間体の立体構造を探る ············· 167
　　3.2.3 触媒基周辺のアミノ酸残基の役割 ······································ 170
　　3.2.4 変異型酵素と基質類似物質との組み合わせでわかる反応機構 ········· 171
　　3.2.5 酸性基質と相互作用するアミノ酸残基の役割 ························· 172
　3.3 さらに多くの反応過程を探索する試み ··································· 174
　　3.3.1 時分割ラウエ法 ··· 174
　　3.3.2 caged 化合物を利用する方法 ··· 174
　3.4 酵素分子の基質認識の謎 ·· 177
　　3.4.1 新たな創薬方法の原理が発見できる可能性 ··························· 177
　　3.4.2 ドメイン間の動きのエネルギー ··· 180
　　3.4.3 分子の揺らぎ ··· 184
　3.5 タンパク質工学による酵素反応解析法の限界 ······················· 184

4. 不思議な活性を示す酵素の例 ・・・・・・・・・・・・・・・・・・・・・・・・・・・・・・・・・・ 185
 4.1 k_{cat} と K_m との関係が不思議な RecJ 酵素 ・・・・・・・・・・・・・・・・・・ 185
 4.2 ウイルス感染に対抗するために不思議な機能を備えた dNTPase 酵素 ・・・・・・・ 186

 参考文献 ・・ 188
 本章に関連した研究テーマの例 ・・・・・・・・・・・・・・・・・・・・・・・・・・・・・・・・・・・ 190

第 6 章　基本的生命現象の系統的解明 ・・・・・・・・・・・・・・・・・・・・・・・・・・・ 193

1. 生物に共通な基本的生命現象の系統的解明 ・・・・・・・・・・・・・・・・・・・・・・・ 193

2. 高度好熱菌丸ごと一匹の化学的研究 ・・・・・・・・・・・・・・・・・・・・・・・・・・・・・ 194

3. 細胞モデルとして適した高度好熱菌 ・・・・・・・・・・・・・・・・・・・・・・・・・・・・・ 196

4. 研究の進行手順 ・・ 198

5. これまでの進行状況 ・・ 199
 5.1　第 1 段階：系統的なタンパク質の調製および立体構造解析 ・・・・・・・・・・・・・ 199
  5.1.1　全ゲノムの塩基配列決定 ・・・・・・・・・・・・・・・・・・・・・・・・・・・・・・・・・ 199
  5.1.2　各タンパク質の量産化 ・・・・・・・・・・・・・・・・・・・・・・・・・・・・・・・・・・・ 200
  5.1.3　タンパク質の精製、および、分子機能の確認 ・・・・・・・・・・・・・・・・・・・ 203
  5.1.4　リソースの公開 ・・ 203
  5.1.5　タンパク質の立体構造解析 ・・・・・・・・・・・・・・・・・・・・・・・・・・・・・・・ 205
 5.2　第 2 段階：系統的なタンパク質（遺伝子）の機能解析の試み ・・・・・・・・・・・・ 205
  5.2.1　系統的なタンパク質（遺伝子）の細胞内機能の解析 ・・・・・・・・・・・・・・ 206
 5.3　第 3 段階：各サブシステムの分子機能解析の試み ・・・・・・・・・・・・・・・・・・・ 214
  5.3.1　mRNA の分解系サブシステム ・・・・・・・・・・・・・・・・・・・・・・・・・・・・ 214
  5.3.2　翻訳語修飾：リン酸化サブシステム ・・・・・・・・・・・・・・・・・・・・・・・・ 217
  5.3.3　翻訳語修飾：アシル化サブシステム ・・・・・・・・・・・・・・・・・・・・・・・・ 218
  5.3.4　DNA 修復系サブシステム ・・・・・・・・・・・・・・・・・・・・・・・・・・・・・・・ 219
  5.3.5　第 3 段階のサブシステム解析結果の利用例 ・・・・・・・・・・・・・・・・・・・ 220
 5.4　第 4 段階―予測可能なシミュレーション― ・・・・・・・・・・・・・・・・・・・・・・・ 221

6. 今後の課題 ・・・ 221

 参考文献 ・・・ 223
 本章に関連した研究テーマの例 ・・・・・・・・・・・・・・・・・・・・・・・・・・・・・・・・・・・ 226

付　録

A1. 単位など ……………………………………………………………………… 227
　　基本物理定数 …………………………………………………………………… 227
　　単位の接頭語 …………………………………………………………………… 227
　　ギリシャ数字 …………………………………………………………………… 227
　　ギリシャ文字 …………………………………………………………………… 227
A2. アミノ酸側鎖などの構造式を理解するために …………………………… 228
A3. タンパク質などの立体構造を見てみよう ………………………………… 230
A4. 酵素反応を測定して見てみよう …………………………………………… 233

あとがき …………………………………………………………………………… 247

第**1**章

生きていることの神秘

1. 命の設計図（DNA）はどのような形をしているのか

　ヒトの約40兆個の細胞には、その一つ一つに核がある。核の中の DNA には、ヒトに共通で生命活動を営むために欠くことができない情報や、ヒトによって異なる個性を作り出すための情報など、ほとんどすべての情報が入っている（**図1-1**）。細胞の遺伝子群の1セットを**ゲノム**[1]というが、ヒトのゲノムは46本の染色体から成り立っており、同じ形の相同染色体という染色体（常染色体）が2本ずつ22セットと、性を決定する性染色体という2本（女性では同じ形 XX で相同だが、男性では形が違う染色体 XY）のあわせて46本の染色体がある（**図1-2**）。対の染色体は、父親と母親から1本ずつを受け継いだものである。

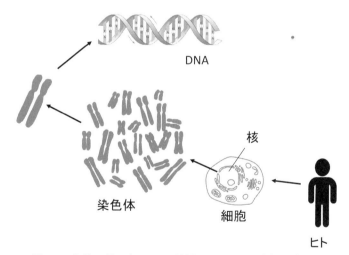

図1-1　細胞の核の中に DNA が折りたたまれた染色体がある

1）genome

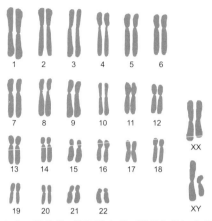

図 1-2 ヒトの染色体（相同染色体（常染色体）と性染色体）

コラム 1-1. 「染色体」

　「染色体」の名称の由来は、顕微鏡で細胞を観察するときに、観察しやすいように色素で色を付けるのだが、塩基性色素（中性条件下では正（＋）の電荷をもつため、リン酸基の負（−）電荷をもつ DNA（図 1-3）と結合しやすい）で、染色体がよく染め出されたことによる。ゲノムはどの細胞の中にも同じように存在するので、iPS 細胞は、いろいろな細胞から作ることができる。

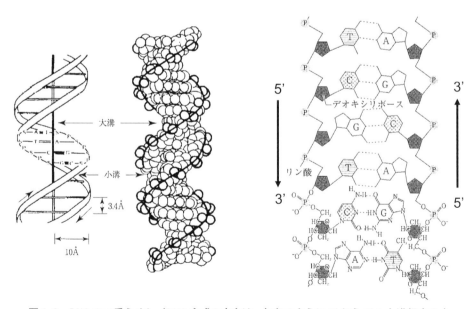

図 1-3　DNA の二重らせん（DNA 合成の方向は、矢印のように 5′ から 3′ へと進行する。）

遺伝子はデオキシリボ核酸（DNA）という化学物質でできている。DNAは長いヒモ状の物質で、デオキシリボース（糖）とリン酸、塩基の三つの化学物質が結合したヌクレオチドという単位が長く連なっている（図1-3）。各鎖は、糖のデオキシリボースとリン酸とが交互につながり、デオキシリボースには塩基が結合している。

　塩基はグアニン[2]（G）、アデニン[3]（A）（この二つはプリン塩基に属する）、チミン[4]（T）、シトシン[5]（C）（この二つはピリミジン塩基に属する）の四種（図1-4）であり、通常は（　）内のアルファベットで略して表記する。TとA、CとGは常に対になっている（図1-3，4）。このような二本鎖の相補性を利用した複製様式（図1-5）は、生殖細胞をつくる際や損傷を受けたDNAを修復する際にも好都合である。その塩基部分の順序が設計図の役割を果たしている。

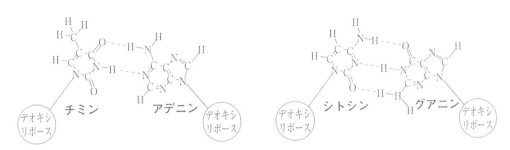

図1-4　DNA二重らせんの相補的な塩基対

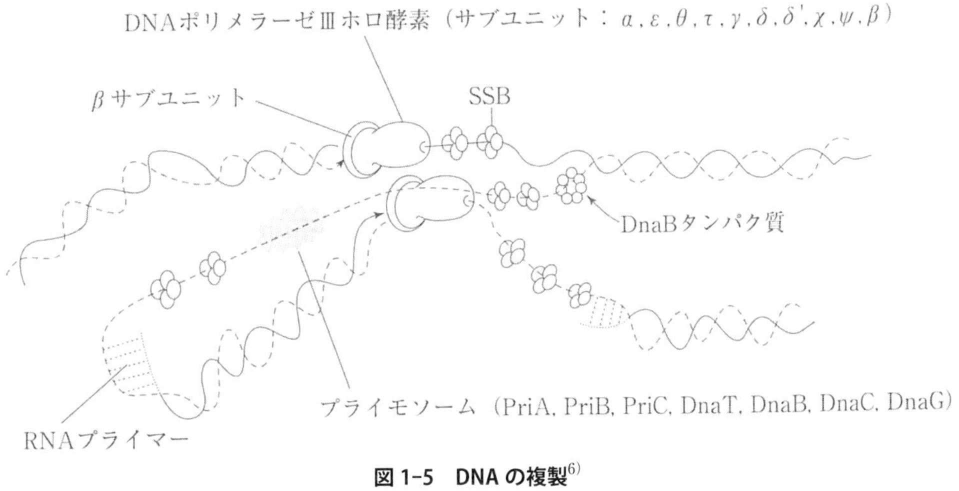

DNAポリメラーゼⅢホロ酵素（サブユニット：$\alpha, \varepsilon, \theta, \tau, \gamma, \delta, \delta', \chi, \psi, \beta$）

βサブユニット

SSB

DnaBタンパク質

プライモソーム（PriA, PriB, PriC, DnaT, DnaB, DnaC, DnaG）

RNAプライマー

図1-5　DNAの複製[6]

2）guanine
3）adenine
4）thymine
5）cytosine
6）この図はバクテリアの場合だが、ヒトなどの真核生物はさらに複雑で、巧妙な仕組みになっている。

ヒトゲノム、つまりヒト遺伝子の1セットの塩基配列は、ほぼ解明された。一つの細胞には、約 3×10^9 個（30億個）の塩基対がある。その塩基毎の間隔は 0.34 nm（ナノメートル）、すなわち 0.34×10^{-9} m（メートル）なので、一つの細胞の DNA の長さは約1メートル余となり、相同染色体があることを考慮すると約2メートルになる（ほぼ、人間の身長に近い）。DNA をもつヒトの細胞数を約30兆個として、全身の DNA を合計すると 6×10^{10} km（キロメートル）となる。これは、地球と太陽の間（1.5×10^8 km）を往復200回する、気の遠くなるような長さに相当する。

2. DNA が「切れず」「もつれず」正確に複製される仕組み

このように身長と同じくらいの長い DNA が、小さな細胞の中のさらに小さな核の中に折り畳まれて、しまい込まれている。ヒトが成長するということは、細胞が増えていくことで、同じ情報をもった細胞を複製していかなければならない。つまり、そのためには同じ DNA を複製し続けなければならない。DNA は細胞の分裂とともに増えていくので、20歳までに身体ができ上がるとして単純平均しただけでも、一秒当たり約 100 km という驚くべき速さで DNA のひもを作り続けていることになる。さらに、幼少期の方が多く複製されることや、DNA 傷害を修復するために頻繁に複製していることなども考えると、平均速度はより速くなる。

複製時に DNA が切れたりもつれたりせずにまったく同じ二倍になる仕組みは、きわめて優れている。ヒトの細胞の大きさは組織によって異なるものの、直径 0.1 mm 程度であり、その中の約 0.01 mm の核の中に約 2 m の DNA が 46 本の染色体にわかれて入っている。それらの染色体は、体細胞分裂の際に、「もつれる」こと無く複製された後、一組ずつの染色体が間違い無く各細胞に分配され、細胞分裂が完了する。しかし、DNA に傷害が残されている場合、その傷害の修復が完了するまで、細胞は分裂せずに待機している。これらのように、DNA を複製する過程には、わからないことがまだまだ多く残されている。

3. 意外に不安定な遺伝子情報を正確に引き継ぐ仕組み

3.1 DNA は意外に不安定？

遺伝子は、親から子へと何代も正確に受け継がれているので、DNA は安定と思われがちである。しかし、DNA 分子自体はそれほど安定ではなく、絶えず傷害を受けて修復されている（図1-6）。

たとえば、DNA から塩基部分がはずれると、細胞の情報が正確に伝達できなくなる。まして、複製中にそのようなことが起これば誤った情報が複製されることになる。一つの塩基についてみると、一生のうちにその塩基がはずれる確率は 1/2 程度である。しかし、DNA は長く、細胞数も多いので、一人の身体では1秒間に約 10 兆か所でそのような塩基の脱塩反応が起こっている。

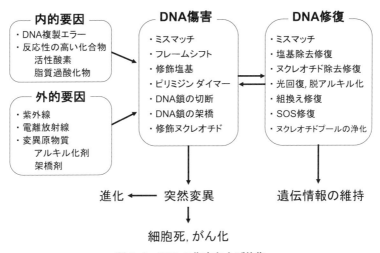

図 1-6　DNA の傷害および修復

　DNA 損傷はこのような塩基の離脱だけでない。糖とリン酸からなる DNA の鎖（図 1-3）の切断も起こる。さらに、体内の活性酸素による塩基の酸化傷害も起こる。図 1-7 左は酸化傷害により、遺伝情報が GC 塩基対から TA 塩基対（図 1-3, 4 参照）に変わる過程である。また、地球上には絶えず宇宙線が降り注いでおり、そのような電離放射線がヒトの身体を突き抜ける時に DNA に当たると、さまざまな傷害が生じる。運が悪ければ DNA の二本鎖がともに切断される場合もある。活性酸素による酸化や宇宙線のように、ヒトが生きていくうえで避けがたいものの他には、車の排気ガスやたばこ、さらに殺菌にも使われる紫外線などによっても DNA に損傷が生じる（図 1-6）。

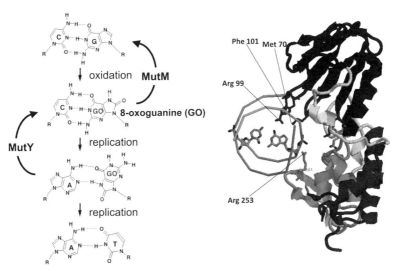

図 1-7　酸化傷害による DNA の突然変異と修復の過程（左）、および、酸化傷害の
　　　　修復に関与する MutM タンパク質（右）

細胞の中にはこのような DNA の傷害（事故）を始終見張り、修復する酵素群が存在する。たとえば、Ogg1（Mut M）タンパク質（**図1-7**）を含めた数種類の酵素が、塩基の酸化傷害を修復しており、活性酸素の攻撃から DNA を常に守っている。さらに、相同染色体の情報を利用して DNA をつなぐ機構までもが、ヒトの身体には備わっている。

　そのようにして、DNA に生じた損傷は即座に修復されているので、我々自身は何ごとも起きていないかのように錯覚しているが、実際には常に DNA 損傷という小さな（？）病気になっているのである。それらの DNA 損傷が修復されなければ、細胞ががん化することもある。その一方で、DNA の変異は、生物の進化につながることもある。

　元気なうちは「生きている」ことを当然のように思うことが多い。そのため、歯が一本痛んだり足の骨が一本折れたりするだけでパニックに陥ることがある。それに比べると DNA に起こる損傷の一つ一つは小さなことと思われるかも知れないが、見逃すことはできない。

3.2　DNA の修復と生物の進化

　DNA 損傷を、即座に修復するための 100 種類以上の仕掛けは、すべて DNA 修復酵素群という形でヒトの身体の中に用意されている。つまり、ヒトの身体は DNA に生じる損傷の種類をすべて知っているかのように、何が起きても DNA の損傷を治せるようになっているのである。しかし、どのような形をした酵素が、どのようにして DNA 損傷を見つけ、どのようにして損傷を修復するか、すなわち「分子反応機構」についてはまだわからないことが多い。なぜ我々の身体は、あらかじめどのような損傷が起きるのかを知っており、なぜ修復する酵素をすべて準備しているのか。その答えを「進化」で片づけるには、生命はあまりに神秘的である。

　遺伝情報は正確に親から子へと伝えられる必要がある。しかし、膨大な遺伝情報を記録する DNA を安定に維持することは至難の技である。では遺伝情報がまったく変化しないで子孫に伝わればよいかというと、それでは生物の進化が考えられず、地球環境の変化に適応できないことになる。生命が環境に適応して存続していくためには、DNA のある程度の変化は起こらなくてはならない。しかし、DNA の過度の変化は、生命の存続を脅かす。このように、生物は遺伝情報を維持しつつ、多様性を生み出せるように DNA の変化を許容してきたことがわかる。

4. DNAの転写と翻訳

　これまでに述べたように、DNAは遺伝情報の源である。このDNAを糖とリン酸と塩基を材料に作るのはタンパク質であり、そのDNA合成に必要な材料やエネルギー源を作るのもタンパク質、また、DNA損傷からDNAを守る酵素もタンパク質であった。そしてタンパク質自身はDNAの情報をもとにして作られているが、それを読みとっているのもタンパク質、そして細胞内のさまざまな代謝物質を作っているのもタンパク質である。したがって、生命現象を理解しようとすると、細胞のなかで起きていることを理解し、タンパク質の立体構造を理解し、その立体構造にもとづいて化学的および物理学的にタンパク質の機能を理解する必要があるが、近年、そのようにして理解できる生命現象が飛躍的に増大しつつある。

　ここで、次章へのステップのためにこのDNAの情報をもとにどのようにしてタンパク質が作られるか、その仕組みについて見ておこう。

4.1　選ばれた20種類のアミノ酸

　タンパク質はアミノ酸と呼ばれる物質が直線状につながって作られる。アミノ酸は**図2-1**の上部に示すように、窒素原子一個、水素原子二個からなるアミノ基（-NH₂、中性では -NH₃⁺ の形になる）と、一個の炭素原子、二個の酸素原子、一個の水素原子からできているカルボキシ基（-COOH、中性では -COO⁻ の形になる）をもつ化合物である。つまりどのアミノ酸もアミノ基一つ、カルボキシル基一つをもっており、その他の側鎖の部分が少しずつ異なっている。

　タンパク質に含まれるアミノ酸は、**図2-3**のように20種類ある。なぜ、これらの20種類のアミノ酸が選ばれたのか、さらに、どのような進化の過程を経て選ばれることになったのかは、わかっていない。いずれにしても、この20種類のアミノ酸が平均約400個つながったものがタンパク質である（**図2-2**参照）。そのつながり方や数によっていろいろな種類のタンパク質ができることになるが、そのつながり方の指令を出すのがDNAである。では、具体的にどのようにタンパク質がDNAの指令によってできあがっていくのかを次に見ていこう。

4.2　アミノ酸の並び順を決める巧妙な暗号

　DNAの中にある塩基配列は、T、A、C、Gが対になって（相補的に）配列されて二重らせんになっていることは先に述べた（**図1-3, 4**）。ここでは対になっている片方の鎖の塩基の順序だけをみていく。

　DNAから転写されたRNAでは、並んだ塩基の三つ組みが一つのアミノ酸を意味するようになっている（**図1-8**）。この三つ並びの塩基をコドンとよび、一つの単位として考える。たとえば、AUGはメチオニンを、CGAはアルギニンを、CUGはロイシンを意味する（**表1-1**のコドン表）。これはまるで暗号のようである。すべての生物のDNAでは、

20種類のアミノ酸は三つの塩基配列のコドンによって規定されており、そのコドンはどの生物でもほぼ共通である。一本鎖の塩基配列を決まった方向に向かって三つずつ読んでいくと、アミノ酸の並びが決まることになる。

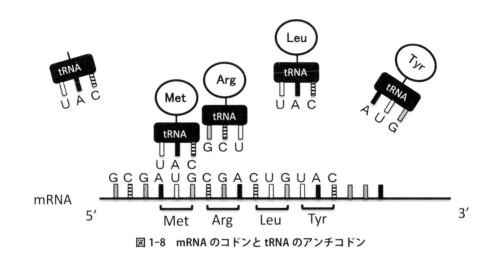

図 1-8　mRNA のコドンと tRNA のアンチコドン

表 1-1　三連塩基（コドン）の示す 20 種類のアミノ酸側鎖

第 1 字	第 2 字				第 3 字
	U	C	A	G	
U	UUU フェニルアラニン UUC	UCU セリン UCC	UAU チロシン UAC	UGU システイン UGC	U C
	UUA ロイシン UUG	UCA UCG	UAA 終止 UAG	UGA 終止 UGG トリプトファン	A G
C	CUU ロイシン CUC CUA CUG	CCU プロリン CCC CCA CCG	CAU ヒスチジン CAC CAA グルタミン CAG	CGU アルギニン CGC CGA CGG	U C A G
A	AUU イソロイシン AUC AUA AUG メチオニン	ACU トレオニン ACC ACA ACG	AAU アスパラギン AAC AAA リシン AAG	AGU セリン AGC AGA アルギニン AGG	U C A G
G	GUU バリン GUC GUA GUG	GCU アラニン GCC GCA GCG	GAU アスパラギン酸 GAC GAA グルタミン酸 GAG	GGU グリシン GGC GGA GGG	U C A G

これは DNA ではなく RNA の塩基配列である

4.3　DNA から転写される RNA の形と役割

　　細胞膜で囲まれたヒトの細胞は核と細胞質からなる。DNA を含んでいる核は、タンパク質を製造する指令を出す所であるが、実際にタンパク質を合成するのは、核外のリボ

ソームである。DNA は、タンパク質を作る指令、つまり設計図をもっているわけであるが、決して核の中からは出ることがない[7]。したがって、この設計図をコピーしてリボソームに渡す役目が必要である。その役割を果たすのが RNA（リボ核酸）である。

RNA は、DNA と大変よく似ており、ヌクレオチドが長くつながった物質である。RNAは二重鎖 DNA の片方の鎖に相当するが、構造上は次の 3 点が異なる。

(1) デオキシリボースがリボースに置き換わっている。

(2) 塩基がアデニン(A)、グアニン(G)、シトシン(C)、ウラシル(U) の 4 種で、DNAの T が U に置き換わっている（図 2-25 参照）。

(3) 一本鎖だが、分子内で塩基対を作り、複雑な立体構造をとって酵素のような（リボザイム）働きをすることがある[8]。

4.4 RNA の情報を翻訳しタンパク質を作る驚異的な装置

DNA から mRNA を合成することを「転写」と呼び、DNA から写し取られた RNA は「メッセンジャー RNA」（messenger RNA（mRNA））と呼んでいる。この転写は核の中で行なわれるが、コピーされた mRNA は核から出て細胞質のリボソームへ行き、こうして持ち出された設計図をもとにしてタンパク質が作られる。

DNA と mRNA の大きな違いは、DNA は非常に長い鎖の中にあらゆる種類のタンパク質の設計図をもっているのに対して、mRNA はそのうちのいくつかのタンパク質の設計図だけを写し取ってもっていることである。mRNA は、必要なタンパク質の合成に必要な塩基配列だけを必要になったときに必要な回数だけ、コピーしているといえる。

DNA が二本の鎖からなる二重らせん構造（図 1-3）をとるのに対して、mRNA は一本の鎖である。というのも、DNA の**二重らせん**の片方の塩基配列を鋳型にして、DNA の複製時と同じ 5' から 3' の方向へ写し取られるからである。さらに、mRNA の鎖のうち、アミノ酸の情報に対応する部分だけを読みとるために、読みとりの開始場所を示す「開始コドン」（表 1-1 の AU(T)G を使用する場合が多い）や、読み終わりの場所を示す「終止コドン」（U(T)AA、U(T)AG、U(T)GA）などの巧妙な仕組みが、この設計図には予め組み込まれている。

リボソームでは、もう一つの RNA である「トランスファー RNA」（transfer RNA（tRNA））という運搬車にのせて運ばれてきたアミノ酸をつないで（図 1-8）、mRNA の情報どおりにタンパク質を N 末端側から C 末端側の方向へ組み上げるのである（図 1-9）。この作業を「翻訳」という。タンパク質製造工場ともいえるリボソームは、複数の RNAとタンパク質とからなる巨大複合体だが、近年になってその詳細な構造が原子レベルで解明された。それによって、リボソームのなかで行なわれる仕事の順序がわかるようになった。

7）一部の DNA は、ミトコンドリアや葉緑体などの細胞内器官にも存在する。それらは、以前の微生物が寄生した名残と考えられている。（図 6-2 参照）

8）ribozyme

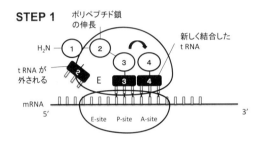

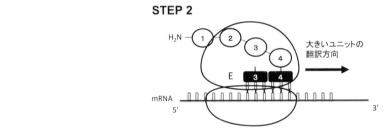

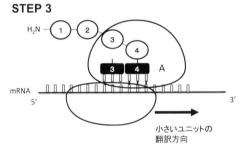

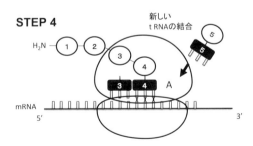

図 1-9　リボソームでのタンパク質合成作業
E-site, P-site, A-site（E: Empty, P: Peptide, A: Amino acid）

　　リボソームがアミノ酸一つずつをつなぎ合わせるスピードは毎秒50〜60個なので、平均的な大きさのタンパク質なら、わずか数秒間のうちにでき上がることになる。

　　このようにして作られたタンパク質は、身体の中で大活躍をしている。**第2章**では、そのタンパク質の構造と機能についておもに述べる。タンパク質が示す素晴らしい働きと同時に、まだ明らかになっていない多くの謎がタンパク質に秘められていることも述べていく。

本章に関連した研究テーマの例

1. 宇宙の進化、生物の進化

　　「地球外の星に水があれば、生物の生存が考えられる」と言われる。地球上に水が存在するようになって、生物が生まれ、進化してきた過程では、生物を構成する分子群にどのような変化が積み重なってきたのだろうか？

2. 自然現象の予測

　　空に浮かぶ雲の形や、夜空に出現するオーロラの形が、刻々と変化する様子などを予測することは、可能なのだろうか？　同様に、ヒトの身体の状態も刻々と変化しているが、どの程度まで、予測することが可能なのだろうか？

3. 進化したことによって現存する生き物の不思議

　　以下のような現象の分子メカニズムは、どのようになっているのだろうか？

- 植物の背丈の大きさや生育の速さ、開花や落葉の時期、花の色・形・香り、果実（種子）の味や大きさ、耐病性、さらに、それらと生育環境との関係。
- アリは小さいが、象は大きい。動物だけでなく植物や微生物なども、生物によって異なる大きさ。
- 植物が、全体（身）に水や養分を分配する仕組み。
- トカゲの尻尾、タコやカニの足、プラナリアのような動物の再生、さらに、ヒトの傷が治っていく過程。
- 身体に必要な栄養素を含む食品を「食べたい」と思い、食べると「美味しい」と思う感覚。

第2章

生体分子の構造と働き

1. 生体分子の元素

　人体（成人）の約60％は水である。水以外の元素の割合を**表 2-1** に掲げる。ごく微量の金属元素などを含めると約 100 種類の元素があるが、おもに 10 種類の元素が身体を作っている。

表 2-1　人体を構成する元素

元素		乾燥重量
記号	（名称）	（％）
C	（炭素）	61.7
N	（窒素）	11.0
O	（酸素）	9.3
H	（水素）	5.7
Ca	（カルシウム）	5.0
P	（リン）	3.3
K	（カリウム）	1.3
S	（イオウ）	1.0
Cl	（塩素）	0.7
Na	（ナトリウム）	0.7
Mg	（マグネシウム）	0.3

以下微量
B（ホウ素），F（フッ素），Si（ケイ素），Cr（クロム），Mn（マンガン），Fe（鉄），Co（コバルト），Cu（銅），Zn（亜鉛），Se（セレン），Mo（モリブデン），Sn（スズ），I（イオウ）

　これらの元素から、身体をつくる組織・細胞の材料となる分子（生体分子）が作られる。DNA やタンパク質はもとより、細胞膜などさまざまな細胞小器官の膜を構成する脂質や、糖質、その他の高分子・低分子など、10 万種以上の分子が存在する。たとえば、

第1章で述べたDNA（図1-3）は、ヌクレオチド（図2-23参照）が重合することによって作られるが、そのヌクレオチドは塩基部分と糖部分とリン酸部分とからなり、さらにそれぞれの部分は**表2-1**の複数の元素（C、H、O、N、P）からできている（**図1-3, 4**）。また、タンパク質はC、H、O、N、Sからなるアミノ酸が重合して作られる（**図2-2**）。次節では、生体分子のなかでもとくに重要なタンパク質分子について詳しく見ていく。

2. タンパク質分子のイメージ

タンパク質の材料は、おもに20種類のL-アミノ酸である。それらのアミノ酸は

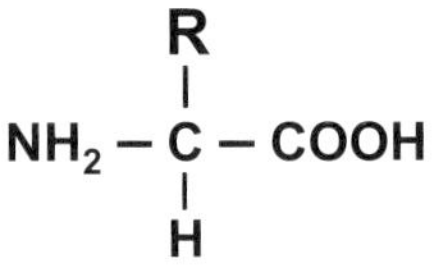

$$NH_2 - \underset{\underset{H}{|}}{\overset{\overset{R}{|}}{C}} - COOH$$

のような形をしているが（L-アミノ酸の立体配置については**図2-8**参照）、

NH$_2$-CH(R)-COOH

と書き表している[1]。ここで、Rは**図2-3**の側鎖である。

(a) 針金モデル	(b) 空間充填モデル	(c) 単純化したモデル
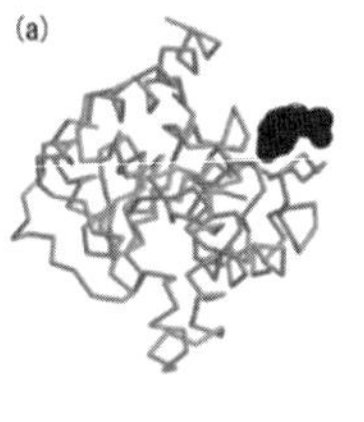	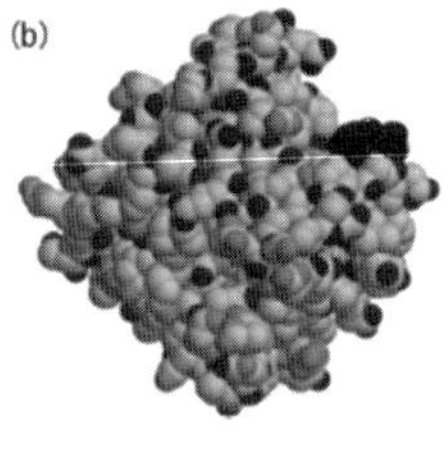	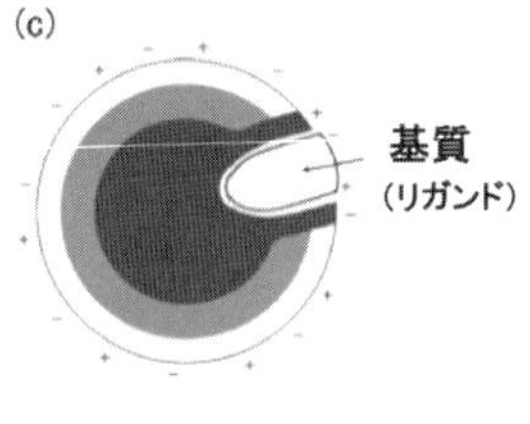 基質 （リガンド）
タンパク質のポリペプチド主鎖を針金状に表したモデル。	原子の大きさ（van der Waals半径）を反映させた実際のタンパク質に近いモデル。濃い色の原子団は、タンパク質に結合するリガンド（酵素の場合は基質）を表し、図(a)と同様である。	タンパク質分子の内部や、他の分子と結合する領域は疎水性が高いことを、色の濃さで表現したモデル。その様子から、タンパク質自身の立体構造形成や他の分子との結合に、疎水性の相互作用が大きく寄与をすることがわかる。

図2-1　タンパク質立体構造の3種類のモデル

---

1) 中性の水溶液中では、おもに NH$_3^+$-CH(R)-COO$^-$ の形で存在する。その理由は、COOH の pK は約2、NH$_3^+$ の pK_a は約10だからである。（pK_a については**図2-4**参照。）

　実際のタンパク質は**図 2-1（b）**のような形をしており、その内部には原子が詰まっていて隙間はほとんど無く、最密充填になっている（コラム参照）。**図 2-1（b）**のモデルの長所は、実際のタンパク質に近いことだが、欠点はタンパク質の内部がわからないことである。その欠点を補うため、**図 2-1（a）**のようにポリペプチド主鎖のみを描くことがある。**図 2-1（a）**や**（b）**は、無料の**作図ソフト**（PyMOL など）と、**タンパク質の原子座標**（Protein Data Bank（PDB））とを使えば、自由に作成することができる（付録参照）。それらの作図ソフトの操作方法はネット上に多数掲載されている。

　図 2-1（b）では、タンパク分子の原子配置までも描かれているので、この図をみると「タンパク質分子は硬い」というイメージを持ちそうになる。しかし、そのイメージが正しくないことを示す実験がいくつもあり（**コラム 2-2.**「タンパク質は、硬い？　柔らかい？」参照）、分子の局所的な揺らぎが頻繁に起きていることがわかっている。

コラム 2-1.「タンパク質内部は最密充填」

　タンパク質分子の内部は原子が最密充填になっているが、硬くて動きの小さい領域と、柔らかくて動きの大きい領域とがある。

　硬くて動きの少ない領域のアミノ酸側鎖を、遺伝子操作によって大きいアミノ酸側鎖に置換すると、タンパク質全体の安定性が大きく低下した。逆に、小さいアミノ酸側鎖に置換して分子内に隙間を作ると、その隙間の表面積に比例してタンパク質全体が不安定になった。しかし、その隙間に外から分子を充填すると、タンパク質全体の安定性が増大した。

　一方、柔らかくて原子の動きが大きい領域に存在するアミノ酸側鎖の大きさを変えても、その周辺のアミノ酸残基やポリペプチド主鎖が細密充填になるように動くため、タンパク質全体の安定性への影響は少なかった。（Eriksson *et al.*, 1992a; 1992b; 1993）

コラム 2-2.「タンパク質は、硬い？　柔らかい？」

　タンパク質分子内では、ダイナミックな動きがあり、局所的な揺らぎが頻繁に起きている。少し専門的になるが、それを示唆するおもな実験結果を紹介しておく。

⑴　タンパク質内部のわずかな隙間に結合している水分子は、タンパク質の外側の水分子と１秒間に１万回以上交換していることが、核磁気共鳴法（Nuclear Magnetic Resonance（NMR））で測定されている。タンパク質内部には水分子の通路となるような隙間は無いように思われるが、ミクロのスケールではそれほど速く水分子が交換するのだろう。

⑵　そのようなタンパク質内部へ水分子の出入りは、各ペプチド結合の –NH– が –ND– へと置換される速度を測定する**重水素交換法**によっても観測されている。

⑶　タンパク質のフェニルアラニン（Phe）やチロシン（Tyr）のベンゼン環は固定されて、止まっているように見えることが多いが、核磁気共鳴法で調べると、CC–C–結合を軸にして高速で回転していることが多い。

タンパク質を単純化した図2-1（c）からわかるように、タンパク質分子の内部や、他の分子（リガンド（酵素の場合は基質））と結合する領域は、いずれも疎水性（油に溶けやすい性質）である。これは**疎水性相互作用の法則**とでもいうべき一般法則である[2]。この一般法則について、少し詳しく述べる。

疎水性相互作用の法則：（1）タンパク質の立体構造形成

　タンパク質の内部は、疎水性アミノ酸側鎖が多く、タンパク質分子の表面には親水性のアミノ酸側鎖が多い。そのため、タンパク質分子は「親水性（水に溶けやすい性質）のコートを着た油滴」のようなものであると言われる（Langmuir と Rideal の「nonpolar-in, polar-out の通則」）。

疎水性相互作用の法則：（2）他の分子との相互作用

　リガンドと結合する領域も、疎水性である。もし、タンパク質の分子表面に疎水性の広い領域が存在すれば、その領域が他の大きな分子と相互作用することを示唆していることが多い。この法則は、機能未知のタンパク質の機能推定にも役立つ。

3. 多くの機能を備えたアミノ酸側鎖（残基）

　アミノ酸残基の構造式をみると、図2-2 のように、ほとんどの骨格部分は

　　　–NH–CH–CO–

となっていて共通である。この共通部分を「主鎖（あるいは、ポリペプチド主鎖やポリペプチド骨格）」と呼ぶ。中央の炭素原子に「側鎖（R で表す）」が結合していて、この R が何であるかによってアミノ酸の種類が決まる。この主鎖と側鎖をまとめた

　　　–NH–CH(R)–CO–

を「アミノ酸残基」と呼んでいる。これはアミノ酸 NH_2–CH(R)–COOH が重合するときに水分子（H_2O）を失った**アミノ酸残基**の形で存在することを表している（図2-2）。
　アミノ酸が、図2-2 の左側（「アミノ末端」または「N 末端」と呼ぶ）から右側（「カルボキシ末端」または「C 末端」）の方向へと、図1-9 のようにリボソーム上で連結されて、たんぱく質ができる。

---

[2] 生命現象には必ずと言ってよいほど例外が存在し、一般法則を見つけるには勇気を必要とすることが多い。この「疎水性領域の法則」についても例外が存在するようで、リボソームを構成するタンパク質サブユニットの中には、分子表面が親水性で、水溶液中に単独で存在できるとともに、リボソーム複合体中でも、同じ立体構造をしているものがある。これは、リボソームが「RNA を核にしたタンパク質集合体」という特殊な構造をしているためかもしれない。

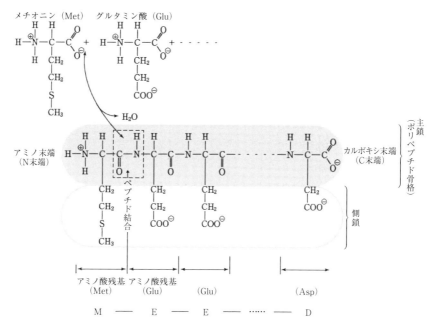

メチオニン（Met）　グルタミン酸（Glu）

アミノ末端（N末端）

ペプチド結合

カルボキシ末端（C末端）

主鎖（ポリペプチド骨格）

側鎖

アミノ酸残基（Met）　アミノ酸残基（Glu）　（Glu）　（Asp）

M ——— E — E ——— …… — D

図2-2　タンパク質のアミノ配列

　平均的な大きさのタンパク質は、約400個のアミノ酸残基で構成されているので、20種類の側鎖からなるタンパク質は、計算上、$20^{400} ≒ 10^{520}$ 種類の異なる配列をとることが可能になる。実際にヒトのゲノムに情報に書き込まれたタンパク質は約2万種類であり、全生物のタンパク質を合わせても、理論的にとりうる構造の種類のごく一部しか使っていないことになる。ここには、タンパク質の立体構造形成や機能に関わる何か深い理由があると考えられる。

　アミノ酸残基だけでタンパク質としての十分な機能が発揮できない場合には、補酵素や金属イオンなどの助けを借りることもある。補酵素は比較的熱に強い低分子の有機化合物であり、多くがビタミンの誘導体である。これらの補酵素が無くては働くことができない酵素もある（図5-3，4；図A-1〜3参照）。

　さらに、タンパク質に、リン酸基、メチル基、アセチル基、その他500種類以上のさまざまな修飾基が付加されて、立体構造や機能が調節される場合が多いこともわかってきた。これらの修飾反応は、タンパク質がリボソームで合成される「翻訳」の過程の後で起こるので、「翻訳後修飾」と言われる。たとえば、後に述べるp53タンパク質（図3-1）においては、リン酸化やアセチル化による機能の変化が、がん化と密接に関係することがわかってきた。このように、タンパク質の翻訳後修飾は健康維持に大きく関係していることがわかり、創薬にも役立つようになってきた（翻訳後修飾については、**第4〜6章**を参照）。

第2章

第3章以降の、タンパク質の立体構造や機能を深く理解するためには、これらの20種類のアミノ酸側鎖について、以下の3.1〜3.3のようなことを知っておくと便利である。

3.1 各アミノ酸側鎖の構造式と略号

図2-2のアミノ酸側鎖の部分について、タンパク質を構成する20種類を図2-3にまとめた。この図では、各アミノ酸側鎖について、構造式の上に記載された1行目は日本語名、2行目は英語名[3]と3文字略号、3行目は1文字略号が覚えやすいように、その由来を説明している。

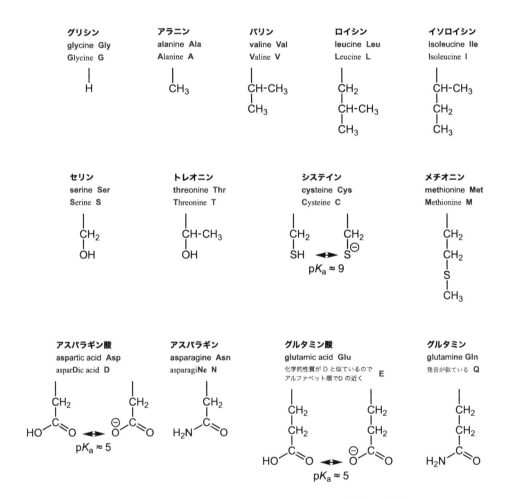

図2-3　タンパク質を作っているおもなアミノ酸側鎖20種類

3）日本語名にはドイツ語の影響があり、英語での発音は日本語のカタカナ名と異なるアミノ酸が多いので、注意が必要。

3 文字表記は原則として、アミノ酸を表す英語表記（**図 2-3**）の頭 3 文字を使用している（Ile、Asn、Gln、Trp は例外）。アルファベットは 26 文字なので、20 種類のアミノ酸残基を 1 文字で表記することができる。その 1 文字表記によってタンパク質のアミノ酸配列を示した例が、**図 2-2** の最下行である。たとえば、M1 は、N 末端から 1 番目のメチオニン残基、E2 は 2 番目のグルタミン酸残基を表す。

　構造式を覚えるのは多少面倒だが、それを乗り越えるとタンパク質の理解できる範囲が格段に広がる。そこで、その手助けとなる基本的説明を本章の「**4.2.1 タンパク質のアミノ酸側鎖**」や巻末の付録「**A2. アミノ酸側鎖などの構造式を理解するために**」に記した。

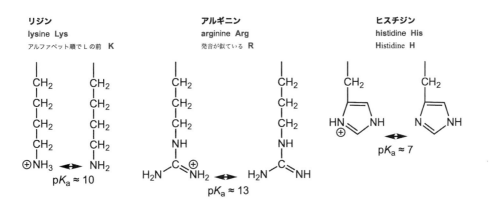

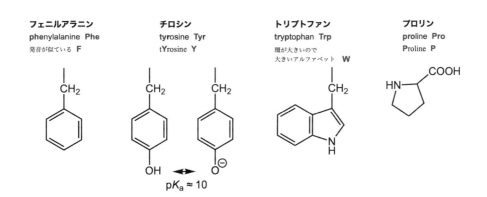

3.2 各アミノ酸側鎖の疎水性

「水溶性タンパク質は、親水性のコートを着た油滴である」（図2-1（c））と言われるように、水溶性タンパク質の内部やリガンド結合部位は疎水性であるが、水溶性タンパク質の表面は親水性である。表2-2にアミノ酸側鎖の疎水性の度合いを示した。この表のΔg_tは1モルのアミノ酸の側鎖を水から有機溶媒へ移すときの自由エネルギーの変化値であり、「コラム2-3.「アミノ酸側鎖の疎水性は、どのようにすればわかるのだろうか？」に記載した方法で求められている。Δg_tの値が小さいほど（負の絶対値が大きいほど）疎水性が高い。

疎水性が高いアミノ酸残基は、表面積が大きく（体積も大きい）、図2-1（c）のように、タンパク質内部、あるいはリガンド結合部位に存在する傾向がある。タンパク質の表面に広い疎水性の領域が存在する場合には、他のサブユニットとの会合面や、細胞膜と相互作用する領域であることが多い。

一方、電荷をもつ場合のAsp(−)、Glu(−)、His(+)、Cys(−)、Tyr(−)、Lys(+)、Arg(+)、α−COO(−)、α−NH₃(+)（図2-3, 4参照）は非常に親水性が高いので、タンパク質の内部に存在せず、図2-1（c）のように表面に存在して、タンパク質が水に溶けるのを助けている。

それらに対して、Δg_tの値が$-1 < \Delta g_t < +1$の範囲にあるSer, Thr, Asn, Gln, Cys, Alaなどは、タンパク質の内部・表面のいずれにも存在する傾向がある。

表 2-2　アミノ酸側鎖の疎水性

アミノ酸側鎖	Δg_t (kcal/mol)	アミノ酸側鎖	Δg_t (kcal/mol)
グリシン	0	半シスチン	−1.0
アラニン	−0.5	セリン	+0.3
バリン	−1.5	トレオニン	−0.4
ロイシン	−1.8	アスパラギン	0
イソロイシン	−3.0	グルタミン	+0.1
フェニルアラニン	−2.5		
チロシン	−2.3	アスパラギン酸（非解離型）	−0.5
トリプトファン	−3.4	グルタミン酸（非解離型）	−0.5
プロリン	−2.6	ヒスチジン（非解離型）	−0.5
メチオニン	−1.3	リジン（メチレン部分）	−1.5
システイン	−	アルギニン（メチレン部分）	−0.7

Δg_tは、アミノ酸側鎖を水から有機溶媒へ移す時の自由エネルギー変化。値が小さいほど（負の絶対値が大きいほど）疎水性が高い。

コラム 2-3.「アミノ酸側鎖の疎水性は、どのようにすればわかるのだろうか？」

　アミノ酸側鎖の疎水性は、水(H_2O)と疎水性溶媒(S)への溶解度を比較するとわかるが、その過程にはさまざまな仮定が含まれている。

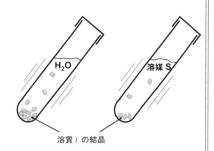

溶質 i の結晶

　実験としては、まず図のように、アミノ酸(i)の結晶を水または溶媒 S に十分量添加して、一定温度(通常は25℃)で、平衡になるまで約一晩振盪する。結晶が残って飽和溶液になっていることを確認した後、溶け残った結晶を遠心や濾過で除き、溶液部分に溶けているアミノ酸の濃度を測定する。

　タンパク質内部の環境に近い疎水性溶媒として有機溶媒を用いる(疎水性を決める際の1番目の仮定(**仮定1**))、最近では 1-オクタノール($CH_3(CH_2)_7$-OH)を使用することが多いが、過去にはエタノールやジオキサンなどが使われた。

　そのアミノ酸(i)の溶解度から、アミノ酸側鎖の疎水性を計算するために、溶質 i の水溶液の濃度をモル分率 $X_{i,w}$ で表すと、その化学ポテンシャル($\mu_{i,w}$)は、

$$\mu_{i,w} = \mu_{i,w}o + RT \ln(\gamma_{i,w} X_{i,w}) \tag{1}$$

となる。ここで $\gamma_{i,w}$ は活量係数(活動度係数)である。無限希釈では、溶質分子 i が水に囲まれていて、溶質分子間の相互作用は無いので、$\gamma_{i,w} = 1$ となる。その無限希釈の状態だけを1モル集めると、モル分率 $X_{i,w} = 1$ となり、$RT \ln(\gamma_{i,w} X_{i,w}) = 0$ となるので、式(1)は

$$\mu_{i,w} = \mu_{i,w}o \tag{2}$$

となる。同様のことが有機溶媒中のアミノ酸についても成り立つ($\mu_{i,S} = \mu_{i,S}o$)。

　次に、溶媒が水の場合でも、有機溶媒の場合でも、結晶の状態は変わっていないとすれば(**仮定2**)、それらの化学ポテンシャルは等しく、$\mu_{i,w} = \mu_{i,S} = \mu_{i(結晶)}$ となるので、

$$\mu_{i,w}o + RT \ln(\gamma_{i,w} X_{i,w}) = \mu_{i,S}o + RT \ln(\gamma_{i,S} X_{i,S}) \tag{3}$$

となる。さらに、$\gamma_{i,w} = \gamma_{i,S}$ とすれば(**仮定3**)

$$\mu_{i,S}o - \mu_{i,w}o = RT \ln(X_{i,S}/X_{i,w}) \tag{4}$$

なので、溶解度の実験でわかった $X_{i,S}$ や $X_{i,w}$ の値を代入すれば、$\mu_{i,S}o - \mu_{i,w}o$、すなわち、アミノ酸1モルを水から有機溶媒に移行する疎水性エネルギーがわかることになる。

　さらに、アミノ酸側鎖の部分の疎水性を求めるためには、主鎖に相当する部分の寄与を差し引けばよい(**仮定4**)。そこで、アミノ酸のアミノ基をアセチル基(CH_3CO-)で保護し、カルボキシ基を、アミド化する(-$CONH_2$)などして保護したアミノ酸 CH_3CO-NH-CH(R)-$CONH_2$ と、その側鎖 R が H であるグリシンのエネルギー差から(注：さらに、H1原子分のエネルギーを補正)、側鎖の疎水性を求める。

　上記のように、少なくとも四つの仮定が入ることになる。さらに、実験的に難しいのは、電荷をもつアミノ酸側鎖(Asp-COO^-, Glu-COO^-, Cys-S^-, Tyr-O^-, α-COO^-, His-H^+, Lys-H^+, Arg-H^+, α-NH_2^+)の低い疎水性、すなわち高い親水性を求めることである。その理由は、疎水性の溶媒中では、電荷をもつ側鎖の溶解度が低いためである。

　現在、タンパク質の疎水性領域や親水性領域を推定するためのさまざまなプログラムが作られているが、計算に必要なパラメーター(アミノ酸残基の疎水性)がどのような実験から得られたものかを確認しておく必要がある。

3.3 解離性側鎖のイオン化の挙動

　酵素タンパク質には、一〜二つの「触媒基」と呼ばれるアミノ酸側鎖があり、そこに、わずか1原子の水素イオン（プロトン(H⁺)）が付いたり離れたりすることで、反応が進むものが多い。pH 1 〜 13 の間で H^+ の結合・解離をするアミノ酸側鎖は、解離性側鎖と呼ばれ、**図 2-3** の 20 種類の中に 7 種類がある。それら側鎖の解離度や電荷は、pH とともに**図 2-4** のように変化する。

　各アミノ酸側鎖の pK_a とは、**図 2-4** からもわかるように、H^+ が半分解離した pH である。**図 2-3** では、pK_a よりも酸性側で H^+ が結合した構造を左側に示し、H^+ が解離したアルカリ性側の構造を右側に示している。

　図 2-4 の下側の五つは、pK_a よりも酸性側では電荷は無いが（図の縦軸：ゼロ）、H^+ が解離すると電荷が -1 になる $HA \rightarrow H^+ + A^-$ のタイプで、Asp, Glu, Cys, Tyr の四つの側鎖とタンパク質 C 末端の -COOH との合計五つが含まれる。それらに対して、**図 2-4** の上側の四つは、pK_a よりも酸性側では電荷が +1 だが、H^+ が解離すると電荷が無くなる $HA^+ \rightarrow H^+ + A$ のタイプで、His, Lys, Arg の三つの側鎖と、タンパク質 N 末端の $-NH_3^+$ が含まれる。

　この**図 2-4** から、中性の pH 7 では、Asp、Glu、α-COOH から H^+ が解離して電荷は負になり、His の電荷は無いか正かのいずれか、Lys、Arg、$\alpha-NH_3^+$ の電荷は正になると考えられる。

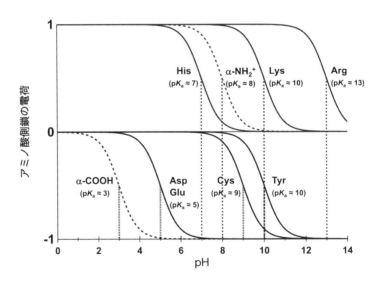

図 2-4　アミノ酸側鎖の電荷が pH によって変わる 2 種類のタイプ

　これらのうち、Arg を除く 6 種類のアミノ酸側鎖が、酵素タンパク質では pK_a 値を中性付近に移動させて（「**3.5 アミノ酸側鎖の pK_a シフト**」参照）、触媒基として働くこと

が多い。この一般法則があるので、7種類のpK_aとH$^+$が解離する前後の構造式とを覚えておくと、酵素反応（**第4章**）を理解する際に役立つ。

以上の三つ（3.1〜3.3）の情報を頭に入れておくと、タンパク質の機能や立体構造を理解しやすい。そこで、以下ではこの「酸–塩基の平衡」を例として、分子間相互作用を定量的に扱うための基本的な考え方をみてみよう。

3.4 分子間相互作用を予測するための定量的理解

分子間相互作用は結合・解離の平衡反応として理解できるが、その例としてもっとも一般的なのが、**図2-4**のような「酸–塩基平衡における水素イオンの結合・解離」である。この場合には、結合していないH$^+$の濃度を、pHメーターを使って直接測定できるので、基質の総濃度だけがわかっている酵素反応解析などよりも、正確な実験が可能となる。

酸とその塩基の解離平衡反応は、酵素（E）と基質（S）が結合する平衡反応と、本質的に同じ現象であることを示すのが**図2-5**である。そのため、**図2-5 a1**と**a2**から導かれる式やグラフも同じである。**図2-5 a2**の酵素の場合には、EとSが速い平衡で複合体（ES）を形成した後、その一部が反応して生成物（P）を生じる（酵素反応の詳細は後述）。

図2-5 b1と**b2**のグラフも同じ内容である。**図2-5 b1**のグラフの表現では、横軸はpH＝−log[H$^+$]なので、左側へ行くほど[H$^+$]（[S]の場合も同様[4]）が高くなる。一方、**図b2**の表現では、横軸が右側へ行くほど、[H$^+$]（酵素の基質の場合には[S]）が高くなることを示している。

3.4.1 理解のための手順

分子間の相互作用を定量的に理解するために必要な3段階の作業を、「酸–塩基の平衡」を例に説明する。

酸性側で電荷を持たないHAの形から、プロトン（H$^+$）が解離して負電荷（A$^-$）になる平衡反応（HA $\rightleftharpoons$ H$^+$+A$^-$）が、水酸化ナトリウム（NaOH）のような強塩基（水溶液中ではNa$^+$とOH$^-$とに解離する）の添加によってpHが変化する**図2-4**のような過程（pH滴定）を考えてみよう。

なお、これはAsp、Glu、Cys、Tyrの側鎖や−COOHなどの場合に相当するが、H$^+$の解離によって電荷が+1 → 0になるHis、Lys、Arg、α-NH$_3^+$の場合も、後述のように、電気的中性の式（以下の**第2段階**の3）が少し変わるだけである。

4）[S]は、酵素に結合していない基質濃度。

a1

酸・塩基の平衡

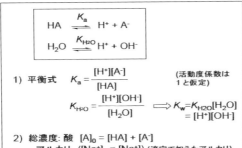

$$HA \xrightleftharpoons{K_a} H^+ + A^-$$

$$H_2O \xrightleftharpoons{K_{H_2O}} H^+ + OH^-$$

1) 平衡式　　$K_a = \dfrac{[H^+][A^-]}{[HA]}$　　（活動度係数は1と仮定）

　　　　　　　$K_{H_2O} = \dfrac{[H^+][OH^-]}{[H_2O]}$ ⟹ $K_w = K_{H_2O}[H_2O]$ $= [H^+][OH^-]$

2) 総濃度: 酸　$[A]_0 = [HA] + [A^-]$
　　　　　　アルカリ　$([Na^+]_0 = [Na^+])$（滴定で加えたアルカリ）

3) 電気的中性の原理　　$[Na^+] + [H^+] = [A^-] + [OH^-]$

a2

酵素タンパク質と基質との反応

$$E + S \xrightleftharpoons[k_{-1}]{k_{+1}} ES \ (\xrightarrow{k_2} E+P)$$

1) 平衡式　　$K_s = \dfrac{[E][S]}{[ES]} = \dfrac{k_{-1}}{k_{+1}}$

2) 総濃度: 酵素　$[E]_0 = [E] + [ES]$
　　　　　　基質　$[S]_0 = [S] + [ES]$

迅速平衡（$k_{-1} \gg k_2$）の場合

$$K_m = (k_{-1} + k_2)/ k_{+1} \cong K_s$$

$$v = k_2[ES] = \underset{V_{max}}{\underline{k_2[E]_0}} \ \frac{[S]}{[S] + K_s}$$

b1　　$\dfrac{[HA]}{[A]_0} = \dfrac{[H^+]}{[H^+] + K_a}$

b2　　$\dfrac{v}{V_{max}} = \dfrac{[S]}{[S] + K_s}$

［S］は酵素タンパク質と結合していない基質の濃度

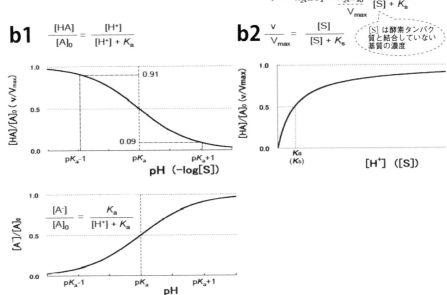

$$\frac{[A^-]}{[A]_0} = \frac{K_a}{[H^+] + K_a}$$

図2-5　結合と解離の平衡

a1は酸と塩基の解離平衡を表す。a2は酵素タンパク質と基質の結合平衡を表す。HA：酸、A^-：塩基、E：酵素（enzyme）、S：基質（substrate）。

b1の上のグラフは、［H^+］（又は［S］）が結合した分子種の割合、下のグラフは解離した分子種の割合なので、それらを加算すると1になる。

b1の上のグラフは、横軸が $-\log_{10}$［H^+］（または $-\log_{10}$［S］）になっているが、［H^+］（又は［S］）に対してグラフを描くと、b2のようになる。縦軸は同じである。

1)　第1段階〈平衡反応を書く〉

　　まず、図2-5 a1に示すように、平衡反応を列挙する。この例の場合は、側鎖の解離（$HA \rightleftharpoons H^+ + A^-$）のほかに、水の解離（$H_2O \rightleftharpoons H^+ + OH^-$）を加えた、合計二つである。こ

の「平衡反応を列挙する段階」がもっとも重要なステップであり、これができれば、それ以後の作業は機械的に進めることができる。

2) 第2段階〈第1段階の反応を式に表す〉

平衡定数

$HA \rightleftharpoons H^+ + A^-$ の解離定数は $K_a = [H^+][A^-]/[HA]$ (式1)

$H_2O \rightleftharpoons H^+ + OH^-$ の解離定数は $K_{H_2O} = [H^+][OH^-]/[H_2O]$ (式2)

(なお、水のイオン積としてよく知られている $K_w = [H^+][OH^-] = 10^{-14}$ (25℃)[5]は、式2右辺の分子に相当するので、その K_w を1リットルの水の濃度 $[H_2O] = 1000/18$ で割れば、水の解離定数の K_{H_2O} を求めることができる。すなわち、水のイオン積は、水の解離定数を考えていることになる。)

コラム 2-4. 「平衡反応の書き方によって変わる「平衡定数」と、変わらない「結合定数」や「解離定数」」

平衡式「$AB \rightleftharpoons A+B$」の「平衡定数」は $K = [A][B]/[AB]$ だが、平衡式「$A+B \rightleftharpoons AB$」の「平衡定数」は $K = [AB]/[A][B]$ という規約があり、平衡式の左辺を基準にして平衡定数を表すことになっている(後に述べる**エネルギー変化**($\Delta G = -RT \ln K$)も同様)。このように、「平衡定数」は平衡式の左右に依存するので、使用する際には注意が必要である。

平衡式の書き方によらず平衡定数を表すための方法として、「解離定数」を $K = [A][B]/[AB]$、「結合定数」を $K = [AB]/[A][B]$ とするやり方がある。

(なお、[A]などの記号はAのモル濃度(M(モル/リットル))を表すが、厳密には活動度(活量)と呼ばれる実効濃度の $(A) = f_{A^-}[A]$ で平衡定数を表す。たとえば、[A] = 1 mMのような希薄溶液では、活動度係数(活量係数)の f_{A^-} が1に近いため $(A) \simeq [A]$ になるが、高濃度になるにしたがって、(A)と[A]とが異なってくる。その影響で、生命科学の実験で頻繁に使用されるリン酸の場合、中性近傍の pK_a($H_2PO_4^- \rightleftharpoons H^+ + HPO_4^{2-}$)が1 Mの時には $pK_a = 6.5$ だが、1 mMに希釈すると $pK_a = 7.2$ に上がる。このようなpH誤差を回避する実験方法は、反応溶液のpHを正確に測定するために、(1)まず、pH標準液のpH 4とpH 7とを測定温度で較正した後に、(2)反応**前後**の溶液のpHを測定する必要がある(pHメータ較正時の注意点として、pH 9の標準液には空気中の CO_2 が水に溶けて炭酸になりpHが下がっていることがあるので、アルカリ性で実験する場合でもpHメータはpH 4とpH 7で較正する方がよい場合がある)。

なお、Henderson-Hasselbalchの式 $pH = pK_a + \log([A^-]/[HA])$ がよく教科書に説明されている。これは解離定数の式 $K_a = [H^+][A^-]/[HA]$ とまったく同じ意味である。両辺の常用対数をとると $\log_{10}K_a = \log_{10}[H^+] + \log_{10}([A^-]/[HA])$ となり、$\log_{10}K_a$ と $\log_{10}[H^+]$ の左辺右辺を入れ替えると、$pH = -\log_{10}[H^+]$、$pK_a = -\log_{10}[H^+]$ なので、$pH = pK_a + \log([A^-]/[HA])$ が得られることから、同じ意味であることがわかる。

---

5) よく知られているように、中性では $[H^+] = [OH^-] = 10^{-7}$ なので、$pH \equiv -\log_{10}[H^+] = 7$。

総濃度

$HA \rightleftharpoons H^+ + A^-$ の $[HA]$ と $[A^-]$ の総濃度を $[A]_0$ とすると

$$[HA] + [A^-] = [A]_0 \qquad\qquad (式3)$$

滴定の過程で加えた NaOH は強塩基なので、水溶液中ではすべて解離して Na^+ と OH^- とになる。そのため、第 1 段階において、NaOH の解離を平衡として扱う必要はなく、加えた $[Na^+]_0$ は水溶液中ですべて解離し、$[Na^+]_0 = [Na^+]$ とおける。

電気的中性の原理

水溶液は全体として中性で、正負の電荷は等しいので、

$$[Na^+] + [H^+] = [A^-] + [OH^-] \qquad\qquad (式4)$$

(なお、His、Lys、Arg、$\alpha\text{-}NH_3^+$ のように、H^+ の解離によって電荷が $+1 \to 0$ になる場合 (図 2-4)、解離の平衡式は $HA^+ \rightleftharpoons H^+ + A$ となり、電気的中性の式は $[Na^+] + [HA^+] + [H^+] = [OH^-]$ になる。)

3) 第 3 段階 <第 2 段階の式を解く>

第 2 段階で四つの式が得られている。この式の数は、第 1 段階の二つの平衡反応式で濃度不明の分子種（HA、H^+、A^-、OH^-）の数と一致しているので、すべての分子種の濃度を計算できるはずである。

四つの式から $[H^+]$ の関数を作ってみると、一般には、$[H^+]$ の三次方程式になるが、Newton 法などの数値解析法を利用すれば簡単に解くことができる。この方法を使えば、たとえば酢酸の濃度を変えた時の pH 変化も計算できる。直感的には、酢酸の濃度が濃いと酸味が強く、酢酸の濃度を薄めて行くと中性に近づくことが予想できるが、それを計算で予測することが可能になる。

ここでは、通常の実験条件において、この一般的方法を適用した簡便法で式を解いてみる。たとえば、pH 5 の 0.1 M 酢酸緩衝液を作製する場合、式 2 と式 4 は使用せず、式 1 と式 3 のみ使用すればよい。酢酸の解離定数は

$$K_a = 10^{-5} \text{ M}^{-1} (pK_a = 5)$$

なので、pH 5 では

$$[HA] = [A^-] = 0.05 \text{ M}$$

になる。

そのとき、電気的中性の原理（式 4）の

$$[Na^+] + [H^+] = [A^-] + [OH^-]$$

は、

$$[Na^+] = 0.05 \text{ M}、[H^+] \simeq 10^{-5} \text{ M}、[A^-] \simeq 0.05 \text{ M}、[OH^-] \simeq 10^{-9} \text{ M}$$

で、$[Na^+]$や$[A^-]$に比べると$[H^+]$や$[OH^-]$の濃度は低いので、式4は$[Na^+] \simeq [A^-]$となる。これは、NaOHを加えただけ、CH_3COOHがCH_3COO^-に変わることを意味している[6]。

そこで、式1の$HA \rightleftharpoons H^+ + A^-$の解離定数$K_a = [H^+][A^-]/[HA]$と、式3の$[HA]+[A^-]=[A]_0$とから、

$$[A^-] = K_a[HA]/[H^+]$$

を式3に代入して、

$$[HA] + K_a[HA]/[H^+] = [A]_0$$

それを変形して、

$$[HA](1+K_a/[H^+]) = [A]_0$$

さらに、

$$[HA]/[A]_0 = [H^+]/([H^+]+K_a)$$

が得られる。

すなわち、総濃度$[A]_0$のうちでH^+が結合した$[HA]$の割合は、

$$[H^+]/([H^+]+K_a)$$

である。この左辺の$[HA]/[A]_0$を縦軸にし、pH（$-\log[H^+]$）を横軸にすると**図2-5 b1**上のグラフ、$[H^+]$を横軸にすると**b2**のグラフになる。

一方、総濃度$[A]_0$のうちでH^+が結合していない$[A^-]$の割合（$[A^-]/[A]_0$）は、

$$[A^-]/[A]_0 = 1-[HA]/[A]_0 = K_a/([H^+]+K_a)$$

となる。その$[A^-]/[A]_0$を縦軸にし、pH（$-\log[H^+]$）を横軸にすると**図2-5 b1 下**のグラフになる。

$[HA]/[A]_0+[A^-]/[A]_0=1$なので、**図2-5 b1**の上下のグラフの値を加えると、いずれのpHでも1になることがわかる。

念のため、$[HA]/[A]_0=[H^+]/([H^+]+K_a)$と$[A^-]/[A]_0=K_a/([H^+]+K_a)$のpH依存性の一部を計算してみよう。たとえば、$pK_a=7.0$（すなわち、$K_a=10^{-7}$）とすると**図2-5 b1**の横軸の中央はpH 7になる。そして、pK_a-3からpK_a+3までの$[HA]/[A]_0$や$[A^-]/[A]_0$の値を計算してみると**表2-3**のようになる。

6）酢酸が低濃度の場合には、式2や式4が必要になってくる。

表 2-3　[HA]/[A]$_0$ および [A$^-$]/[A]$_0$ の pH 依存性

pH	[H$^+$]	[HA]/[A]$_0$=[H$^+$]/([H$^+$]+K_a)	[A$^-$]/[A]$_0$=K_a/([H$^+$]+K_a)
4.0	10^{-4}	$10^{-4}/(10^{-4}+10^{-7})=0.999$	$10^{-7}/(10^{-4}+10^{-7})=0.001$
5.0	10^{-5}	$10^{-5}/(10^{-5}+10^{-7})=0.990$	$10^{-7}/(10^{-5}+10^{-7})=0.010$
6.0	10^{-6}	$10^{-6}/(10^{-6}+10^{-7})=0.909$	$10^{-7}/(10^{-6}+10^{-7})=0.091$
7.0	10^{-7}	$10^{-7}/(10^{-7}+10^{-7})=0.500$	$10^{-7}/(10^{-7}+10^{-7})=0.500$
8.0	10^{-8}	$10^{-8}/(10^{-8}+10^{-7})=0.091$	$10^{-7}/(10^{-8}+10^{-7})=0.909$
9.0	10^{-9}	$10^{-9}/(10^{-9}+10^{-7})=0.010$	$10^{-7}/(10^{-9}+10^{-7})=0.990$
10.0	10^{-10}	$10^{-10}/(10^{-10}+10^{-7})=0.001$	$10^{-7}/(10^{-10}+10^{-7})=0.999$

　図 2-5 b1 や表 2-3 から、結合と解離の実際の様相がわかるが、とくに以下に示す二つの要点を覚えておくと、将来とても役に立つ。

◆要点 1

　pK_a = 7.0 と等しい pH 7.0 で対称になっていることがわかる。このことは、平衡式 K_a = [H$^+$][A$^-$]/[HA] からもわかる。

◆要点 2

　図 2-5 の b1 よりも b2 の方が実感を持てるが、H$^+$ の濃度を K_a の 10 倍にしても、結合した割合（[HA]/[E]$_0$）は約 90％（結合していない割合が約 10％）にとどまり、結合していない割合（[A$^-$]/[E]$_0$）が約 10％残っている、さらに H$^+$ の濃度を K_a の 100 倍にしても、結合した割合は約 99％で、結合していない割合がまだ約 1％残っている。逆に、H$^+$ の濃度を K_a の 1/10 倍に希釈しても、まだ結合している割合が約 10％も残っている。

　このことから、100％結合させたいと思って H$^+$ の濃度を上げても、なかなか思うようにはならず、逆に結合した分子種（HA）の濃度を下げたいと思って 100 倍に希釈しても、結合した分子種はまだ残っていることがわかる[7]。

---

7) 一般に、グラフの横軸の値が無限大になった時の、縦軸の到達値を推定したい場合、横軸の値の逆数をゼロに外挿する方法が用いられる。この方法は、縦軸と横軸の関数関係が不明でも利用できるが、関数関係が分かっていればその必要は無い。

3.5 アミノ酸側鎖のpK_aシフト

この機会に、第3章以降にとても役立つ「pK_aシフトに関する一般法則」を紹介しておく。そのpK_aシフトには、電荷と疎水性の二つが大きく影響する。

3.5.1 電荷の影響―近くに正の電荷があればpK_aは下がり、負の電荷があればpK_aが上がる―

アミノ酸側鎖やポリペプチド鎖末端には2種類のタイプの解離基がある。

$$HA \rightleftharpoons H^+ + A^- \quad (\text{Asp, Glu, Cys, Tyr, } \alpha\text{-COOH})$$
$$HA^+ \rightleftharpoons H^+ + A \quad (\text{His, Lys, Arg, } \alpha\text{-NH}_2)$$

まず、正の電荷が近傍に存在する場合を考える。$HA \rightleftharpoons H^+ + A^-$の場合には、HAには電荷が無いので、正の電荷が近傍に存在しても影響は少ない。しかし、A^-は近傍の正電荷と引き合って安定化するので、平衡が右に寄って、解離しやすくなり、HAのpK_aが下がる。

一方、$HA^+ \rightleftharpoons H^+ + A$の場合には、正の電荷が近傍に存在すると、$HA^+$は静電的反発を避けて解離しようとするので、$HA^+$のp$K_a$が下がる。

したがって、HAとHA^+のいずれの場合にも、近くに正の電荷があればpK_aは低下する。

次に、負の電荷が近傍に存在する場合を考える。$HA \rightleftharpoons H^+ + A^-$の場合には、$A^-$が負電荷と反発するため、HAが解離し難くなるので、HAのpK_aは上がる。$HA^+ \rightleftharpoons H^+ + A$の場合には、近傍に存在する負の電荷と$HA^+$とが引き合って安定になるため、平衡が左側に寄り、HAのpK_aは上がる。したがって、HAとHA^+のいずれの場合にも、近くに負の電荷があればpK_aは上昇する。

このように、「近くに正の電荷があればpK_aが低下し、負の電荷があればpK_aが上がる」という法則がある。

周囲の電荷が弱い場合にも、この法則は適用できる。たとえば、水酸基(-OH)が水素結合を形成する場合、電気陰性度[8]の違いから水素原子Hは少し正($\delta+$)に、酸素原子Oは少し負($\delta-$)になっており、双極子モーメント[9]をもつ。そのため、水酸基の水素原子H($\delta+$)が解離基に近づく場合には解離基のpK_aは下がり、水酸基の酸素原子O($\delta-$)が近づく場合には解離基のpK_aは上がる。同様のことは、タンパク質主鎖のペプチド結合において、N($\delta-$)H($\delta+$)やC($\delta+$)O($\delta-$)のように電荷の偏りがある部わからの影響でも生じる。

---

8) 電気陰性度とは、化合物を構成する原子が電子を引きつける能力の相対的な尺度(χ_p)であり、ポーリングによって導入された。生体分子を構成するおもな原子の電気陰性度は、H(2.2)、C(2.6)、N(3.0)、O(3.4)、P(2.2)、S(2.6)。

9) 双極子モーメント(μ)は、このペプチドの例のように、負の電荷から正の電荷へのベクトルの方向で表現され、その大きさは電荷(q)と距離(r)の積、$\mu = qR$である。)その単位はデバイ(D)で、電子単位の電荷$+e$と$-e$が1 A(0.1 nm)離れている場合が4.8 Dである(MKS単位系では、1 D = 3,335.64 × 10^{-30} Cm:クーロン・メートル)。

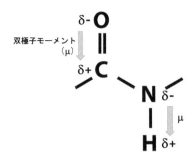

3.5.2 疎水性の影響─疎水性が変化すると pK_a も変化する！

　Asp や Glu のモデル化合物として、酢酸 CH_3COOH の解離（HA $\rightleftharpoons$ H$^+$ + A$^-$）を有機溶媒中で調べた結果が図 2-6 である。横軸はさまざまな有機溶媒の誘電率、縦軸は酢酸の pK_a である。この図から、pK_a は、有機溶媒の種類に関係無く、誘電率によって決まることがわかる。

　誘電率で疎水性を理解するのは古典的だが、電気的効果を直感的に理解するためには便利である。水の誘電率（水）は、25℃において 78.3 だが[10]、タンパク質分子の内部では 2 ～ 4、表面近くでは 20 ～ 40 である。タンパク質内部のように疎水性で誘電率（ε）が低いと、二つの電荷（q, q'）の間に働く相互作用の力 F = qq' / (4 πεr^2) が遠い距離（r）まで伝わることが知られている（エネルギーで表すと -qq' / (4 πεr)）。

　酢酸の場合は、H$^+$ の解離によって、中性の HA から H$^+$ と A$^-$ の二つの電荷が生じるため、誘電率が下がるとともに（疎水性が上がるとともに）、pK_a が大きく変化する。それに対して、His のモデル化合物であるイミダゾール（HA$^+$ $\rightleftharpoons$ H$^+$ + A）の場合にはほとんど変化しない。

　これらの結果をタンパク質に応用する際には、少し注意が必要である。タンパク質の場合には、側鎖から解離した H$^+$ はタンパク質表面から溶媒の水に移るため、解離の前後でいずれも有機溶媒中にあるモデル実験（図 2-6）とは異なる。そのため、酢酸の pK_a に対する有機溶媒の影響が減少すると予想されるとともに、イミダゾールの pK_a にも、酢酸の減少分と類似した有機溶媒の影響があると考えられる。

　なお、タンパク質分子を構成する全原子を計算機科学で理論的に扱う際には、**誘電率は不要である**。しかし、タンパク質は非常に多くの原子からなり、しかもダイナミックに揺らいでいるため、計算機科学による説明は複雑になる。そのようなタンパク質に関するさまざまな実験結果でも、**誘電率**を利用すると直感的に理解しやすいことがある。

10）水の誘電率（ε）は温度（T ℃）とともに変化し（ε = 87.740 - 0.40008 × T + 9.398 × 10^{-4} × T^2 - 1.410 × 10^{-6} × T^3）、0℃では 87.7、25℃では 78.3、100℃では 55.7 となる。

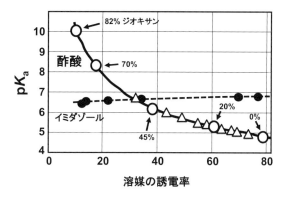

図 2-6　酢酸の pKₐ は、有機溶媒の種類にかかわらず、誘電率の低下とともに上昇する
○，溶媒はジオキサン（82, 70, 45, 20, 0 %（w/v））；△，溶媒はメタノール；
●，イミダゾールの pKₐ，溶媒はジオキサン。

3.6　複雑な分子間相互作用

　　次章以降では、分子間の相互作用が複雑に関係した生命現象を扱う。たとえば図 2-7 は、p53 タンパク質がさまざまな分子と相互作用することを表しているが、それらの相互作用が正常に働かなくなると、細胞ががん化することもある。たとえ、このように多くの相互作用が存在しても、基本的には図 2-5 で理解できることが多い。

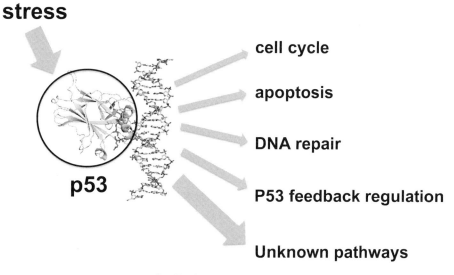

図 2-7　p53 タンパク質と多くの分子との相互作用ネットワーク
KEGG pathway（https://www.genome.jp/kegg-bin/show_pathway?hsa04115）より

4. 生命科学をより深く理解するための基本事項

医療分野をはじめとして、健康食品や農業そして家庭菜園などの分野でも、何が正しいかを自分で判断できるようになるためには、化学にもとづいた生命科学の基礎を幅広く理解しておくことが今後より一層求められる。そのためには、「急がば回れ」で、先人による最低限の基本知識を活用するのが得策である。

そこで、大学の新入生に対して生命科学を教えておられるさまざまな分野の先生方と相談して、タンパク質のアミノ酸側鎖、糖質、ヌクレオチド・核酸、脂質について、「なるべく少ない知識で、広い生命科学の分野を理解するための基礎知識」を約1頁分のチェックリストにまとめてみた。そして、その後の頁に、それらの構造式を覚えるための資料を付けてみた。これらの構造式と高校レベルの化学の基礎知識があれば、生命現象が理解できる範囲が飛躍的に広がるはずである。

なお、**第2章**の以下の頁はスキップして**第3章**へ跳んでも、支障はない。

4.1 生命科学で頻出する生体分子の構造式「チェックリスト」

タンパク質のアミノ酸側鎖 (アミノ酸残基)

1) 構造式, 名称 (**図2-8**; 付録 A-2「アミノ酸側鎖などの構造式を理解するために」参照)
2) 略号 (3文字および1文字) (**図2-3**)
3) 解離性側鎖 (7種類) が H^+ を解離する前後の構造式と pK_a (**図2-4**)
4) 疎水性のアミノ酸側鎖:Ala < Met, Val, Leu < Tyr, Phe, Pro, Ile, Trp (**表2-2**)

糖質 (図2-9 ～ 20)

1) グルコース、ガラクトース、リボース、グリセルアルデヒド、フコース、グルコサミン(→ N-アセチルグルコサミン)、ノイラミン酸 (→シアル酸)
2) グルコースのピラノース型と開環型
   フルクトースのフラノース型と開環型

ヌクレオチド・核酸 (図1-3;図1-4;図2-21 ～ 26)

1) 塩基 (プリン～アデニン(A)、グアニン(G);ピリミジン～シトシン(C)、チミン(T)、ウラシル(U) 糖 (リボース、デオキシリボース)
2) AMP, ADP, ATP, dATP, NAD(P)H, NAD(P)$^+$
3) 一本鎖DNAの構造式
4) 二本鎖DNAで、AとT、GとCが、それぞれ水素結合した時の塩基部分

脂質 (表2-4;図2-27 ～ 31)

脂肪酸 (パルミチン酸、ステアリン酸、オレイン酸)、トリアシルグリセロール、リン脂質、糖脂質、ステロイド (コレステロール)

4.2 チェックリストを習得するための資料

4.2.1 タンパク質のアミノ酸側鎖—アミノ酸の立体異性

　フィッシャーの投影式（Fischer projection）（図2-8 A）では、中心にある炭素原子（C）の左右の結合は紙面の手前側に向かっており、上下の結合は紙面の向こう側に向かっているという約束になっている。

　アミノ酸の D–, L– はグリセルアルデヒド（glyceraldehyde）をもとにしており、その –OH が $–NH_3^+$、–CHO が $–COO^-$ に対応する（図2-8 B）。L– や D– のアミノ酸を覚える際には、中心となる C を手のひら、–H は親指、$–NH_3^+$ は人差し指、$–COO^-$ を中指にすると、左手なら L 体、右手なら D 体に対応する。

　L–アミノ酸を、一般的な立体配置（configuration）の *RS* 表示で表すと、**S 体**になる。*RS* 表示とは、図2-8 Cのように対象とする炭素原子を中心に置いて、その炭素原子と結合する四つの元素を重い順に、–O(1)、–CH＝0 の C(2)、$–CH_2OH$ の C(3)、–H(4) と番号を付ける。この時に、C(2) と C(3) は同じ炭素原子だが、さらにその先に結合している原子を見ると、C(2) は O と二重結合なので、C(2) は O, O, H に結合していると考える。一方、C(3) は O, H, H と結合しているので、C(2) と C(3) の順序が決まる。*R* 体と *S* 体の定義は、図2-8 Cの L–アミノ酸で示すように、中心の炭素原子に対してもっとも軽い原子 H(4) との結合を、車のハンドル軸のように向こう側に置き、ハンドル部分の O(1)、C(2)、C(3) の回転方向を見ると、左廻りになっているので *S* 体とする。したがって、D–アミノ酸なら、その回転方向が右廻りになるので、*R* 体になる。

　L–アミノ酸で旨味を感じるのはグルタミン酸のみだが、D–アミノ酸には甘みを感じるアミノ酸が多い。

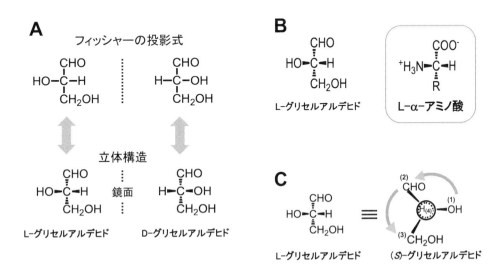

図 2-8　アミノ酸に関連する化合物の立体異性

4.2.2 糖質

太陽光エネルギーを利用して二酸化炭素と水から光合成で作られるのが糖質であり、生き物のエネルギーの源になるとともに、セルロースを始めとするバイオマスの元にもなっている。健康食品のキチンやグルコサミンも糖質の誘導体であるなど、糖質類は多くの生体分子の要になっている。

1) グルコース、ガラクトース、リボース、グリセルアルデヒド、フルクトース

図2-9には、アルデヒド基をもつアルドースに属するグリセルアルデヒド[11]、リボース[12]、グルコース[13]、マンノース[14]、ガラクトース[15]、および、ケト基をもつケトースに属するジヒドロキシアセトン[16]、リブロース[17]、フルクトース[18]などが含まれている。図中の"(Glc)"のような三文字表記は、糖の略号である。

各糖質の下から2番目の炭素原子に結合した水素原子（–H）と水酸基（–OH）が、**図2-9**のように結合しているとD型、逆だとL型である。

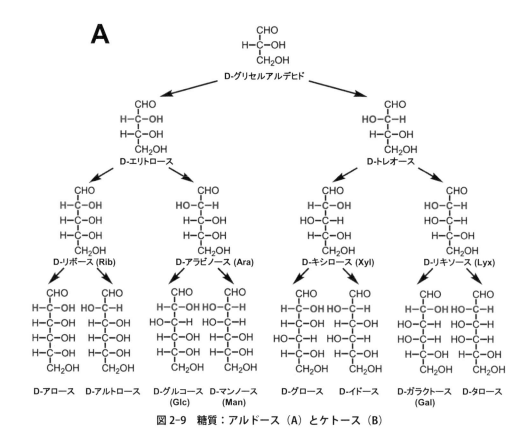

図2-9　糖質：アルドース（A）とケトース（B）

11）glyceraldehyde　　12）ribose　　13）glucose　　14）mannose　　15）galactose

16）dihydroxyacetone　　17）ribulose　　18）fructose

2) アノマー[19]

　フィッシャーの投影式（**図2-10中央**）の直鎖状構造式をもとにして、実際に模型キットを組んでみると、環状構造に近い構造ができることが納得できる。

　グルコース（**図2-9**のアルドースの一つ）は、直鎖状構造と環状構造が**図2-10**のように平衡状態にあるが、環状構造がより安定なため、α-アノマー（**図2-10の左側**）やβ-アノマー（**図2-10右側**）の環状構造の割合が、直鎖状構造よりも多い。平衡状態におけるα-アノマーとβ-アノマーとの割合は溶媒によって異なるが、中性水溶液ではほぼ同濃度であり、それらの交換（mutarotaion）の速度は、半減期が数分程度である。

　直鎖状構造は、わずか約0.01％以下しか存在しないが、還元性のアルデヒド基（–CHO）をもつため、グルコース全体としては還元性がある。なお一般的に、アルデヒド基をもつ食品は、アミノ基をもつ物質と反応して（メイラード反応）、香ばしい風味を生じる。味噌や醤油、焼肉、焙煎したコーヒー、チョコレートなどをおいしく感じるのはそのためである。

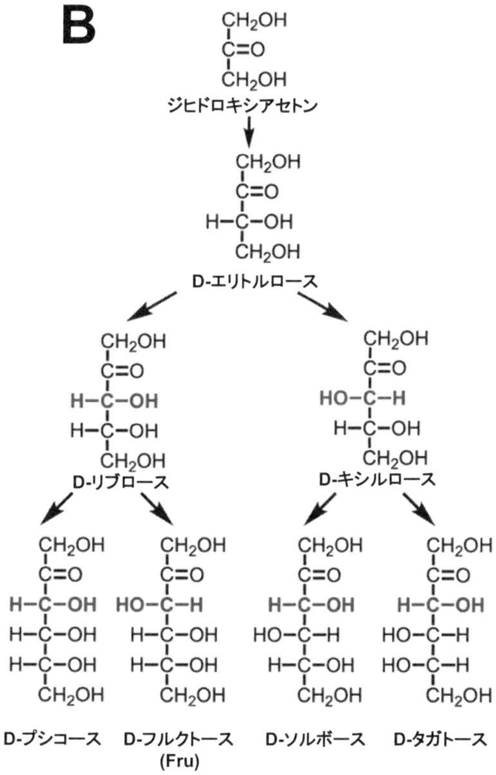

19）anomer

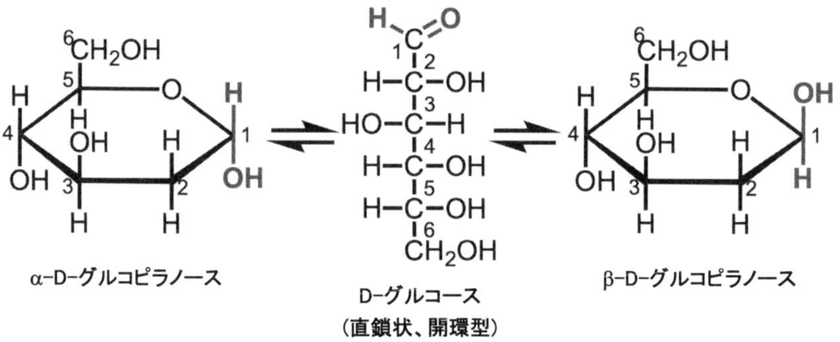

図 2-10　グルコースのアノマー

3)　グルコースのピラノース型（6員環）と、フルクトースのフラノース型（5員環）

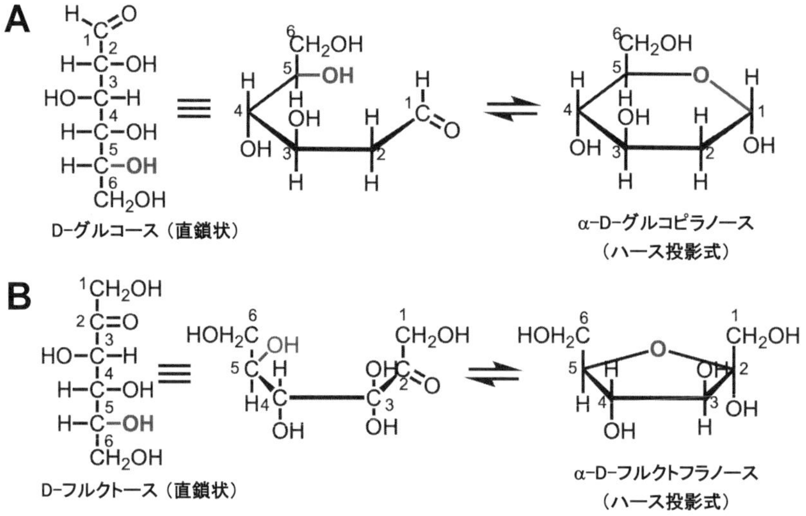

図 2-11　（A）グルコースの開環型とピラノース型、（B）フルクトースの開環型とフラノース型

4)　立体配置（configuration）と立体配座（conformation）との違い

　　図 2-12 は、グルコースを例にして、立体配置は同じ（共有結合が同じ）でも、立体的な構造の立体配座が異なる場合を示している。立体配置を変えるためには、共有結合を切断して入れ替える必要がある。その例が、図 2-13 のグルコサミンとガラクトサミンで、4位の結合を切断して入れ替えると変換できる。一方、立体配座は、そのような結合の切断・入れ替えをしなくても、原子間の結合の角度を変えるだけで、図 2-12 のように相互に変換できる。このような立体配座の変化をパッカリング[20]と呼ぶ。

　　立体配座の違いは、すべての分子に適用できる。たとえば、タンパク質を熱変性させ

20）puckering

た場合も、「熱変性によって、立体配置（configuration）は変わらないが、立体配座（conformation）は変わった」と言える。

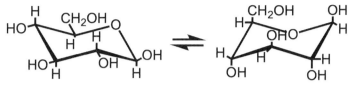

図 2-12　立体配置は同じでも、立体配座が異なる例

5）　アミノ糖のグルコサミンとガラクトサミン

　図 2-13 のグルコサミン[21]（略号：GlcN）とガラクトサミン[22]（GalN）は、4 位の OH の構造が異なる。グルコサミンのアミノ基 $-NH_2$ にアセチル基 $-CO-CH_3$ が結合すると、N-アセチルグルコサミン[23]（GlcNAc）になる。それが、）β-1,4 結合で連結されるとキチン（図 2-16）になる。

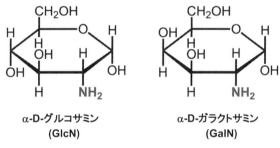

α-D-グルコサミン　　　　α-D-ガラクトサミン
(GlcN)　　　　　　　　(GalN)

図 2-13　グルコサミンとガラクトサミン

6）　還元糖

　図 2-14 は、糖の還元末端のアルデヒド基が還元された糖類である。たとえば、歯の健康に役立つとされるキシリトールは、キシロース（図 2-9）の還元糖である。

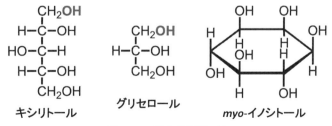

キシリトール　　　グリセロール　　　*myo*-イノシトール

図 2-14　代表的な還元糖

21）glucosamine
22）galactosamine
23）N-acetylglucosamine

7) 二糖のスクロース（ショ糖）

　グルコース（ブドウ糖）とフルクトース（果糖）の還元末端から水分子が除かれて（縮合して）、通称「砂糖」と呼ばれる**図2-15**のスクロース[24]ができる。逆に、スクロースが加水分解されると、グルコースとフルクトースに戻り、転化糖になる。甘さは、グルコース（約0.5）＜スクロース（約1）＜フルクトース（約2）の順なので、転化糖はスクロースよりも甘い。なお、スクロースには還元末端が無いので、還元性は無い。

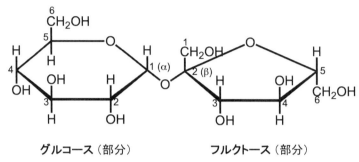

グルコース（部分）　　　フルクトース（部分）

図2-15　二糖：スクロース（蔗糖）

8)　多糖

　デンプンに含まれる**図2-16左側**のアミロース[25]は、グルコースがα(1 → 4) 結合でつながっている。その結合を、ヒトは消化酵素アミラーゼやα-グルコシダーゼで加水分解できるので、デンプンを栄養源として利用できる。しかし、同じグルコースが材料でも、β(1 → 4) 結合でつながったセルロース[26]（**図2-16中央**）は、ヒトが消化酵素を持たないので、栄養源として利用できない。同様にヒトが消化できない甲殻類の殻のキチン[27]（**図2-16右側**）は、N–アセチルグルコサミンがβ(1 → 4) 結合でつながっており、そのN–アセチルグルコサミンからアセチル基が加水分解されるとグルコサミン（**図2-13左側**）になる。動物によっては、セルロースやキチンが消化できる微生物を消化器官に共生させて、栄養源として利用しているものがある。

　セルロースやキチンは主要な**バイオマス**であり、地球上に大量に存在する生物由来で再生可能な資源なので、さまざまな有効利用が試みられている。

---

24) sucrose
25) amylose
26) cellulose
27) chitin

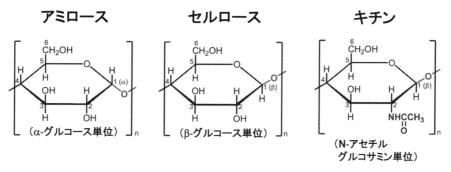

アミロース　　　セルロース　　　キチン

図2-16　糖単位が繰返される多糖：アミロース、セルロース、キチン

　ヒアルロン酸はD-グルコースの6位の $-CH_2OH$ が $-COO^-$ に酸化されたD-グルクロン酸とN-アセチル-D-グルコサミンが $\beta(1 \rightarrow 3)$ で結合した二糖単位（図2-17左上）が100〜10,000個つながった多糖である。吸水性が高く、1gで5リットル以上の水を保持することができる。

　ヒアルロン酸のN-アセチル-D-グルコサミン部分の4位に、硫酸基（OSO_3^-）を付加すると、コンドロイチン6-硫酸（図2-17左下）になる。コンドロイチン硫酸では、これらの二糖単位が50〜1,000個つながっている。

　構造が不揃いな多糖もある。ヘパリン（図2-17右下）は二糖単位の硫酸基数は最大3個だが、平均の硫酸基数は2.5個である。

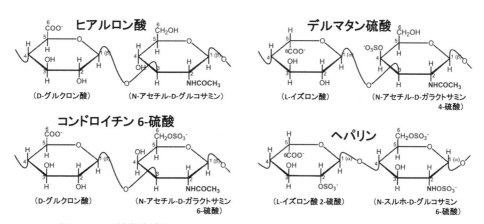

図2-17　二糖単位が繰返される多糖（右側の糖単位はグルコサミンの誘導体）

9)　細胞の認識などの役割を担っている糖

シアル酸
シアル酸は、ノイラミン酸の**アミノ基**（-NH$_2$）や**水酸基**（-OH）が置換された分子の総称で、細胞間認識などに関与している。アミノ基（-NH$_2$）がアセチル化された構造を図 2-18 に示す。

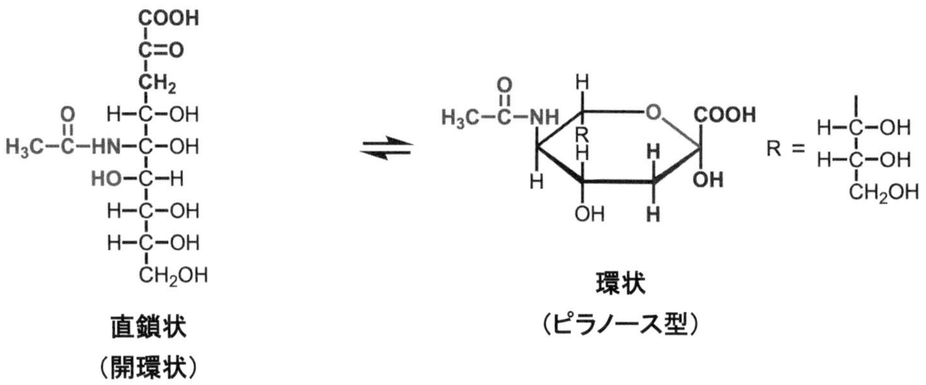

図 2-18　シアル酸（この例は、アミノ基がアセチル化されたノイラミン酸）

タンパク質の N-および O-グリコシル化
N 結合オリゴ糖は、-Asn-X-(Ser または Thr)-の Asn に結合する（**図 2-19 左上**）。この糖鎖修飾（**図 2-19 右**）は翻訳中に起こり、Asn に N-アセチルグルコサミン 2 個、マンノース 9 個、グルコース 3 個からなる単位が付加され、数種類の酵素でいくつかの糖が取り除かれた後、さまざまな糖が付加される。

O 結合オリゴ糖は、Ser または Thr に N-アセチルガラクトサミンが結合し、その先にガラクトースが結合した中核部分を形成することが多いが（**図 2-19 左下**）、その中核部分に糖が付加される様式はさまざまである。

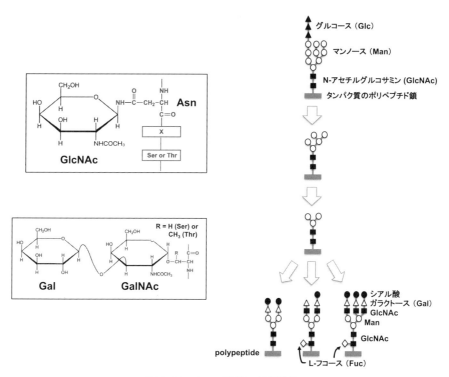

図 2-19　タンパク質の糖鎖修飾

10) 血液型

　　ABO 式血液型は、赤血球表面に存在するタンパク質に結合した糖鎖の構造の違いでタイプを分けている。血液型が A 型のヒトは、タイプ H の糖鎖に N-アセチルガラクトサミン（GalNAc）を付加する酵素をもっているので、図 2-20 のタイプ A の糖鎖がタンパク質に付加されている。タイプ A の糖鎖の記号は、N-アセチルガラクトサミンの 1 位が α-アノマー型でガラクトースの 3 位とつながり、そのガラクトースの 1 位が β-アノマー型で N-アセチルグルコサミンの 4 位とつながり、さらに L-フコース（図 2-20 左上の構造式）の 1 位が α-アノマー型でガラクトースの 2 位とつながっていることを表している。そして A 型のヒトは、血液中にタイプ B の糖鎖に対する抗体をもっている。一方、血液型が B 型のヒトは N-アセチルガラクトサミンではなくガラクトース（Gal）を末端に付加する酵素をもっているので、糖鎖はタイプ B であり、タイプ A の糖鎖に対する抗体をもっている（図 2-20 下図参照）。また、血液型が AB 型のヒトの糖鎖はタイプ A と B の両方で、血液中にはいずれに対する抗体ももっていない。一方、血液型が O 型のヒトは細胞表面にタイプ A や B を持たず、タイプ H のみで、血液中に A 型と B 型糖鎖の両方に対する抗体をもっている。

　　そのため、実際の輸血は、ほぼ同型同士で行われるが、血液型が異なっても赤血球と血漿とを分離すれば（成分輸血）、輸血が可能になる組み合わせがある。**赤血球の輸血**

は、A 型や B 型の糖鎖抗原が無い O 型はいずれの血液型に対しても可能である。一方、**血漿の輸血**は、A 型や B 型に対する抗体が無い AB 型はいずれの血液型に対しても可能である。

なお、血液型には ABO 式の他にも、Rh 式、MNSs 式 m など、数多くの分類がある。

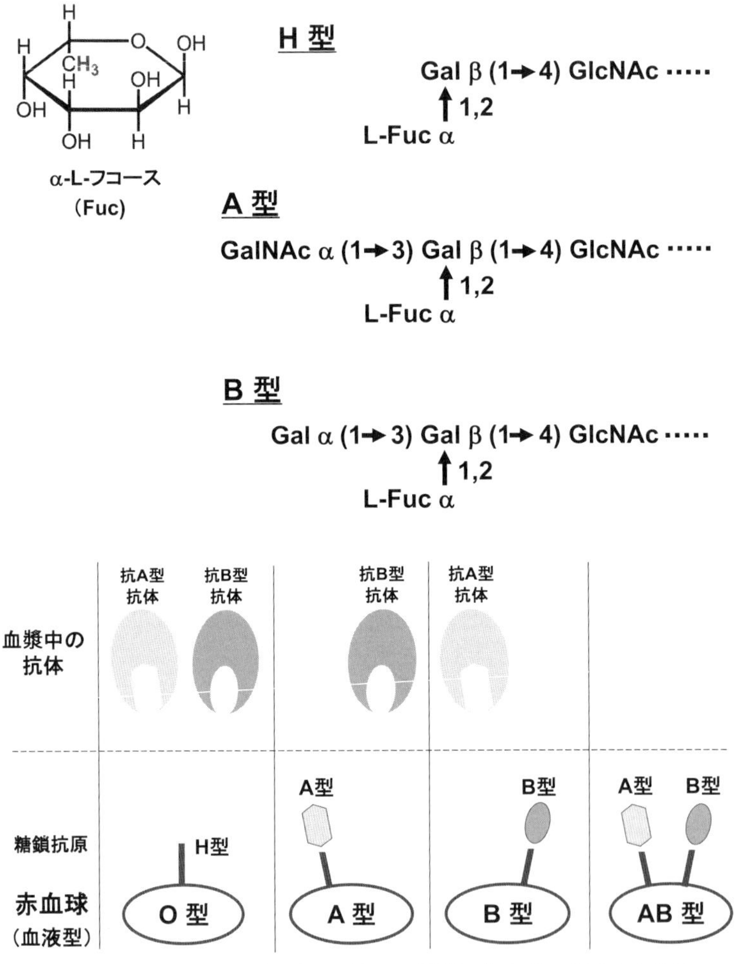

H 型

Gal β (1→4) GlcNAc ‥‥‥
　　　↑1,2
L-Fuc α

α-L-フコース
（Fuc）

A 型

GalNAc α (1→3) Gal β (1→4) GlcNAc ‥‥‥
　　　　　　　　　↑1,2
　　　　　　L-Fuc α

B 型

Gal α (1→3) Gal β (1→4) GlcNAc ‥‥‥
　　　　　　　　↑1,2
　　　　L-Fuc α

図 2-20　AB, A, B, O 型の赤血球表面の糖鎖、および、血清中の抗体

4.2.3 ヌクレオチド・核酸

1) 塩基部分：プリンとピリミジン

DNA（図1-3）の塩基部分は、図2-21のプリンやピリミジンからできている。その
プリン[28]は、図2-23のように、アデニンとグアニン、ピリミジン[29]はシトシンとチミン
である。

RNAの塩基部分もほとんど同じだが、ピリミジンはチミンがウラシル[30]（U）に換わっ
ている。

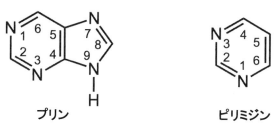

プリン   ピリミジン

図2-21　ヌクレオチドを構成するプリンとピリミジン

2) 糖部分：リボースと 2'-デオキシリボース

リボース[31]はリボ核酸[32]（RNA）、2'-デオキシリボース[33]はデオキシリボ核酸[34]（DNA）
に使われている。

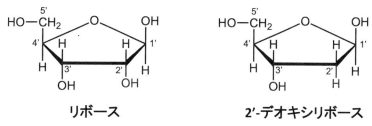

リボース   2'-デオキシリボース

図2-22　リボースと 2'- デオキシリボース

28）purine
29）pyrimidine
30）uracil
31）ribose
32）ribonucleic acid
33）2'-deoxyribose
34）deoxyribonucleic acid

3) ヌクレオチド、ヌクレオシド、塩基

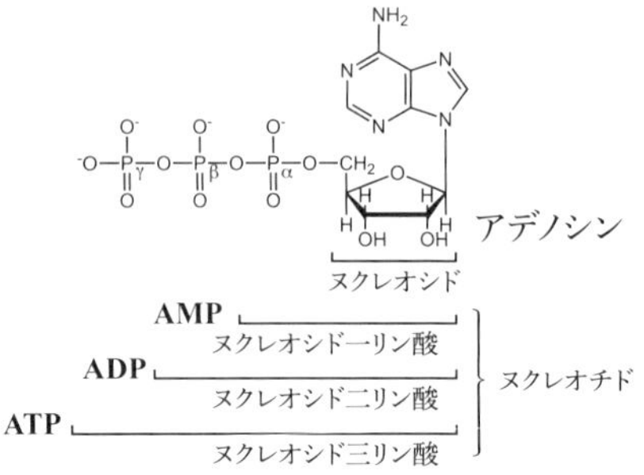

塩基（X）		ヌクレオシド	ヌクレオチド			使用される核酸 (DNA または RNA)	
構造式	名称（略号）		ヌクレオシド 5'-一リン酸 (XMP)	ヌクレオシド 5'-二リン酸 (XDP)	ヌクレオシド 5'-三リン酸 (XTP)		
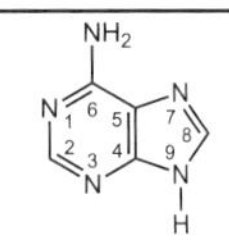	アデニン（A）	アデノシン	AMP	ADP	ATP	DNA	RNA
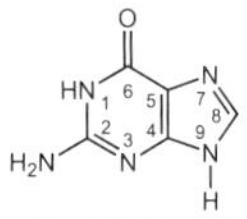	グアニン（G）	グアノシン	GMP	GDP	GTP	DNA	RNA
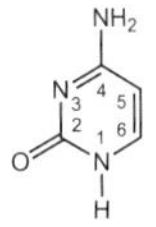	シトシン（C）	シチジン	CMP	CDP	CTP	DNA	RNA
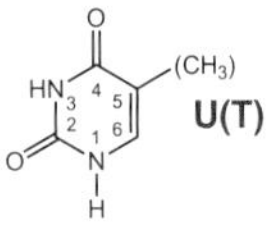	チミン（T）	チミジン	TMP	TDP	TTP	DNA	
	ウラシル（U）	ウリジン	UMP	UDP	UTP		RNA

図 2-23　塩基→ヌクレオシド→ヌクレオチド

4) ケト-エノール互変異性

DNA・RNA の塩基を例にして、ケト-エノール互変異性を示す。生理条件下では、エノール型よりもケト型の割合が多い。これらの互変異性化は、DNA の突然変異の原因の一つと考えられている。

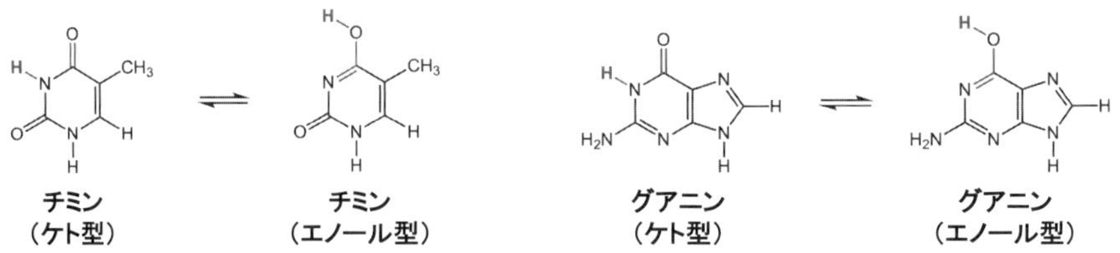

図 2-24　塩基のケト-エノール互変異性

5） **DNA と RNA の違い**

図 2-25 は RNA を示すが、DNA は塩基部分が U から T、糖部分の 2'-OH が 2'-H に置換されている。

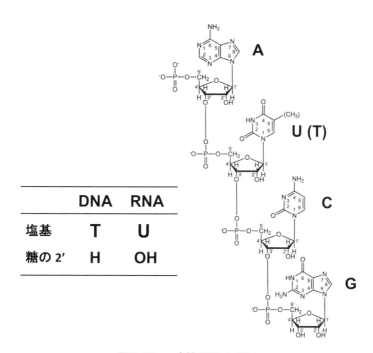

	DNA	RNA
塩基	T	U
糖の 2'	H	OH

図 2-25　一本鎖 DNA と RNA

6） **二本鎖 DNA**（図 1-3 参照）

7） **酵素に補酵素として結合し、酸化・還元に関与する NAD(P)⁺ と NAD(P)H**

NAD(P)⁺（図 2-26 B 左）やその還元型の NAD(P)H（同右）はヌクレオチドの誘導体であり、図 2-26 A のような酸化還元反応を触媒する酵素の補酵素として働く。この補酵素の働きに重要な部分は、ビタミンの**ニコチン酸アミド**（ピリジン環と –CONH₂ を含む部分）に由来する。**ニコチン酸アミド**と同様に、ビタミン B2 の**リボフラビン**もヌクレオチドが付加されて、酸化還元反応をする酵素の補酵素として働く。

一般に、酵素の働きを助ける補酵素は水溶性ビタミンの誘導体であることが多く、ビタミンが不足するとタンパク質を摂取していてもタンパク質不足になることがある。サプリメントなどでビタミンを過剰に摂取すると、一般に、水溶性ビタミンの場合は体外に排泄されてあまり問題は無いが、脂溶性ビタミンは排出されにくく、体によくないことが多いので注意が必要である。

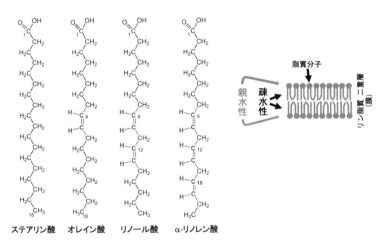

図 2-26　酵素の補酵素として酸化還元反応（A）をするヌクレオチド誘導体（B）

4.2.4　脂質

　脂質分子は、図 2-27 のような二分子膜を作ったり、エネルギーを蓄積したり、さまざまなシグナル伝達するなど、多様な働きをしている。

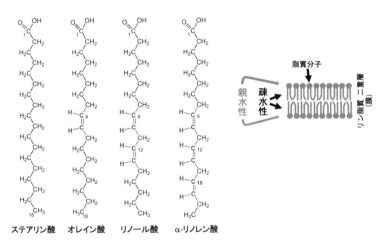

図 2-27　脂肪酸と膜内での存在様式

1)　脂肪酸

　脂肪酸には多くの種類があるが（表 2-4）、その代表的な**ステアリン酸、オレイン酸、**

リノール酸、α-リノレン酸を図 2-27 に示す。炭化水素鎖の二重結合数が 0、1、2、3 と増えるにしたがって二分子膜の流動性が高まる。そのことが二分子膜の融点温度（**表2-4**）にも反映されている。

表 2-4　さまざまな脂肪酸　(http://www.lipidbank.jp 参照)

構造式	名称	融点（℃）
飽和脂肪酸		
$CH_3(CH_2)_{10}COOH$	ラウリン酸	44
$CH_3(CH_2)_{12}COOH$	ミリスチン酸	54
$CH_3(CH_2)_{14}COOH$	パルミチン酸	63
$CH_3(CH_2)_{16}COOH$	ステアリン酸	70
$CH_3(CH_2)_{18}COOH$	アラキジン酸	77
不飽和脂肪酸		
$CH_3(CH_2)_5CH=CH(CH_2)_7COOH$	パルミトレイン酸	−1
$CH_3(CH_2)_7CH=CH(CH_2)_7COOH$	オレイン酸	12
$CH_3(CH_2)_4(CH=CHCH_2)_2(CH_2)_6COOH$	リノール酸	−5
$CH_3CH_2(CH=CHCH_2)_3(CH_2)_6COOH$	α-リノレン酸	−11
$CH_3(CH_2)_4(CH=CHCH_2)_3(CH_2)_3COOH$	γ-リノレン酸	−11
$CH_3(CH_2)_4(CH=CHCH_2)_4(CH_2)_2COOH$	アラキドン酸	−50
$CH_3CH_2(CH=CHCH_2)_5(CH_2)_2COOH$	エイコサペンタエン酸（EPA）	−54
$CH_3CH_2(CH=CHCH_2)_6CH_2COOH$	ドコサヘキサエン酸（DHA）	−44

2)　トリアシルグリセロール

　ヒトを含めた動物は、**図 2-28 左**のグリセロールに脂肪酸をエステル結合させ、トリアシルグリセロールとしてエネルギーを貯蔵している。

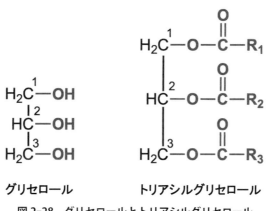

グリセロール　　　　　トリアシルグリセロール
図 2-28　グリセロールとトリアシルグリセロール

3）リン脂質と糖脂質

　グリセロールには三つの –OH があるが、そのうちの二つには脂肪酸（R1、R2）がエステル結合でつながり、もう一つの –OH にはリン酸基がエステル結合でつながるとリン脂質になる。そのリン酸基にさまざまなグループが結合して図 2-29 のようなリン脂質や糖脂質ができる。これらは、生体膜のおもな脂質成分である。

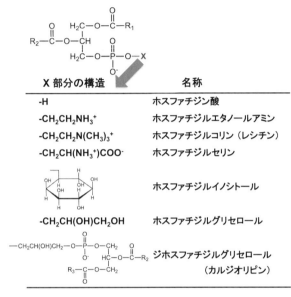

図 2-29　リン脂質および糖脂質

　リン脂質が二重結合をもつ不飽和脂肪酸の側鎖を含む場合には、図 2-30 のホスファチジルコリンのように曲がった構造になり、膜全体が柔らかくなる。低温で生息する好冷菌は、この性質を利用して、低温の環境に適応している。

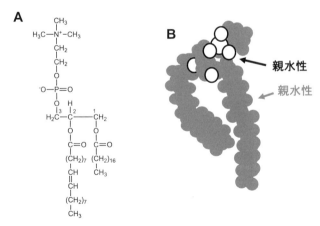

図 2-30　グリセロリン脂質の一例の 1- ステアロイル -2- オレオイル -3- ホスファチジルコリン
構造式（A）とファンデルワールス表示（B）

4）コレステロール（ステロイド）

コレステロールは図2-31のような形で、ABCDの四つの環をもつステロイドの一つであるため、膜を構成する脂質分子の中では、比較的固い分子である。

また、ヒトなどの哺乳類のコレステロールは、生理機能を調節するステロイドホルモンの前駆体物質としても、重要な役割を果たしている。

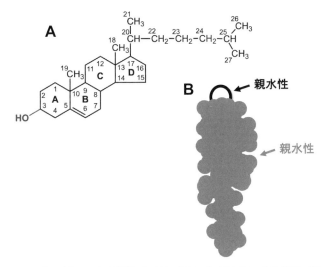

図2-31　コレステロールの構造式（A）とファンデルワールス表示（B）

参考文献

(★★★，★★，★の記号は、演習用の論文・書籍として適していると思われる参考指標)

Edsall, J.T. and Wyman, J.（1958）"*Biophysical Chemistry*", Vol. 1, Academic Press, New York の第9章の "Polybasic acids, bases, and ampholytes, including proteins" ★★★

　半世紀以上前の書籍だが、その第9章では、酸-塩基の解離平衡を例にして、分子間相互作用の定量的な取り扱いが、とても理解しやすく、厳密に記述されている。熱力学的な取り扱いが主だが、統計力学的な取り扱いにも役立つ。第9章以外も、古典的記述の中に、現時点で忘れ去られている視点での記述もあるので、新たな研究テーマの探索にも役立ちそうである。

　本文からは、著者が内容をとても深く理解していることが伝わってくる。あまりに完璧な記述がなされていたため、類似の内容の書籍はほとんど出版されず、代わりに本書が頻繁に引用されている。また、英文が簡潔なので、英作文などの練習にも利用できる。

Eriksson, A.E. *et al.*（1992a）"Response of a protein structure to cavity-creating mutations and its relation to the hydrophobic effect", *Science* **255**, 178-183 ★★

　タンパク質に空間を作ってみると、硬い部分では安定性が低下するが、柔らかい部分では影響が少ないことが、熱力学的解析と立体構造解析を併用して明らかになった。

Eriksson, A.E. *et al.*（1992b）"A cavity-containing mutant of T4 lysozyme is stabilized by buried benzene", *Nature* **355**, 371-373 ★★

　Eriksson, A.E. *et al.*（1992a）で作った空間を、ベンゼン分子で埋めると安定化したことを示した。その研究をさらに発展させたのが、Eriksson, A.E. *et al.*（1993）。

Eriksson, A.E. *et al.*（1993）"Similar hydrophobic replacements of Leu99 and Phe153 within the core of T4 lysozyme have different structural and thermodynamic consequences", *J. Mol. Biol.* **229**, 747-769 ★★

　タンパク質のアミノ酸側鎖を置換して、固い領域に空間を作ると不安定化の影響が大きいが、柔らかい領域に空間を作っても安定性への影響は少ないことを調べた。Eriksson, A.E. *et al.*（1992a; b）を発展させた論文。

浜口浩三（1976）"蛋白質機能の分子論", 東京大学出版会★★

　内容は、タンパク質の溶液論である。この本は、多くの論文の結果を前面に出しつつ、しかも著者の解釈は控えめに書かれているので、古さが感じられない。第2章「タンパク質の立体構造安定化因子」や、第4章「タンパク質の安定性」などは、タンパク質に対する熱力学的な直感力を養うために、とても役立つ。

本章に関連した研究テーマの例

1. 地球外生物

地球外生物が存在するなら、その生物の低分子や高分子にはどのような元素が使われ、どのような分子が存在して機能しているのだろうか？

2. DNA、RNA、タンパク質

- DNA の複製、そして、遺伝情報を含む DNA から直接タンパク質を作るのではなく、mRNA への転写を介してタンパク質を作るという現在のシステムは、生物進化の過程でどのようにして、できあがってきたのだろうか？
- 核酸の塩基は、おもに GAT(U)C の 4 種類が使用されるが、それらの塩基が選ばれるまでの生物進化の過程では、どのような変化の積み重ねがあったのだろうか？

3. タンパク質を作るおもなアミノ酸側鎖は 20 種類

- 進化の過程で、タンパク質の L-アミノ酸側鎖として 20 種類が選ばれた理由は？
- 今後の進化で、もう 1 種類増やす、あるいは減らすとすると、そのアミノ酸側鎖の構造は？　アミノ酸側鎖を 1 種類増やすために必要な、細胞内の分子群は？
- アミノ酸側鎖は約 20 種類だが、翻訳後修飾が数百種類も存在する理由は？

4. アミノ酸側鎖の疎水性

アミノ酸側鎖 20 種類の疎水性を決めるために、これまで使われてきた実験方法は「コラム」でも紹介されているが、その中には多くの仮定が含まれている。疎水性を知るために、さらによい方法は？

5. 脂質分子の役割分担

細胞や組織に存在する脂質の種類についてのデータは蓄積されてきたが、「なぜ、その種類の脂質が、そこに存在する必然性があるのか」ということはよくわかっていない。存在する脂質の種類の必然性は？

6. 無農薬栽培、薬草、サプリメントなど

- 無農薬の野菜栽培が行われているが、土壌中の養分や生物（動植物や微生物）、温度その他の自然環境によって、栽培野菜の全体から各組織、そして細胞内の分子群までに、どのような変化が生じるのだろうか？
- 世界中で、昔から薬として使われてきた薬草が知られている。また、健康維持のために、さまざまなサプリメントも利用されている。それらは、全身から各組織、そして細胞内の分子群まで、どのような効果あるのだろうか？

7. 旨味など

　　L-グルタミン酸やグアニル酸などを「旨味」として感じる分子メカニズムはどのようになっているのだろうか？

　　また、野生の動物が、有用食物や有毒な食物を、味覚や臭覚で判別することがあるらしい。それは、分子メカニズムや生物進化とどのような関係があるのだろうか？

第**3**章

タンパク質の立体構造
─これまでにわかった法則と残された謎─

1. タンパク質の構造が変わると生じる機能変化

　タンパク質の立体構造を知ることの重要性（意義）を理解してもらうために、**図 3-1**
の p53 タンパク質を例として取り上げる。このタンパク質は、がん抑制遺伝子 *p53* 遺伝
子によって作られ、**図 2-7** のようなネットワークを通して、ゲノム DNA が正常か否か
の見張りをしている。p53 タンパク質がゲノムの異常を発見すると細胞分裂をいったん
止めて、DNA 修復が完了するのを待たせておき、DNA 修復が正常に完了すれば細胞分
裂を再開させる。もし、DNA 修復に失敗すれば、ゲノムに異常が残ってがん化する可能
性があるので、そのような細胞には自殺（アポトーシス）を促して、ゲノム情報が正常
な細胞だけを残すような仕組みを我々の身体は備えている。

　したがって、この p53 タンパク質が正常に働かなくなるとがん化がおこるが、ヒトの
がんの約半分はこの p53 タンパク質の異常である。がん組織の p53 タンパク質について
遺伝子診断を行った結果、R175、G245、R248、R249、R273、R282 などのアミノ酸残基
が他のアミノ酸残基に置換していることがわかっている。

　では、これらのアミノ酸残基に変異が生じると、なぜ細胞ががん化するのだろうか。
その答えは、p53 タンパク質の立体構造を X 線結晶解析や核磁気共鳴法（NMR）で調べ
てみるとわかった（**図 3-1**）。がん化した細胞の変異アミノ酸残基（豆細工モデルで示し
たところ）は、DNA の結合部位や、リン酸化やアセチル化によって活性が調節される部
位に存在していた。

　図 3-1 では、ヒト p53 タンパク質の DNA 結合ドメイン（94-289 残基）をリボンモデル
で表し、DNA を豆細工モデルで表している。ヒトの腫瘍においてもっとも変異頻度が高い
p53 タンパク質の 6 残基は側鎖を棒状モデルで示してみると、それらは DNA 近傍に存在
することがわかる。（p53 は 4 量体で働くが、そのうちの一つのサブユニットを示す。）

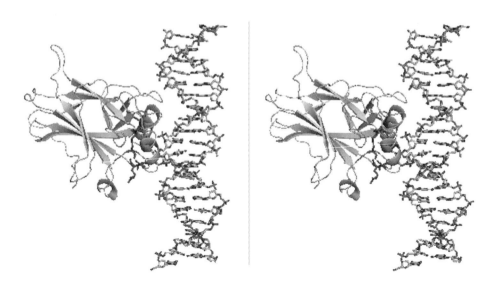

左目用の図　　　　　　　　　　　右目用の図

図 3-1　ヒト p53 タンパク質が DNA に結合した立体構造（立体図）

コラム 3-1.「立体図（ステレオ図)」

　タンパク質の立体構造は、PDB の web サイトなどでも直接、画面に表示された分子を動かしたり、拡大・縮小したりして、見ることができる時代になったので、図 3-1 のような立体図を見る機会は少なくなってきたが、ここで紹介しておく。

　図 3-1 の左図を左目で、右図を右目で見るようにすると、紙面から立体的な像が浮き上がって見える。見にくい場合には、左右の図の中央部分に紙を立てるとよい。

　このような方法を利用して高低差を測量し、地図が作られている。通常の写真でも、左右に少しずらして撮影しておくと、平面の写真から立体的な風景が浮かび上がって見える。

　ただし、左右の図の位置は、最大約 7 cm までである。それよりも左右の図が離れる場合には、左図を右目、右図を左目でクロスに見るテクニックが必要になる。大きなスクリーンに映された立体図なども、この方法を利用すれば、立体メガネを使用しなくても立体的に見ることができる。

　立体構造が明らかになったことによって、p53 タンパク質は転写調節を行うタンパク質で、リン酸化されて活性化されることによって特定の遺伝子配列に結合し、RNA ポリメラーゼという酵素が DNA から RNA を作る転写活性を飛躍的に高めることが原子レベルで化学的に理解できるようになるとともに、DNA との結合に関与するアミノ酸残基に変異が生じれば細胞ががん化することも理解できるようになった。

　そうなると、p53 タンパク質についての遺伝子診断をして、DNA との接触部位に変異が発見された場合には、たとえこれまでに報告されていない遺伝子変異でも、がん化する可能性が高いことが予想される。逆に、重要な機能を果たしている部位から遠い変異

が発見された場合には、がん化の可能性は低いかもしれないと予想できる。このように、タンパク質の立体構造がわかると、種々の生命現象の理解が容易になり、病気への的確な対処なども可能となる。

　タンパク質の例として挙げたこの p53 タンパク質は、**図 3-2** のような 393 アミノ酸配列からできているが、その配列の中に、「**図 3-1** のような立体構造に"**自動的に**"なるための情報」が含まれている。そのような自然の法則は、以前から実験的に証明されていたが（Anfinsen, 1961）、「その原理を発見して、アミノ酸配列からタンパク質の立体構造を予測する」という目標に向けた挑戦が世界協調プログラムでなされたおかげで、予測精度は飛躍的な発展を遂げつつある。現状では、その原理はまだわかっていないものの、経験則を利用した予測はある程度可能になっている。以下では、タンパク質構造について説明しつつ、現在に至るまでの経過を紹介する。

```
1        10        20        30        40
MEEPQSDPSVEPPLSQETFSDLWKLLPENNVLSPLPSQAM  40
DDLMLSPDDIEQWFTEDPGPDEAPRMPEAAPPVAPAPAAP  80
TPAAPAPAPSWPLSSSVPSQKTYQGSYGFRLGFLHSGTAK  120
SVTCTYSPALNKMFCQLAKTCPVQLWVDSTPPPGTRVRAM  160
AIYKQSQHMTEVVRRCPHHERCSDSDGLAPPQHLIRVEGN  200
LRVEYLDDRNTFRHSVVVPYEPPEVGSDCTTIHYNYMCNS  240
SCMGGMNRRPILTIITLEDSSGNLLGRNSFEVRVCACPGR  280
DRRTEEENLRKKGEPHHELPPGSTKRALPNNTSSSPQPKK  320
KPLDGEYFTLQIRGRERFEMFRELNEALELKDAQAGKEPG  360
GSRAHSSHLKSKKGQSTSRHKKLMFKTEGPDSD         393
```

図 3-2　ヒト p53 タンパク質（図 3-1）のアミノ酸配列

2. アミノ酸配列から立体構造を予測する挑戦

　タンパク質が機能を発揮できる天然状態[1]（N）の立体構造をとるのは、**図 3-3** に示すように、天然状態が変性状態[2]（U）よりもエネルギー的に ΔG だけ安定だからである。この変性状態とは、タンパク質の立体構造が崩れた状態であり、熱、酸性・アルカリ性、変性剤などでも引き起こされて、活性を失っていることが多い。

　N と U の相対的なエネルギー差が大きいほどタンパク質の安定性が高くなり、N と U

1）native state
2）unfolded state（denatured state）

の平衡が N に寄るので、平衡定数 $K = [\mathrm{U}]/[\mathrm{N}]\,(= \exp(-\varDelta G/RT))$ が小さくなる。

なお、U を基準とした N とのギブスの自由エネルギー差（$\varDelta G = -RT \ln([\mathrm{U}]/[\mathrm{N}])$）を図3-3では矢印で示しているが、その大きさは、タンパク質分子の大きさによらずほぼ同じで、数 kcal/mol 程度しかない、という大きな謎が残されている。

タンパク質が安定な立体構造になるための**情報**は、アミノ酸配列（一次構造）に含まれており、生物が進化の過程で、長年をかけて獲得した**情報**である。

「その**情報**が解読できれば、アミノ酸配列から立体構造が予測できるはず！」と考えて、アミノ酸配列から立体構造を解読するためのプロジェクトが始まった。

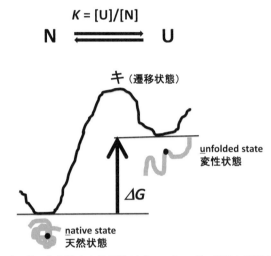

図3-3　タンパク質の安定性や立体構造形成のエネルギー状態を単純化したモデル図

2.1　高次構造の予測へ向けた初期の試み

タンパク質の立体構造を考える際に、**図3-4**のような階層性で立体構造を整理しておくと便利である。

1. **一次構造**[3]とは、アミノ酸配列のことである。
2. **二次構造**[4]は、タンパク質の主鎖に沿った短い構造単位で、α-ヘリックス、β-シート、ターン、ループ、天然変性領域、不規則構造などを含んでいる。
3. **超二次構造**[5]は、二次構造のポリペプチド主鎖間の立体的配置である。

3）primary structure
4）secondary structure
5）super-secondary structure

4. ドメイン構造（**フォールド**[6]）は、約100個のアミノ酸残基からなる立体構造単位で、立体構造予測にとても重要な立体構造単位となっている。なお、二次構造、超二次構造、フォールド（ドメイン構造）については、タンパク質の主鎖の立体構造を表しており、側鎖の種類は問わない。
5. **三次構造**[7]は、側鎖も含めたタンパク質の立体構造である。
6. **四次構造**[8]は、**図3-4**には記載されていないが、三次構造のユニット（サブユニット）の立体配置を表す。

まず、一次構造から四次構造の特徴について述べる。

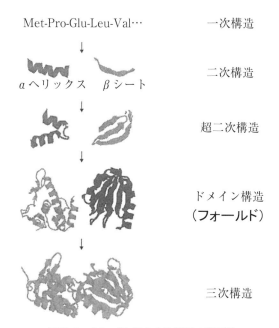

図 3-4　タンパク質の立体構造の階層性

1）　一次構造とモチーフ配列

　一次構造とはアミノ酸配列のことで、**図3-4**の Met-Pro-Glu-Leu-Val- は、N末端側からメチオニン（M）、プロリン（P）、グルタミン酸（E）、ロイシン（L）、バリン（V）の順にアミノ酸が並んでいることを表している。

　アミノ酸配列には、タンパク質分子の機能に特徴的なアミノ酸配列が知られており、**モチーフ配列**と呼ばれている。たとえば、DNA結合タンパク質に見られる 4Cys、2Cys-

---

6）fold
7）tertiary structure
8）quaternary structure

2His、6Cys などの亜鉛フィンガー（Zn-finger）モチーフ、また、GxxxxGK（T/S）の ATP
結合モチーフを始めとして、数千種類のモチーフ配列が知られている。

2) 二次構造

アミノ酸が数個以上つながると折れ曲がったり、らせん状になったりして立体的な形
をとることがある。この立体構造を二次構造という。二次構造には、その主鎖部分の立
体構造によって α-ヘリックス、β-シート、ターン、不規則構造などがある。たとえば、
p53 タンパク質の場合（図 3-1）には、中央部分に β-シートが存在し、右側の DNA に
近い側に α-ヘリックスが存在している。

α-ヘリックス

α-ヘリックス（図 3-5 A）は、まだタンパク質の立体構造が一つも決まっていない時
代に、エネルギー的にもっとも安定な二次構造であることが、Pauling によって理論的に
予測された。その後、立体構造が X 線結晶解析によって決められると、α-ヘリックスは
タンパク質中に数多く存在することがわかった。

α-ヘリックスのようならせん構造には、**図 3-5 B** に示すように、さまざまな種類が存
在する。酸素原子 O（No.1）と水素原子 H（No.7）とが水素結合を作るヘリックスは **2.2$_7$
リボン**、O（No.1）と H（No.10）とのヘリックスは **3$_{10}$ ヘリックス**、O（No.1）と H
（No.13）とのヘリックスは **3.6$_{13}$（α）ヘリックス**、O（No.1）と H（No.16）とのヘリッ
クスは **4.4$_{16}$（π）ヘリックス**と呼ばれる。ただし、**2.2$_7$** リボンは、タンパク質に存在し
ない。

ここで、たとえば α-ヘリックスの記号の「3.6$_{13}$」とは、**図 3-5** に示すように、ヘリック
スを 1 回転する間に 3.6 残基が含まれ（ということは、1 アミノ酸残基で、ヘリックスが
100°回転する）、水素結合を形成する環の中に 13 個の原子が存在することを表している。

α-ヘリックスに多く見られるアミノ酸残基にはグルタミン酸（E）、メチオニン（M）、
アラニン（A）、ロイシン（L）などがある。逆に、α-ヘリックスに含まれる確率が低い
グリシン（G）、プロリン（P）、アスパラギン（N）、チロシン（Y）などは、α-ヘリック
スの端に存在する傾向がある。

また、α-ヘリックスの N 末端側には、プロリン（P）、アスパラギン（N）、アスパラギ
ン酸（D）、グルタミン酸（E）が存在する確率が高く、C 末端側には、グリシン（G）、
アルギニン（R）、リジン（K）、ヒスチジン（H）の存在確率が高い。

その理由は、以下のように考えられている。各ペプチド結合には電荷の偏りがあるの
で（図 3-9 参照）、α-ヘリックス全体としては、図 3-5 A のように、N 末端に ＋e/2（e
は電子の電荷の絶対値）、C 末端に −e/2 の電荷が存在するのと同等の双極子モーメント[9]

9）双極子モーメントについては、**図 3-18** 参照。

をもつことになる。この双極子を打ち消してヘリックスを安定化するために、α-ヘリックスのN末端側には負電荷のAspやGlu、C末端側には正電荷をもつArg, Lys, Hisの存在確率が高いと考えられる。

　また、α-ヘリックスのN末端側の +e/2 の電荷を、機能を発揮するために有効利用しているという一般法則が知られている。たとえば、負の電荷をもつヌクレオチド（ATPなど）のリン酸基は、タンパク質のα-ヘリックスのN末端側に結合することが多い。

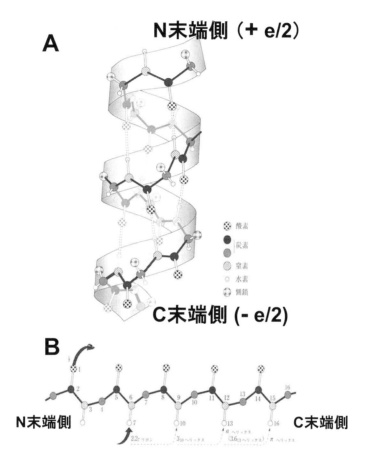

図3-5　α-ヘリックス（A）と、α-ヘリックスを含む種々のヘリックスについて、水素結合で形成される環の原子数を示す（B）。

β-シート

　β-シートはシート状の構造で、**逆平行 β-シート**（**図3-6(a)**）と**平行 β-シート**がある（**図3-6(b)**）。立体的に見ると、**図3-10(e)** のような、ひだのあるシート状の構造をしている。

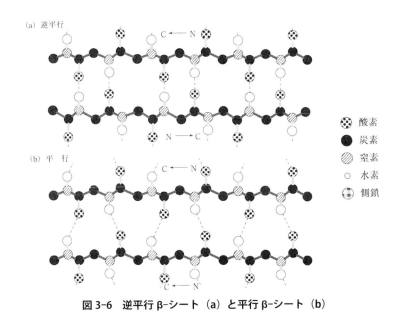

C ← N

N → C

(b) 平 行

C ← N

C → N'

酸素
炭素
窒素
水素
側鎖

図 3-6　逆平行 β-シート（a）と平行 β-シート（b）

　側鎖は β-シートの上下方向に向いており、ペプチド主鎖に沿って隣の残基は反対側を向いて離れているので、アミノ酸側鎖の β 位にメチル基をもつバリン（V）やイソロイシン（I）も β-シートに多く見られる。その他の残基としては、チロシン（Y）、フェニルアラニン（F）、トリプトファン（W）なども多い傾向がある。逆に、β-シートに含まれる傾向が少ないのは、グルタミン酸（E）、アスパラギン酸（D）、プロリン（P）などである。

ターン

　ポリペプチド鎖が折れ曲がる箇所に**ターン**が存在し、約十種類のパターンがある。ターンは β-**ターン**と呼ばれることがあるが、それはこの名前を付けた頃に、ターンが β-シートの端に多いことに気付いたためであった。しかしその後、さまざまな箇所に存在することがわかり、単に**ターン**（turn）や reverse turn と呼ばれるようになった。

　ターンの代表的なものは、**図 3-7** の I 型と II 型である。これらの図のポリペプチド主鎖は、下側が N 末端側で、上側が C 末端側になっている。その N 末端側 1 番目の CO の O と 4 番目の NH の H とが水素結合をしている。I 型**ターン**と II 型**ターン**の違いは、2 番目と 3 番目のアミノ酸残基間のペプチド結合（–CO–NH–）の向きが異なる点である。I 型は 3_{10}-ヘリックス（**図 3-5 B 参照**）の構造になっている。また、**右図**の II 型では、2 番目の残基の主鎖 CO との衝突を避けるために、3 番目の残基は Gly になる。

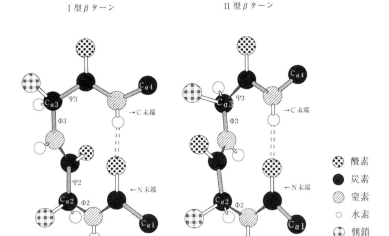

図 3-7　2 種類のターン構造

タンパク質全体のターンの数（t）とタンパク質の残基数（n）との間には、$t = n/8 + 2.3$ の直線関係がある。タンパク質が大きくなれば、ターンの数も増えるが、不思議なことに、分母の係数「8」は一定だという。その謎は、「フォールド単位の大きさ」がタンパク質の種類によらず、ほぼ一定」ということと関係しているのであろう。

好熱菌のタンパク質が、ターンを含めたループ部分が短くして安定性を高めていることについては、**6. 分子の相互作用の一般法則**で紹介する。

ターンよりも長いペプチド鎖を「ループ」と呼ぶことがある。また、柔らかくて、立体構造の揺らぎが大きい領域を**天然変性領域**と表現することがある。

主鎖の回転角（Ramachandran plot）

決定されたタンパク質の立体構造がどのような二次構造からできているのかは、**図 3-8 B, C** のラマンチャンドランプロット[10]で簡単に知ることができる。この図は、ポリペプチド主鎖に沿って、隣接するアミノ酸残基が互いにどのような角度でねじれているのかを表しており、回転角を用いて図示したものである。

回転角のφ（ギリシャ語のファイ）、Ψ（プサイ）、ω（オメガ）は、ポリペプチド主鎖に沿って定義される。**図 3-8 A** の点線で挟まれた i 番目のアミノ酸残基についてのφ_iは N_i-C^{α}_i 結合を軸にして、手前の N_i-C^{α}_{i-1} 結合を固定し、向こう側の C^{α}_i-C_i 結合を右側へ廻せば＋の角度、左側へ廻せば－の角度、と定義される。また、基準となる 0° の角度は、N_i-C^{α}_i 結合を軸にして見たときに、手前の N_i-C^{α}_{i-1} 結合と向こう側の C^{α}_i-C_i 結合とが重なって見えるとき（すなわち、シス型）と定義されている。

10）Ramachandran plot

ψ_i の C_i^α-C_i' 結合も同様に定義される。

ω_i のペプチド結合の C_i'-N_{i+1} は、共鳴により約40％の二重結合性を帯びているため[11]（図3-9）、プチド結合の平面性が保たれ、トランス型（すなわち +/-180°）になっている（図3-8 A参照）。ただし、300-400アミノ酸残基からなる平均的な大きさのタンパク質には、約1か所のシス型のペプチド結合が存在する。

このように、-NH-CO-の結合角 ω は約180°なので、φ と ψ とがわかれば、ポリペプチド主鎖の立体構造を表すことができる。そのため、市販の模型キットなどを使ってタンパク質を作る際などにも、φ, ψ 表示は役立つ。

φ_i を横軸、ψ_i を縦軸にした**ラマチャンドランプロット**は、タンパク質全体の立体構造の特徴が一目でわかるとともに、研究過程において、立体構造を検定する目的でも使用されている。図3-8 B は、図3-5 〜 7 の典型的な右巻き α-ヘリックス（α_R）、β-シート（β_P は並行 β-シート、β_{AP} は逆並行 β-シート）、ターンの一つである I 型ターン（3_{10}[12]）などのラマチャンドランプロットである。

実例として、DNA の損傷を修復する UvrB 酵素（PDB：1d2m）のラマチャンドランプロットを、CCP4 プログラムの PROCHECK v.3.3 を使用して作成してみると、図3-8 C 上図のようになる。各点は、約600のアミノ酸残基についての φ と ψ を表わす。この図から UvrB タンパク質には α-ヘリックスや β-シートが多いことがわかり、下図の立体構造からも確認できる。

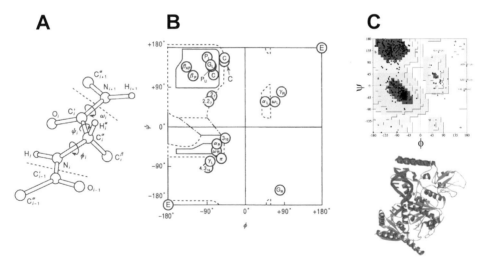

A　**B**　**C**

図3-8　ラマチャンドラン・プロット（Ramachandran plot）

11）ペプチド結合（図3-9）について量子力学計算をしてみると、波動関数の寄与が、右側の構造は40％、左側の構造は60％になることで理解できる。

12）I型ターンは 3_{10}-ヘリックスと同じ（φ, ψ）なので、「3_{10}」の記号と図中で重複。

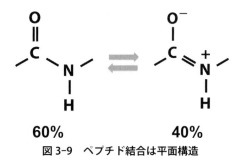

60%   **40%**

図 3-9　ペプチド結合は平面構造

3)　超二次構造と立体構造予測

　二次構造の配置によって形成される超二次構造（α と β、α と α、β と β などの相対的位置関係）には、典型的な組み合わせが存在する（図 3-10）。

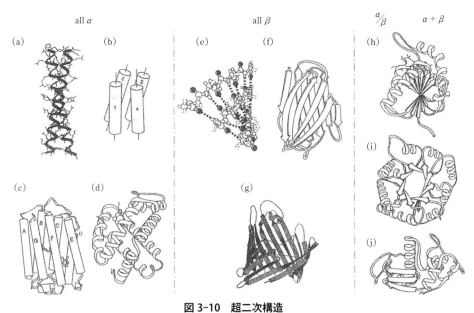

図 3-10　超二次構造

all α 構造、all β 構造

　all α 構造には、平行 α-ヘリックス二本からなるコイルドコイル構造（図 3-10 a）と逆平行 α-ヘリックス四本からなるバンドル構造（b）、球状タンパク質（c、d）などがある。

　all β 構造は、ペプチド鎖に沿ってわずかに右側にねじれている（したがって、ペプチ

ド単位でみると、わずかに左へねじれている）[13]（e）。このねじれは、βシートをもつ種々のタンパク質で見られる。免疫グロブリンの各ドメイン（f）、ポリンの筒状構造（g）などがこのグループに属する。

α/β 構造

アミノ酸配列に沿って、α-ヘリックスとβ-シートが交互に並んでいることから「α/β」と呼ばれる。平面状のβ-シートがα-ヘリックスで囲まれた「Rossmann fold」（h）、樽状の平行β-シート（β-barrel）の外側がα-ヘリックスに囲まれた「TIM（triose phosphate isomerase)-barrel」（i）などがある。

α+β 構造

リゾチームやリボヌクレアーゼなどが属するグループ（j）であり、α-ヘリックスの領域とβ-シートの領域が別れて存在する。

4）フォールド（ドメインの立体構造）

フォールド（ドメインの立体構造）とは、**図 3-10**（（e）は除く）に示したような約100〜200程度のアミノ酸残基からなる立体構造単位をさす。平均的なタンパク質は、約300〜400のアミノ酸残基からなるので、2〜3個のフォールドからできていることになる。

これまでにアミノ酸配列がわかった全生物のタンパク質は1億種類以上あるが、フォールドのパターンはわずか1,000〜4,000種類しか存在しないが、なぜそのように少ないのかはわかっていない。

5）三次構造

一本のポリペプチド鎖からできたタンパク質の立体構造全体を、**三次構造**という。二次構造からフォールドまでは、アミノ酸側鎖の種類に関係なく主鎖の立体構造を表しているが、**三次構造は（一次構造を含めて）、側鎖も含めたタンパク質全体の立体構造である。**

6）四次構造

三次構造をもつタンパク質をサブユニットとして、いくつかが会合した構造を**四次構造**と呼ぶ[14]。いくつかのサブユニットからなる会合タンパク質の中には、たとえば、血液中で酸素を運搬するヘモグロビンのように、2種類のサブユニットが二つずつの $\alpha_2\beta_2$、合計四つのサブユニットでできていて、アロステリック効果を示すタンパク質がある。ここで、**アロステリック（allosteric）効果**とは、立体的（ステリック）に異なる（アロ）部位に低分子などの物質が結合して働きが変化する現象をいう。ヘモグロビンの場合、

13）紙にポリペプチド主鎖に相当する直線を2〜3本描いた後、一つの角をもち上げてみると、わかりやすい。
14）会合タンパク質の立体構造形成過程には、しばしばシャペロン（chaperone）というタンパク質の折り畳みを助けるタンパク質の関与が見られる。

四つのサブユニットの一つに酸素分子が結合すると、サブユニットに結合する酸素分子の結合力が、約100倍も大きくなる。

このような**アロステリックタンパク質**については、会合体を形成する理由がわかりやすいが、会合体の役割が謎なのは、アロステリックタンパク質でない会合タンパク質、とくに、同じサブユニットから形成される会合体の場合である。一例は、**第5章**で述べるアミノ基転移酵素（図5-4）で、同じサブユニットの2量体である。この酵素について、アロステリック的な働きを探す研究が数多く試みられたが、そのような働きは確認できなかった。一般に、酵素分子の活性部位はサブユニット間の会合面に存在することが知られているので、2量体を形成することによって、酵素分子が、（i）基質と結合し、（ii）化学反応し、（iii）解離する、などの過程で必要な**分子の動き**をスムーズにするために役立っているのかもしれない。

また、細胞の中は分子が密に詰まった状況（molecular crowding）なので、分子の実効濃度（活動度係数または活量係数）を上げるために、会合体を作って分子全体を大きくしているという考え方もある。

7）　立体構造予測の試み

このような立体構造の分類の大きな目的は、立体構造の予測であった。まず二次構造を予測し、次に二次構造の組み合わせで超二次構造、そして三次構造、四次構造を予測することが試みられた。

しかし、二次構造予測の成功率でさえ、筆者らの経験からも、α-ヘリックスが70%、β-シートが50%程度であった。そのため、二次構造が組み合わされた超二次構造の予測になると、「まるで、剣山に花を生けているかのよう」と例えられるほど、うまくいかなかった。

2.2　成功したフォールド（ドメイン単位）の立体構造予測

自然界に存在するタンパク質は、自然に折れ畳まれて、機能を発揮している。「その一般法則がわかれば、アミノ酸配列から立体構造がわかるはず」という熱意から、前節とは異なるアプローチにより、世界が協力してフォールドの立体構造予測に挑むことになった。本節では、（1）「フォールド単位の立体構造を、経験的ルールで補って予測するという」発想の転換と、（2）世界規模のボランティア的プロジェクトのおかげで、アミノ酸配列からフォールド（ドメインの立体構造）が、70〜80%の確率で予測できる時代になるまでの歴史的経過と現状について、紹介する。

図3-11に、フォールド単位の立体構造のパターンが限られていることを予感させる二つの例を挙げた。いずれの例も、左側の立体構造を実験で明らかにした直後には、「ユニークなフォールドを発見した！」と喜んだ。しかし、よくよく見ると、フォールドの中心部分の立体構造がほとんど同じタンパク質が、すでにデータベース（PDB）に登録されていたことがわかって、少々落胆した。

なぜ、立体構造解析の実験を始める前に、アミノ酸配列から、立体構造の類似性が予測できなかったのだろうか？ それは、(1) アミノ酸配列の同じ箇所がわずか 10%（例 1）や 14%（例 2）であったことと、(2) 類似構造のアミノ酸配列の間で、アミノ酸残基の挿入や欠失があったために、タンパク質間の類似性が予測できなかったためである。

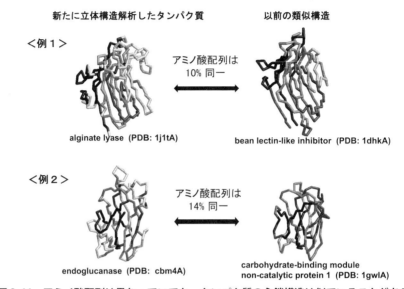

新たに立体構造解析したタンパク質   以前の類似構造

＜例 1＞   アミノ酸配列は 10% 同一

alginate lyase (PDB: 1j1tA)   bean lectin-like inhibitor (PDB: 1dhkA)

＜例 2＞   アミノ酸配列は 14% 同一

endoglucanase (PDB: cbm4A)   carbohydrate-binding module non-catalytic protein 1 (PDB: 1gwlA)

図 3-11　アミノ酸配列は異なっていても、タンパク質の主鎖構造は似ていることがある！

　アミノ酸配列が似ていれば立体構造が似ていることはわかっていたが、「フォールド単位の立体構造のパターンには、限りがあり、わずか 1,000 種類程度しか存在しないかも知れない」という考えが、1992 年に Cyrus Chothia によって発表された（"One thousand families for the molecular biologist", *Nature* **357**, 543–544）。この「わずか 2 頁」の論文がきっかけとなって、タンパク質の立体構造を予測するために必要な立体構造データベースを構築する世界的プログラムが始まった。

　この論文が発表された時点で、決定されていたフォールドの立体構造は約 120 種類だったが、Chothia は、その数はアミノ酸配列がわかっていた全フォールドの 1/4 に相当し、アミノ酸配列がわかっていた全アミノ酸配列ファミリー（アミノ酸配列の相同性で分類したファミリーの）の 1/3 と推定した。これらをもとにして、フォールドの全立体構造のパターンが、120 x 4 x 3 = 1,440 種類あると推定した。その後、「フォールドのパターンは 1,000 ～ 8,000 種類」という説も出されたが、現時点ではフォールドの数は 1,000 ～ 2,000 種類であろうと考えられている。

　しかし、なぜ限られた立体構造パターンのみしか存在しないのか、その理由（原理）は、いまだにわかっていない。もしその原理がわかって全立体構造パターンが予測できれば、現存するパターン以外の新たなタンパク質も合成できそうである。

Chothia の論文がきっかけとなって、「フォールドのパターンの数が有限ならば、各パターンの立体構造を一つ決め、それらの構造をデータベースにすることによって、すべてのタンパク質の立体構造をアミノ酸配列から推測できる」と考えられるようになった。しかし、そのようなデータベースを実際に構築する際にまず問題となったのは、タンパク質のフォールドをどのように分類・定義するか、という点である。たとえば、図 3-11 の左と右のように、「似ているが、異なる部分もある」フォールドを同じ種類とするのか、別の種類とするのかを判断する基準がなかった。そこで、「アミノ酸配列が 30 ～ 35％同じなら、フォールドは同じである」という経験則にもとづいて、フォールドをアミノ酸配列の類似度で分類することになった。このように、比較的簡単に定量化できるアミノ酸配列の類似度を基準にしたことで、データベース構築の端緒が開かれた。

そして、フォールドの立体構造を予測するためのデータベースの構築を世界協調プログラムとして行うにあたり、そのための手順が以下のように定められた。

1. まず、アミノ酸配列が 30％同一なフォールドは立体構造が同じである確率が高いので、これを同じグループ（シークエンス・ファミリー）とする。

2. シークエンス・ファミリーの中に、立体構造がすでに決まっているものが含まれていれば、そのシークエンス・ファミリーの立体構造は予測できる。

3. シークエンス・ファミリーの中に、立体構造が決まっているものが含まれていなければ、実験によって、その中から一つだけでも立体構造を決定する。そのために実験が必要なフォールド数、約 16,000 個（Vitkup *et al.*, 2001）の立体構造を、世界中が協力して決定する。

データベース構築に必要なタンパク質の立体構造を、世界で協調して決定するためのボランティア的なプログラムを調整するために、International Structural Genomics Organization（ISGO）が創設された。そのプログラムは 1995 年の日本の提案が最初であったが、世界的な協力体制が構築されて、大きな成果を挙げることができた（Grabowski *et al.*, 2016; Yokoyama *et al.*, 2000）。

そのようにして、世界中が協力して立体構造を決めたおかげで、フォールドの立体構造予測が可能な時代になった。その一例を図 3-12 に示す（Bradley *et al.*, 2005）。図 A は、実験的に決定された「正しい立体構造」と、予測された中でもっとも正確な「予測」構造とを示している。タンパク質内部のアミノ酸側鎖の配置も、かなり正しく予測できている。その予測計算の過程をまとめたのが図 B である。この図の横軸は、正しい立体構造と予測構造との違い（root mean square deviation（rmsd））を表し、縦軸は、側鎖を含めたタンパク質全体のエネルギーの計算値である。安定な立体構造ほどエネルギーが低くなるのは、図 3-3 と同様である。理想的な予測計算ができた時には、正しい立体構造と予測した構造とが一致するので、図 B 左下の最小エネルギーの点は、横軸の値が「0」になると期待される。

では、図 3-12 B に沿って、立体構造を予測する計算の過程を見ていこう。図中に多

くの点があるが、各点が一連の計算の結果を示している。その一連の計算とは、ある初期構造から計算をスタートして、計算機が「極小値が求まって、一応エネルギーが安定になった」というメッセージを出せば、その立体構造の原子配置をいったん記録しておく。次に、異なる初期構造から再度計算して、安定になった原子配置を記録する。これらの計算を図の点の数だけ繰り返し、エネルギーが最小になった立体構造を予測構造（図A）とする。そして後日、実験で正しい立体構造がわかった時には、各予測構造との違いから左図の横軸の値が計算できるようになるので、図Bに各点をプロットすることができる。この計算作業を、点の数だけ繰り返して、ようやく図3-12 Bが完成する。

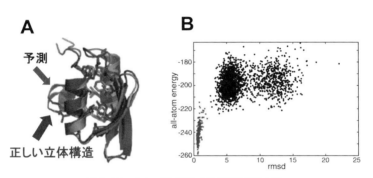

図3-12　タンパク質の立体構造予測の例

　ポリペプチド主鎖の立体構造予測の成功率を上げるための動きの一つとして、タンパク質の立体構造を予測するコンテスト Critical Assessment of Protein Structure Prediction（CASP）（http://predictioncenter.org）が、1994年から2年毎に開催され、そのコンテストの結果が雑誌 *Proteins: Structure, Function and Bioinformatics* に掲載されている。コンテストの予測対象は、「すでに立体構造が決まっているが、まだ公表されていないタンパク質」なので、コンテストの時期になると、主催者から我々にも、そのような立体構造情報の供出依頼があった。コンテストに協力すると、立体構造情報の公開が2-3か月遅れることもあったが、できる限り我々も協力するように努めた。

　そのようにして、多くの研究者が協力したおかげで、立体構造の予測精度は着実に向上してきた。近年の進歩の様子は多変量解析で表現されていて、一目ではわかりにくいので、図3-13（Kryshtafovych *et al.*, 2009）を使って、2008年までの進歩の過程を紹介する[15]。

15）いわゆる template-based modeling の分野の予測結果である。

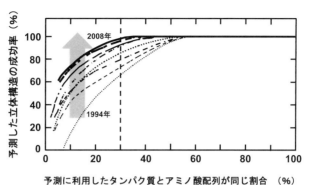

図3-13 の横軸は、すでに立体構造が決定されて、データベース（PDB）に登録されているタンパク質が、立体構造を予測したいタンパク質のアミノ酸配列と何％同じなのかを表している。縦軸は、予測の成功率を表している。この図から、すでに2005年頃には、アミノ酸配列が30％以上同じなら、タンパク質のポリペプチド主鎖の立体構造がほぼ予測可能な時代になったことがわかる。

30％以下の場合でも、1994年（CASP1）から2008年（CASP8）にかけて、予測成功率が矢印のように着実に上昇していることがわかる。重要なことは、2008年のCASP8と、その2年前の2006年のCASP7とがほぼ同じ線上にあることである。つまり、2006年時点ですでに、かなりの予測レベルに達していたことになる。

ただし、これは主鎖の予測であり、次章に関連する側鎖の予測は、まだまだ難しく、最近のCASPでもそのための努力が続けられている。現在の立体構造予測プログラムは，上述したホモロジーモデリング法の他に、スレッディング（threading）法、*ab initio* 法の大きく三つにわかれる。スレッディングをもとにした I-TASSER は近年の CASP で常にトップにランクされている。一方、*ab initio* 法では、フラグメントアセンブリ法にもとづく Rosetta が非常に高い予測精度で有名である。しかし、2020年の CASP14 では、AIを用いた AlphaFold というプログラムが他を圧倒する成績を収めた。

立体構造予測のために、さまざまなウェブサーバーが公開されており、日々進歩している。予測結果が1日以内で完了するものもあれば、数週間を要するものもある。予測原理が異なれば、結果が異なることもあるので、なるべく多くの異なるアルゴリズムで予測するプログラムを利用することが望ましい。

このようにして予測した立体構造が入手できた場合、下記の「予測構造が正しいことを確かめる方法」の、短時間で作業が可能な「1. 生物種間で保存されているアミノ酸残基の局在」だけは確認しておく方がよい。

3. 予測した立体構造が正しいことを確かめる方法

　予測した立体構造が正しいことを確かめる方法には、ごく短時間で可能な「1」から順にさまざまな方法がある。

1. 生物種間で保存されているアミノ酸残基がある領域に局在していれば、予測が正しい可能性が高く、その領域が活性部位や会合面である可能性が高い。
2. 高分解能の凍結（クライオ）電子顕微鏡顕[16]で、立体構造を調べる。
3. X線結晶解析や核磁気共鳴法（NMR）で、立体構造を調べる。

　3に続く方法「4」として、

4-1. 重要なアミノ酸残基を置換すると活性に影響が出るかどうかを調べる。
4-2. 真空紫外（150〜200 nm）の円二色性（CD）スペクトルを測定し、二次構造含量（とくにα-ヘリックス）を検証する。
4-3. 質量分析やNMRによって、ペプチド結合の主鎖NHの重水素交換速度を測定し、水素原子の交換速度の違いから、各アミノ酸残基がタンパク質分子の表面にあるか内部にあるかを判定する。
4-4. 質量分析によって、架橋剤で架橋されたペプチドを特定し、空間的に近いアミノ酸残基を推定する。
4-5. X線小角散乱で、タンパク質のおおまかな形を調べる。

　などがある。

4. 立体構造予測法の進歩によって、可能になったこと

4.1 医薬品開発が飛躍的に発展した

　創薬の方法が飛躍的な発展を遂げつつある。その現状と将来の更なる発展の可能性について、**第5章**の「**3.4 酵素分子の基質認識の謎**」で紹介する。

4.2 新しい構造のタンパク質を作ることができた

　このように、タンパク質の立体構造を予測する技術が進歩したことで、新しいタンパク質を作ることができるようになるとともに、新たな機能の酵素も作製できるようになった。
　まず、新しいタンパク質を作製した例が、**図3-14**である（Kuhlman *et al.*, 2003）。新しいフォールド（**図3-14 A**）になるように、**図3-14 B**のアミノ酸配列をもつタンパク質をデザインした。それを、大腸菌の遺伝子操作系を利用して作製し、その立体構造を

16）cryo-electron microscopy（cryo-EM）

NMR 法で決定したところ、期待した通りの立体構造になっていた。

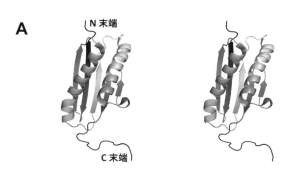

A　N 末端

C 末端

B
MSGKK VEVQV KITCN GKTYE RTYQL YAVRD 30
EELKE KLKKV LNERM DPIKK LGCKR VRISI 60
RVKHS DAAEE KKEAK KFAAI LNKVF AELGY 90
NDSNV TWDGD TVTVE GQLEG VDLEH HHHHH 120

図 3-14　新しいタンパク質の作製に成功した例
立体図（PDB: 2 mbm）（A）と、そのアミノ酸配列（B）

4.3　新しい機能の酵素ができた

　さらに、予測技術を利用して新しい酵素も作製されている（Roethlisberger, 2008）。

　図 3-15 上図のようなプロトン移動反応を触媒する酵素は天然には存在しない。そこで、コンピューターを用いた以下の用法によって、この反応を触媒する新たな酵素が設計された。(1)この反応の遷移状態（上部の反応式の中央）での触媒残基の立体配置（2 通り）を左下のように考え、(2)そのような配置が可能なタンパク質（フォールド）をデータベースから捜し出し、その酵素本来の活性部位とはまったく異なる部分を利用して、(3)設計したアミノ酸配列をもつ新しい酵素を、遺伝子操作によって作り出した。さらに、試験管内進化によって配列を最適化した結果、その活性は、$k_{cat}/K_m = 2,600 \ \mathrm{M^{-1}s^{-1}}$ にまで達した。この人工酵素の実証研究が示した立体構造予測の技術の威力に世界中が感激した。

　しかし後述のように、自然選択によって進化してきた天然の酵素の k_{cat}/K_m は、$10^8 \ \mathrm{M^{-1}s^{-1}}$ に達している。そのレベルをめざして人工酵素のさらなる活性上昇が試みられているが、上手く行っていない。やはり、自然の進化は、現在の人類の知恵よりも、遥かに優れているらしい。

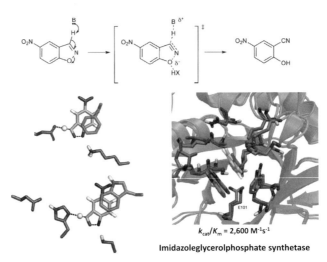

k_cat/K_m = 2,600 M⁻¹s⁻¹

Imidazoleglycerolphosphate synthetase

図 3-15　新しい酵素の作製に成功した例

5.　今後の立体構造解析

　　最近、高分解能のクライオ電子顕微鏡が出現し、タンパク質の側鎖の立体構造までも原子分解能でわかるようになってきた（たとえば、Merk *et al.*, 2016）。これによって立体構造を解析する方法が劇的に変わり（**図 3-16**, Beale *et al.*, 2020）、生命科学の現象を、「立体構造情報を利用して、化学的に理解する」研究領域がますます広がるものと期待されており、生命科学は大きな変革期を迎えつつある（Beale, 2020；倉光，2017）。

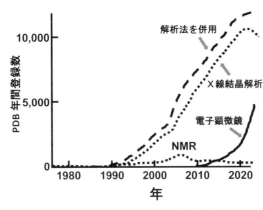

図 3-16　PDB への年間登録数

6. 分子の相互作用の一般法則

　これまでに、タンパク質の形について紹介してきた。では、どのような相互作用によって、形ができあがるのだろうか。**図2-1** に示すように、タンパク質分子自身が形を作ったり、そのリガンド（基質）を認識したりする基盤は、相互作用である。生物が生きていくことができるのは、分子内あるいは分子間の相互作用のおかげといえる。物理的視点で考えると、分子間の相互作用は分子を作っている原子間の相互作用だが、さらに細かく見ると、原子の周囲にある外殻電子間の相互作用である。したがって、その相互作用のエネルギーは、分子を作っているさまざまな原子の「電子間の相互作用」によって決まり、その相互作用のエネルギーの大きさは、**図2-5** の平衡定数（結合定数や解離定数）を測定することによって知ることができる[17]。

　その生体分子間の相互作用を、**疎水性相互作用、水素結合、イオン間相互作用**の三つに分けると、半定量的に理解できる便利なタンパク質の一般法則がある。その法則とは、「タンパク質自身の立体構造形成や、タンパク質とリガンド（基質）との結合には、**疎水性相互作用**が大きく寄与しており、**水素結合**は、位置の固定に役立っている。また、**イオン間相互作用**は分子表面での位置の固定や、タンパク質が水溶液中に溶けやすくするために役立っている」というものである。そのように理解すると、生命現象全般がわかりやすい[18]。そして、タンパク質の安定性に関する各相互作用エネルギーの半定量的な値が、1980年代初頭に発明された「タンパク質工学[19]」という「DNAの塩基配列を置換して、タンパク質を大腸菌などに作らせる技術」を利用した多くの研究によって、以下のようにわかってきた。

疎水性相互作用	$10\ kJ\ nm^{-2}\ mol^{-1}$	（約 $25\ cal\ Å^{-2}\ mol^{-1}$）

（このエネルギーを二つに分けると、van der Waals 相互作用 と 水和）

水素結合	$3 \sim 7\ kJ\ mol^{-1}$	（約 $1 \sim 2\ kcal\ mol^{-1}$）
イオン間相互作用	$\sim 0\ kJ\ mol^{-1}$	

6.1　相互作用の熱力学的解釈

　ここで、熱力学的な実験結果とその解釈（統計力学的な分子モデル）との関係を知って、モデル（イメージ）の作り方を楽しむ方法を紹介しておく。熱力学はとても簡潔で、たった三つの法則でできており（他の教科書参照）、実験結果を直感的に解釈する際に（モデルの作成にも）、とても役立つ。

17）生体分子間の相互作用は、通常、水溶液中での相互作用である。物理定数表などに記載されている真空中での相互作用とは異なるので、注意が必要である。

18）この一般法則は、タンパク質だけでなく、核酸（DNA, RNA など）、糖質、脂質、低分子化合物などの相互作用にも、あてはまることが多い。

19）protein engineering

熱力学的な ΔG（$=\Delta H - T\Delta S$）, ΔH, $T\Delta S$, ΔC_{p} は、実験的に測定できる正確な値である。しかし、そこで起きている分子間の相互作用の解釈は、とても自由度が高いが、解釈の一例を敢えて紹介してみる。

　熱力学は難しいもの・理解しにくいと感じることがあるかもしれない。しかし、熱力学的な実験結果を利用して、ミクロなレベルで何が起こっているかを想像し、いろいろな自分なりのイメージを作ってみる。するとそのイメージは、自然と対話するための言語のような役割を果たしてくれるので、自然と対話しつつ実験を楽しむことができるようになる。

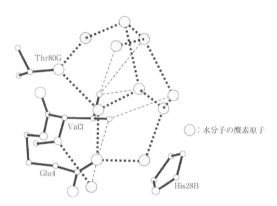

図 3-17　疎水性表面の水の構造

　ギブス自由エネルギー[20]（G）とは、**温度と圧力が一定の生体中での平衡反応が、どちらの方向へ進むかを考える際にとても役立つエネルギー**で、エンタルピー（enthalpy, H）とエントロピー（entropy, S）を用いて $G = H - TS$ で定義される。G, H, TS の単位は kJ mol^{-1} で、4.184 kJ mol^{-1} が 1 kcal mol^{-1} に相当する。ここで、T は絶対温度を表し、摂氏 0℃ は絶対温度の 273 K なので、ヒトの体温に近い 37℃ は 310 K、研究でよく用いられる 25℃ は 298 K である。

　各状態の絶対的なエネルギー G を測定することは難しいが、反応前後の相対的なエネルギー差を測定することは比較的容易である。そこで、反応が進むかどうかは、基準としたエネルギーからの差を Δ（デルタ）を付けて ΔG（$=\Delta H - T\Delta S$）で判断する。たとえば、タンパク質の安定性を考える**図 3-3** の場合、天然状態（N）を基準に考えると変性状態（U）は $\Delta G > 0$ なので、N から U へは反応が進みにくく、N と U の平衡（N $\rightleftharpoons$ U）は N に寄っていることがわかる。

　すなわち、化学反応は、最初の状態から G が減少する方向に進んで、最終的に反応が停止したように見える平衡状態になる。その時には反応が停止したのではなく、正逆両方向の反応速度が同じになっている。

20）Gibbs' free energy

エンタルピー変化（ΔH）については、$\Delta H < 0$ なら反応によって発熱すること（**発熱反応**）、$\Delta H > 0$ なら反応によって吸熱すること（吸熱反応）を意味している。その解釈の例を挙げると、$\Delta H < 0$ なら、何らかの結合が形成されるか、相互作用が強くなって安定になると同時に、余分のエネルギーが熱として放出された、そして $\Delta H > 0$ ならその逆、などと考えることができる。

エントロピー変化（ΔS）については、絶対温度（T）を乗じた $T\Delta S$ にすると、ΔG に占める ΔH の寄与と比較しやすくなる。解釈の例を挙げると、$T\Delta S > 0$ なら、反応によって状態の数が増える、あるいは動きが激しくなる。逆に、$\Delta S < 0$（$T\Delta S < 0$）なら、状態の数が減る、あるいは動きが少なくなる、などと考えることができる。

比熱変化（ΔC_p）は、相互作用の結合単位をバネに例えて、その数や強さで考えられることが多い。$\Delta C_\mathrm{p} > 0$ なら、相互作用のバネの数が増えた、またはバネの数は変わらなくてもより強くなった、そして $\Delta C_\mathrm{p} < 0$ なら、その逆と考えることができる。

以前は、このような熱力学的解釈までであった。しかし、最近は計算機の性能が向上したので、まず統計力学的なモデルを作って計算し、考えていることが起こり得るかどうかを検討できるようになってきた。その手順は、以下のようにまとめられる。(1)まず、実験結果の $\Delta G, \Delta H, T\Delta S, \Delta C_\mathrm{p}$ などをもとにして、反応過程で起こっている現象を、分子や原子のレベルでイメージしてみる。(2)そのイメージにもとづいて、統計力学的なモデルを作って計算してみる。(3)モデルの計算結果が実験と一致したら、(1)のイメージが正しかった可能性がある。(4)ただし、単なる説明の一つだった可能性も残っているので、(2)のモデルにもとづいて新たな実験条件の結果を**予測**し、(5)その予測が新たな実験結果と一致することを確かめることができれば、(1)のイメージが正しかった可能性が高まる。

もし、(3)や(5)のステップが期待した結果にならなくても、「描いたイメージと異なることが起こっていた」という重要な情報が得られたことになる。そして、試行錯誤を繰り返すことになる。

計算機科学において大切なことは、ステップ(3)までの単なる説明ではなく、ステップ(5)までの予測ができて、実験で確認できるレベルにまで高めておくことであろう。

では、以下に、**疎水性相互作用**、**水素結合**、**イオン間相互作用**、それぞれについて説明する。

6.2 非共有結合の相互作用

6.2.1 疎水性相互作用

　タンパク質が「親水性のコートを着た油滴モデル」（図 2-1（c））でイメージされるように、疎水性のアミノ酸残基は水を避けてタンパク質内部に集まろうとする。熱力学的には、疎水性の化合物が水から液体の炭化水素へ移行して、疎水性の相互作用をする時のギブズの自由エネルギー変化 ΔG（$= \Delta H - T\Delta S$）は負の値であり、炭化水素が疎水性の炭化水素相へ移行しやすいことがわかる。また、その移行の**エントロピー変化** ΔS は正であり、比熱変化 ΔC_p は負であるという一般法則がある。その法則は、疎水性表面の周囲の水分子がクラスターを形成している、という X 線結晶解析の結果（図 3-17）がもとになっている。この水分子のクラスター構造が、純液体の水が作る水素結合網の構造よりも規則的であるために、疎水性相互作用の形成に伴って ΔS が正になり、ΔC_p が負になると考えられている。

　疎水性相互作用は、「ファンデルワールス（van der Waals）相互作用」と「水和の相互作用」とを加算したものである。

　ファンデルワールス（van der Waals）相互作用には、**図 3-18** に示す三つの相互作用が含まれている。図中の矢印は双極子を表している。C＝O のように、電気陰性度が異なる原子間などで電荷の偏りがあるのが永久双極子であり、**図 3-18** の 3 種類の相互作用の中では、もっとも相互作用が強い。永久双極子に対して、CH_3 のように、瞬間的にわずかな電子の偏りができて双極子になるものを誘起双極子という。二つの CH_3 に生じたわずかな正電荷（δ+）と負電荷（δ-）は、δ+ と δ+、δ-と δ-の間で電気的な反発が生じるが、δ+ と δ-の間では引き合う。それらの差し引きした合計は、引き合う力が反発力よりも大きくなり、それを**誘起間双極子間の相互作用**（London 分散力）と呼んでいる。

　疎水性相互作用のエネルギーは約 10 kJ nm^{-2} mol^{-1}（約 25 cal Å^{-2} mol^{-1}）である。したがって、たとえば、**図 3-3** の変性状態（U）から天然状態（N）になる際に、1 nm x 1 nm の相互作用ができると、10 x 1 x 1 x 2 = 20 kJ mol^{-1}（約 5 kcal mol^{-1}）ものエネルギーが獲得できることになる。タンパク質の場合、アミノ酸側鎖の疎水性値と露出表面積とは直線関係（**図 3-19**）があることが知られている。この一般法則が、酵素と基質の結合や、抗体と抗原の結合、さらに創薬などの理解に役立つ例を、**第 5 章**で紹介する。

　二つの生体分子が結合して一つになる平衡反応や、タンパク質が折り畳まる反応は、通常、水に囲まれた環境の中で起こる。そのため、この疎水性相互作用は、タンパク質の構造形成、タンパク質サブユニット間の会合、酵素タンパク質と基質と相互作用など、いずれの反応においても結合エネルギーの源になっている（**図 2-1**（c）がそのイメージ）。ただし、疎水性の相互作用は、油のようなどろどろして形の定まらない相互作用なので、以下の水素結合やイオン間相互作用などでホックをかけて、位置を固定しているのであろう。

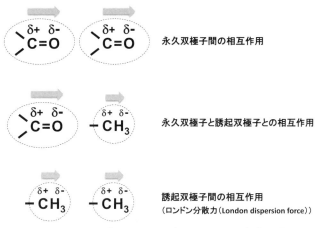

永久双極子間の相互作用

永久双極子と誘起双極子との相互作用

誘起双極子間の相互作用
（ロンドン分散力（London dispersion force））

図 3-18　ファン デル ワールス（van der Waals）相互作用

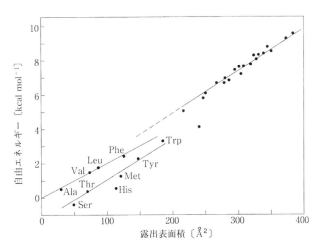

図 3-19　アミノ酸側鎖の疎水性値と露出表面積との関係

6.2.2　水素結合[21]

　水素結合とは、α-ヘリックス（図 3-5）やβ-シート（図 3-6）などの二次構造でも見られたような、水素原子を介した相互作用のことである。水素結合は、原子間の距離と方向とに依存するため、水素結合供与体または受容体となる原子の位置関係はある程度決まっている。–O–H …… O–の水素結合の場合、ファンデルワールス半径は、H が0.12 nm、O が 0.16 nm で、合計 0.28 nm になるが、水素結合した H …… O 間の距離は

21）hydrogen bond

0.18 nm である。共有結合している O–H の距離は 0.10 nm なので、–O–H …… O–の両酸素原子間の距離は 0.28 + 0.10 = 0.38 nm になる。これを利用すれば、実験的に水素原子の位置がわかりにくい電子顕微鏡や X 線結晶解析などの結果でも、酸素原子間の距離が約 0.38 nm であれば、–O–H …… O–の水素結合を形成している可能性がある。タンパク質工学的研究により、水素結合 1 本の寄与は $\mathit{\Delta G} = -3 \sim -7$ kJ・mol^{-1}（約 $-1 \sim -2$ kcal mol^{-1}）であることが明らかになった。

　このような典型的な水素結合は「古典的水素結合」と呼ばれることもあるが、その他にも、水素原子が介する相互作用のパターンがある。たとえば、中心が距離 0.55 nm 離れてほぼ直交している二つのベンゼン環の相互作用は「非古典的水素結合」の一つであり、そのエネルギーは $-3 \sim -7$ kJ・mol^{-1} と推定されている。タンパク質中には、このような相互作用が平均約 7 個存在するので、タンパク質の安定化のエネルギーへの寄与は無視できないであろう。

　その他にも、–C–H …… O–や π 電子の芳香環をもつ側鎖との水素結合など、さまざまな水素結合が知られており、タンパク質機能に重要な役割を果たしている。

6.2.3　イオン間相互作用

　厳密には、すべての相互作用を**静電的相互作用**とみなすことができるが、その中でももっとも強く ＋ － の電荷間に働く**イオン間相互作用**は、タンパク質の場合、(1)結合したリガンドの固定や(2)水へのタンパク質の溶解に役立っている。一方、タンパク質工学的研究により、このイオン間相互作用はタンパク質の安定化にはあまり寄与していないことが明らかにされた。これは、「イオン間相互作用は大きいであろう」という理論的な予想を歴史的に見れば、とても意外な結果であったといえる（**図 3–27** 参照）。

6.3　共有結合の違いによる相互作用の変化

6.3.1　SS 結合

　これまでの三つの相互作用（疎水性相互作用、水素結合、イオン間相互作用）は、非共有結合性の相互作用であった。それらとは異なり、SS 結合（ジスルフィド結合[22]）は、タンパク質の中に組み込まれているシステイン残基が酸化され、反応をおこして共有結合が形成される結合をいう。酸化反応によって結合し、還元反応によって切断される。

　細胞内のように還元的環境中（酸素の少ない環境下）では、通常、システイン間の SS 結合は形成されていない。そこで、そのような細胞内のタンパク質の実験をする場合には還元剤のジチオスレイトール（dithiothreitol（DTT））などの還元剤を添加する。DTT は、**図 2–9** のトレオースのアルデヒド基が還元された OH が SH になるとともに、–CH$_2$OH が –CH$_2$SH になっている化合物であり、タンパク質の SS 結合を還元する（切断する）と同時に、DTT 自身は酸化されて環状になる。

---

[22] disulfide bond

一方、血管内や消化管の中などの細胞外の酸化的な環境のタンパク質中には SS 結合が見られる。それらの結合が還元されて –SH HS–のように切断されると、変性することがある。それは、タンパク質の安定性が減少するためである。

SS 結合が存在すると、タンパク質分子の変性状態での立体構造、つまり立体配座（コンホメーション[23]）のエントロピー（S）が減少する（とりうるコンホメーションが限定される）ので、天然状態（N）に比べて変性状態（U）が相対的に不安定になり、タンパク質の安定性が増加する（図 3-3 参照）。すなわち、タンパク質の変性状態をより不安定化して、未変性状態とのエネルギー差を拡大することによって、タンパク質を安定化している。

ランダムコイル状態のタンパク質に SS 架橋ができ、N 個の残基から成るループが形成された時の ΔS は、次の経験式で見積ることができる。

$$\Delta S_{conf} = -(3/2)R \cdot \ln(N) - 8.8 (J\ K^{-1}\ mol^{-1})$$

ひずみのない理想的な SS 結合を導入すれば、ほぼ予想通りにタンパク質を安定化できることが、実験で確かめられている。たとえば、T4 ファージ・リゾチームについての歴史的研究が参考になる（Matsumura *et al*., 1989a; 1989b; Pjura *et al*., 1990）。

6.3.2 ループ部分やプロリン残基

安定な好熱菌のタンパク質は、ターンを含めたループ部分が短く、その部分にプロリン残基（P）が出現する頻度が高い。それらによってタンパク質が安定化する理由は、SS 結合の場合と同様で、天然状態（N）に比べて変性状態（U）が相対的に不安定になるためである。

6.4 タンパク質の安定化エネルギーの不思議

タンパク質が安定な構造になるのは、図 3-3 に示すように、変性状態よりもエネルギー的に安定だからである。しかし、「タンパク質の大きさによらず」、そのエネルギー差 ΔG が 20 ～ 50 kJ mol^{-1}（およそ 10 kcal・mol^{-1}）であることは非常に不思議である。タンパク質全体で、疎水性相互作用、水素結合、イオン間相互作用の三つの相互作用エネルギーがいずれも 500 kJ mol^{-1} 以上であることと比較すると、この安定化のエネルギー差（ΔG）がいかに小さいかがわかる。その小さな「約 35 kJ mol^{-1} の安定性」とは、タンパク質内部に存在していたトリプトファン 3 残基が表面に出るだけ（表 2-2 参照）、あるいは水素結合が数本切れるだけで、タンパク質全体の立体構造が壊れることを意味する。

このエネルギー差 ΔG を大きくすれば、タンパク質が安定になる。そのためには、図 3-3 の N → U の反応速度を遅くするか、U → N の反応速度を速くすればよい。その原理を利用し、タンパク質を改良して安定化に挑んだ結果、SS 結合等の架橋無しで $\Delta G =$

---

[23] conformation

$200 \ kJ \ mol^{-1}$ までは安定化することができた。しかし、それを超えることができていないのが現状である。

　タンパク質がなぜこのように不安定なのか、まだわかっていない。(1)タンパク質が機能を発揮する際に柔らかさが必要なためなのか、(2)リボソーム上でアミノ酸が次々につながってタンパク質が合成される過程で、刻々、立体構造が変化する必要があるためか、あるいは、(3)不要になったタンパク質を処理する際に、石のように固い分子ではタンパク質分解酵素が働き難いから、タンパク質をある程度不安定にしておく必要があったのか……？　次節では、タンパク質の安定性について考えてみよう。

7. タンパク質の安定性—平衡反応と反応速度との関係

7.1 平衡反応（平衡定数）

　できあがったタンパク質の安定性を、図3-3の平衡だけでなく、両方向の速度定数を使って図3-20のように、より詳しく考えてみよう。実際には、変性状態の立体構造は無数に存在し、折れ畳まる過程の中間体も、図3-21のエネルギー図で示されるように無数に存在する。しかし、それらの分子種間の平衡が速い場合には、図3-20のように簡略化して理解することができる。

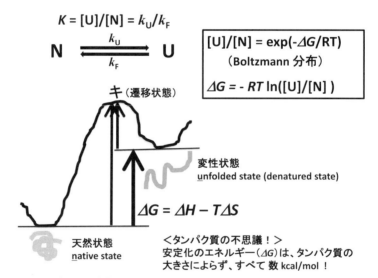

図3-20　タンパク質の変性・再生の二状態の平衡反応（図3-3）と、反応速度との関係

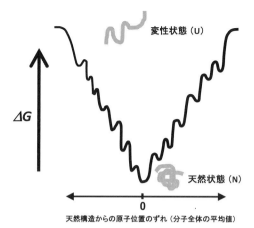

天然構造からの原子位置のずれ（分子全体の平均値）

図 3-21　タンパク質が折れ畳まれる過程のエネルギー図は、漏斗の形

　図 3-20 で、可逆変性をするタンパク質の安定性について、折れ畳まれた天然状態
（native state（N））と変性状態（unfolded state（U））との平衡反応 N ⇌ U の平衡定数は、
U と N との濃度比 $K = [U]/[N]$ で表される。

　この $K = [U]/[N]$ を、天然状態（N）を基準にした変性状態（U）とのエネルギー差
ΔG で表すと、

$$[U]/[N] = \exp(-\Delta G / RT)$$

となることが証明されている。この式は、タンパク質の変性がボルツマン分布[24]にした
がっており、N に対して U のエネルギー状態が高くなるほど（不安定になるほど）存在
する分子数の割合が少なくなる、ということを意味しているので、直感的にもわかりや
すい。

　そのような分子数の分布割合を直感的に理解する際に、「数平均と時間平均は同じ」と
いう基本原理を使うとよい。その原理とは、(1)ある瞬間に写真を撮影して、各エネル
ギーに存在する分子数（**数平均**）の分布を調べた結果と、(2)一つの分子について、各エ
ネルギー状態に存在する時間の長さ（**時間平均**）の分布を調べた結果とが、同じである
というものである。

　次に、$K = [U]/[N] = \exp(-\Delta G / RT)$ の両辺の自然対数（$\ln(\log_e)$）をとると、平衡定
数をエネルギー差に変換する際に利用する、よく知られた式、

$$\Delta G = -RT \ln(K) = -RT \ln([U]/[N])$$

となる。この式を使えば、N ⇌ U の平衡定数（$K = [U]/[N]$）から、N と U とのエネル
ギー差（ΔG）を計算することができる[25]。

24）Boltzmann distribution
25）厳密にエネルギー差を考える際には、濃度（concentration, c_i）ではなく実効濃度の活量（activity, a_i）で考

気体状数 $R = 8.3145$ J K^{-1} mol^{-1}、

絶対温度 T は、25℃の時に T = 273.15 + 25 = 298.15 K なので、

$$\Delta G = -RT \ln K = -RT \log_{10}(K) / \log_{10}(e)$$
$$= -(8.3145 \text{ J K}^{-1} \text{ mol}^{-1}) \times (298.15 \text{ K}) \times \log_{10}(K) / 0.4343$$
$$= -5{,}708.0 \times \log_{10}(K) \text{ J mol}^{-1}$$
$$= -5.708 \times \log_{10}(K) \text{ kJ mol}^{-1}$$

(4.184 J が 1 cal なので、

kcal 単位で表すと $\Delta G = -1.364 \times \log_{10}(K)$ kcal mol^{-1})

そこで、この関係式を利用して、代表的な[N]：[U]の割合について、それぞれの平衡定数 (K) とエネルギー差 (ΔG) を**表3-1**に示した。平衡定数が10倍になるごとに、エネルギー差が 5.71 kJ mol^{-1}（1.364 kcal mol^{-1}）ずつ変化することがわかる。

また、典型的なタンパク質の安定性（ΔG）は -35 kJ mol^{-1}（数 kcal mol^{-1}）なので、[N]：[U]は約 1,000,000：1 であると計算される。

表3-1　N ⇌ U の平衡とエネルギー差

[N]:[U]	$K = $[U]/[N]	$\Delta G = -RT \ln(K)$	
		(kJ mol^{-1})	(kcal mol^{-1})
1 : 1	1	0	0
10 : 1	0.1	−5.7	−1.36
100 : 1	0.01	−11.4	−2.73
1,000 : 1	0.001	−17.1	−4.09
1,000,000 : 1	0.000,001	−34.2	−8.18
1,000,000,000 : 1	0.000,000,001	−51.4	−12.28

7.2　平衡と両方向の反応速度との関係

次に、これまでの平衡反応 N ⇌ U の平衡定数 (K) を、N から U にタンパク質が変性する速度定数 k_U と、U から N にタンパク質が折れ畳まれる速度定数 k_F とに、分けて考えてみよう。なお、平衡定数は K などの大文字で表し、速度定数は k などの小文字で表すのが、一般的である。

平衡の時には、**図3-20** の N ⇌ U の右方向と左方向の反応速度が等しいので、k_U[N] = k_F[U] であり、[U]/[N] = k_U/k_F と変形できる。

える必要があり、水溶液のある物質（i）の活量は、$a_i = f_i c_i$ で表される。この f_i が活量係数で、濃度が低い時には $f_i = 1$ だが、濃度が高くなると 1 と異なってくる。

濃度と実効濃度との違いが重要になるのは、細胞内のように分子の濃度が高い場合（molecular crowding の状態）、とくに分子量の大きな分子種の f_i が大きくなることが知られている。

この等式を使うと、$N \rightleftharpoons U$ の平衡定数は $K = [U]/[N] = k_U/k_F$ となり、$N \rightleftharpoons U$ のエネルギー差は $\Delta G = -RT \ln(K) = -RT \ln([U]/[N]) = -RT \ln(k_U/k_F)$ と書ける。

遷移状態理論を利用すれば、反応速度定数の k_U と、天然状態（N）から遷移状態（‡）までのエネルギー差（**活性化自由エネルギー，$\Delta G^{\ddagger}$**）との関係を次のように表すことができる。

$$k_u = (k_B T/h)\exp(-\Delta G^{\ddagger}/(RT))$$

この遷移状態理論の式は、$\exp(-\Delta G^{\ddagger}/(RT))$ と $k_B T/h$ との積になっている。平衡定数の場合と同様、$\exp(-\Delta G^{\ddagger}/(RT))$ はボルツマン分布である。もう一方の $k_B T/h$ は、遷移状態にある分子が振動数 $v = k_B T/h$ で振動して分解し、生成物を生じることを表している。つまり、遷移状態理論とは、遷移状態（‡）を経て反応が進行する速度は、（a）もとの状態にある分子数に対して、遷移状態にある分子数（ボルツマン分布）と、（b）遷移状態にある分子の振動 $v = k_B T/h$ の積で決まるという考え方である。分子の振動数 v は、以下のように導くことができる。

(1) 量子論で計算される振動子のエネルギー（E）は、振動数（v）とプランク定数（$h = 6.6261 \times 10^{-34}$ J s）との積で、$E = hv$ と表される。

(2) 古典物理学のエネルギー（E）は、ボルツマン定数（k_B）と絶対温度（T）との積で、$E = k_B T$ と表される。

(3) (1)と(2)とが同じなので $hv = k_B T$ となり、遷移状態の分子の振動数は $v = k_B T/h$ となる[26]。

k_U の逆反応の速度定数 k_F も同様に計算できる。

遷移状態理論を使えば、k_U や k_F の反応速度から**活性化の自由エネルギー**（$\Delta G^{\ddagger}$）を計算することができる。

$k_U = (k_B T/h)\exp(-\Delta G^{\ddagger}/(RT))$ の両辺の自然対数（$\ln$（これは $\log_e$ と同じ意味））をとると、速度定数をエネルギー差に変換できる式になる。

$$\Delta G^{\ddagger} = -RT \ln (k_U h/(k_B T)) = -RT \log_{10}(k_U h/(k_B T))/\log_{10}(e)$$

ここで、

気体状数 $R = 8.3145$ J K^{-1} mol^{-1}

絶対温度 T は、25℃の時には T = 273.15 + 25 = 298.15 K

プランク定数 $h = 6.6261 \times 10^{-34}$ J s

---

[26] 遷移状態にある反応分子が、1回振動するごとに反応が1回進むとは限らないので、振動数（v）透過係数（κ）を掛けて、κv と補正して利用されることがある。

ボルツマン定数 $k_B = 1.38065 \times 10^{-23}$ J K^{-1}
を使うと

$$
\begin{aligned}
\Delta G^{\ddagger} &= -(8.3145 \text{ J K}^{-1} \text{ mol}^{-1}) \times (298.15 \text{ K}) \\
&\quad \times (\log_{10}(k_U) + \log_{10}(6.6261 \times 10^{-34} \text{ J s} / (1.38065 \times 10^{-23} \text{ J K}^{-1} \times 298.15 \text{ K}))) / 0.4343 \\
&= -5{,}708.0 \times (\log_{10}(k_U) - 12.793) \text{ J mol}^{-1} \\
&= -5.708 \times (\log_{10}(k_U) - 12.793) \text{ kJ mol}^{-1}
\end{aligned}
$$

が得られる。この関係式を利用して、代表的な速度定数（k）の活性化自由エネルギー（$\Delta G^{\ddagger}$）を表 3-2 にした。

表 3-2　反応速度定数（k）と活性化自由エネルギー（$\Delta G^{\ddagger}$）との関係

k (s^{-1})	$\Delta G^{\ddagger}$ (kJ mol^{-1})	(kcal mol^{-1})
0.001	90.1	21.5
0.01	84.4	20.2
0.1	78.7	18.8
1	73.0	17.5
10	67.3	16.1
100	61.6	14.7
1,000	55.9	13.4
10^6	38.8	9.3
10^9	21.7	5.2
10^{12}	4.5	1.1

速度定数が 10 倍になるごとに、エネルギー差が 5.71 kJ mol^{-1}（1.364 kcal mol^{-1}）ずつ変化するのは、同じボルツマン分布の項 $\exp(-\Delta G^{\ddagger}/(RT))$ をもっている平衡定数の場合と同じである。そのため、この数字を覚えておくと、直感的に、定量的に生命現象を理解する際に、とても役立つ。

これらの反応速度に対して実感をもつために、反応速度と反応の進行状況との関係を見てみよう。まず、タンパク質が変性状態（U）から天然状態（N）へと、一次反応速度定数 k_N で、不可逆的に再生する場合を考えてみよう。

$$N \xleftarrow{\quad k_N \quad} U$$

ある時間 t に、U の濃度が減少して N へと再生する速度 $-d[U]_t/dt$ は、ある時間の U の濃度（$[U]_t$）に比例し、その速度定数 k_N を用いて表すことができる。

$$-d[U]_t/dt = k_N[U]_t$$

これを変形すると

$$-d[U]_t / [U]_t = k_N dt$$

この微分方程式を解く（積分する）と、ある時間の[U]が得られる。

$$\ln[U]_t = -k_N\, t + C$$

$t = 0$ で$[U]_t = [U]_0$ であることを利用すると、積分定数 $C = \ln[U]_0$ となり、

$$[U]_t = [U]_0 \exp(-k_N t)$$

が得られる。

　この式を用いれば、$[U]_t (= -[N]_t)$ の時間経過を図示することができる。変性状態（U）から天然状態（N）へ、タンパク質が巻き戻る場合の速度定数が $1{,}000\ \text{s}^{-1}$ の場合と、その 10 倍速い $10{,}000\ \text{s}^{-1}$ の場合を、**図 3-22** に示す。

　上図の縦軸を常用対数（底が 10）のプロットにして、横軸の時間を同じにすると、下図の $\log_{10}[U]_t = -k_N t$ の直線が得られる。

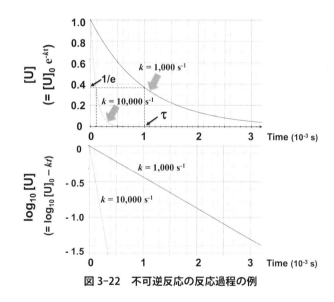

図 3-22　不可逆反応の反応過程の例

$[U]_t$ が$[U]_0$ の $1/e$（$1/2.718$）になるまでの時間 t を**緩和時間**と呼び、τ(タウ)で表わされる。$-k_N\tau = -1$ なので $k_N = 1/\tau$ となる。このことから、反応速度定数（k_N）は緩和時間（τ）の逆数であり、反応速度定数が速くなるほど、緩和時間が短くなることがわかる。

　また、$1/2$ になるまでの時間の**半減期**（$t_{1/2}$）については、$[U]_t = [U]_0 \exp(-k_N t)$ の式に$[U]_t = [U]_0/2$ を代入すると、**緩和時間**との関係式 $t_{1/2} = \ln2\ \tau = 0.693\ \tau$ が得られる。この関係式から、$1/2$ になるまでの**半減期**は**緩和時間**よりも約 30％短いことがわかり、**図 3-22** からも確認できる。

85

次は、可逆反応の場合を考えてみよう。

$$N \; \underset{k_F}{\overset{k_U}{\rightleftarrows}} \; U$$

この可逆反応の場合に、U の初濃度を$[U]_0$、N の初濃度$[N]_0 = 0$とすると、ある時間 t における$[N]_t$や$[U]_t$の濃度は、

$$[N]_t = ([U]_0 / (k_U + k_F)) \cdot (k_U \exp(-(k_U + k_F)t) + k_N)$$
$$[U]_t = [U]_0(1 - (1 / (k_U + k_F)) \cdot (k_U \exp(-(k_U + k_F)t) + k_N))$$

のように一つの指数関数で表され、そのみかけの速度定数は、両方向の速度定数を加算した $k_F + k_U$ になる（式の誘導は、**緩和法**などの説明がされた化学や酵素学の書籍を参照）。

また、これらの式から、平衡状態（t = ∞）では

$$[N] = [U]_0 k_F / (k_U + k_F)$$
$$[U] = [U]_0 k_U / (k_U + k_F)$$

となり、その平衡定数が　$K = [U] / [N] = k_U / k_F$ となることも説明できる。

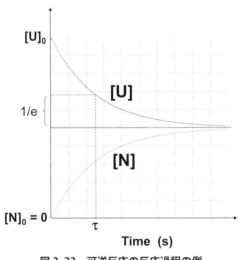

図 3-23　可逆反応の反応過程の例

7.3　タンパク質の安定性と再生・変性の速度との関係
　タンパク質の安定性を調べる目的で、平衡状態の平衡定数（$K = [U] / [N]$）や、変性・

再生の過程の速度定数を求める際に、しばしば用いられるのは、**グアニジン塩酸塩**（NH$_2$–C（＝N$^+$H)-NH$_2$・Cl$^-$（このグアニジル基の構造式は、アルギニンを参照), guanidium chloride[27]）や**尿素**（NH$_2$-CO-NH$_2$, urea）のような試薬（変性剤）である。これらは、タンパク質の再生・変性過程で中間体構造を比較的作りにくいことが知られている。

　変性剤の濃度を変えてタンパク質の安定性を調べた例を**図 3-24** に示す。**図 A** は、変性剤の濃度が 0 M から 6 M のときの平衡値を示している。各濃度の測定点から、平衡定数 $K = [U]/[N] = k_U/k_F$ を求めることができる。

　さらに、後述のストップ・フロー法などを利用して、各変性剤濃度における N ← U または N → U の速度を測定すると、**図 B-1** のようになる（この図の横軸は、変性剤濃度の対数になっている）。この図の縦軸は、**図 3-23** で述べた $k_N + k_U$ なので、**図 A** の平衡定数 $K = [U]/[N] = k_U/k_F$ を利用して k_F と k_U とに分けて求めることができる（**図 B-2**）。その結果から、変性剤の濃度が上昇するとともに、タンパク質が再生する N ← U の速度定数 k_F（●）が小さくなり、タンパク質が変性する N → U の速度定数 k_U（○）が大きくなることがわかる。

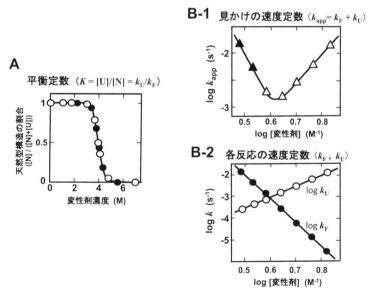

図 3-24　二状態変性の解析例

7.4　タンパク質の耐熱性─理論編

　タンパク質の温度を変化させると、図 3-25 B のような変性・再生が見られることが

27）略号として GdmCl, GuHCl, または GuCl などが使われる。

ある。これは、タンパク質の安定化のエネルギー（ΔG）が温度とともに変化することを示しているが、より広い温度範囲でタンパク質の安定性を調べると、**図 3-25 A** のようになる。以下にその実験方法を紹介するが、前提として、対象とするタンパク質が可逆変性であることが満足されていれば、以下の 3 ステップで実験を進めることができる。

1） 1番目のステップ

変性温度領域で実験（**図 3-25 B**）を行う。その天然状態（N）と変性状態（U）の溶媒効果を考慮した直線を描き、各温度での[N]と[U]との濃度比から、$\Delta G = -RT\ \ln(K) = -RT\ \ln\,([U]/[N])$ を求め、**図 3-25 A** に各温度での ΔG の値をプロットする。しかし、タンパク質が安定な温度領域では[U]の濃度が非常に低いため、[U]/[N]の比率を実験で求めることが難しい。

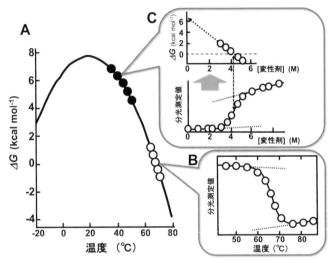

図 3-25　タンパク質の安定性の温度依存性（RNA 分解酵素の例）

2） 2番目のステップ

そこで、各温度での変性剤変性実験を行う。ある温度に固定し、変性剤濃度を変化させて**図 3-25 C** 下図のような結果を得る。次に、（1）の場合と同様に、天然状態(N)と変性状態(U)の溶媒効果を考慮した直線を描き、各変性剤濃度における[N]と[U]との濃度比から、ΔG の値を求める。それらの値を、変性剤濃度「ゼロ」に外挿すれば（**図 3-25 C上図**）、下図の実験を行った温度における、変性剤が存在しない条件下での安定性が得られる。**図 3-25 A** の 40℃近傍の 5 点は、六つの異なる温度で**図 3-25 C** の実験を行ったことを示している。

3) 3番目のステップ

1）と2）のステップで求めた結果をもとに、ΔG と温度とを結びつけることができる Gibbs–Helmholtz の式を利用して、ある温度 T における[N]→[U]のエネルギー差 $\Delta G(T)$ の理論曲線を**図 3-25 A** のように描いてみる。

$$\Delta G(T) = \Delta H_\mathrm{m}(1 - T/T_\mathrm{m}) - \Delta C_\mathrm{p}(T_\mathrm{m} - T + T\ln(T/T_\mathrm{m})) \qquad \text{(Gibbs-Helmholtz の式)}$$

ここで、T_m は $\Delta G(T) = 0$ の温度である。さらに、この式には、ΔH_m と ΔC_p という二つの定数が含まれている。**図 3-24 A** の実験点にもっとも一致するように変化させてみると、T_m における ΔH_m や ΔC_p を求めることができ、**図 3-25 A** の理論式が得られる。（なお、van't Hoff の式 $\mathrm{d}(-\mathrm{R}\ln K)/\mathrm{d}(1/T) = \Delta H$ からも、T_m 付近の $\Delta G = -\mathrm{RT}\ln(K)$ の温度依存性から ΔH_m を確認することができる。）

驚くことに、この理論曲線から「タンパク質を低温にすると、変性する」という**低温変性**が予測される。このように意外な予測を可能にするのが、理論の醍醐味である。

このタンパク質の例では、−50℃以下の低温にする前に水が凍ってしまうので、「低温変性」は確認できなかった。しかしその後、低温で変性するタンパク質が発見されて、タンパク質の低温変性という現象が確認された。ということは、食材の中に、低温調理できるタンパク質が存在するかも知れない。

なお、**図 3-25 B** のような熱変性の測定に、**図 3-26** のような示差走査熱量計を利用すれば、エンタルピー変化（ΔH）や比熱変化（ΔC_p）のデータを、高い精度で得ることができる（たとえば Privalov and Dragan, 2007；日本蛋白質科学会アーカイブ http://www.pssj.jp/archives/ の「熱安定性解析：熱量測定」参照）。

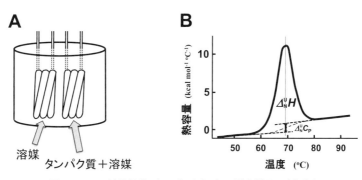

図 3-26　示差熱量計（DSC）（A）と、測定結果の例（B）

7.4.1　各アミノ酸側鎖間の安定化エネルギーを調べる方法

1980 年代になって、タンパク質工学と言われる方法が使われるようになり、遺伝子を改変することによってタンパク質のアミノ酸配列を変えることができるようになった。それによって、タンパク質の側鎖間の相互作用も、次第にわかってきた。とくに意外な

結果だったのは、タンパク質の安定性に対する、タンパク質分子表面の電荷間の相互作用の寄与の低さであった。

　たとえば、負の電荷をもつ Glu（-COO⁻）と正の電荷をもつ Lys（-NH₃⁺）との相互作用のエネルギーを調べたい場合、以前は、Glu か Lys を側鎖の電荷が無い Ala や Gln に置換して、野生型のタンパク質の安定性と比較していた。しかしそれでは、電荷間の相互作用以外の相互作用も含まれるため、不都合だということがわかった。そこで、図3-27 のような方法（double-mutant cycle）が使われるようなった。

　タンパク質にあるアミノ酸側鎖 A と B との電荷間相互作用を調べたい場合、3 種類の変異型タンパク質を作製する。まず、野生型タンパク質 P_{AB}（$_{AB}$ は A と B をもつことを表す）の A を電荷の無い Ala や Gln に置換して（一般に、アミノ酸側鎖 A よりも、小さい側鎖が適している）、変異型タンパク質 P_B を作製する。同様に、B を置換した P_A を作製する。さらに、それらを同時に置換した二重変異タンパク質 P を作製する。

　次に、4 種類それぞれのタンパク質の安定性（ΔG_{AB}, ΔG_A, ΔG_B, ΔG）を、示差走査熱量計（図 3-26）や分光学的方法（図 3-25 ほか）で測定する。

　そして、それらの安定性の差の差 $(\Delta G - \Delta G_A) - (\Delta G_B - \Delta G_{AB})$ または $(\Delta G - \Delta G_B) - (\Delta G_A - \Delta G_{AB})$ を計算すれば、電荷間の相互作用以外の相互作用を相殺することが可能となり、タンパク質の安定化エネルギーに寄与する A と B との電荷間の相互作用のエネルギーのみを求めることが可能となる。

　この方法を用いて解析した結果、タンパク質表面に存在する電荷は、タンパク質の安定性にあまり寄与していないという意外な結果が明らかになった。これらタンパク質表面の電荷は、タンパク質が水溶液に溶けて浮遊するために貢献しているのであろう。

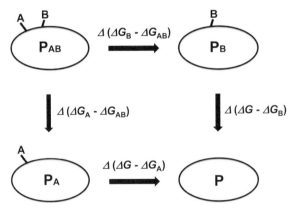

図 3-27　アミノ酸側鎖間の相互作用を調べる方法（double-mutant cycle）

7.4.2 タンパク質の立体構造形成過程

これまでは、タンパク質の変性・再生の平衡や速度について述べてきた。では、実際にタンパク質の立体構造ができあがるまでに、どのような立体構造変化が刻々と進行しているのだろうか。その立体構造形成には、大別して二種類の場合がある。一つはN末端からC末端のアミノ酸残基までが完成しているタンパク質の場合、もう一つはリボソーム上で生合成される途中のタンパク質の場合である。

完成したタンパク質の立体構造形成過程については、典型的な二つ考え方がある。

① 二次構造 → 超二次構造 → フォールド → 三次構造（→ 四次構造）の順に立体構造ができあがる。

② 疎水性のコアが形成され、その中でさまざまな試行錯誤を繰り返しながら（シャッフルしながら）立体構造ができあがって行く。

計算機で構造形成過程をシミュレーションする際には、前者①のモデルの方が計算時間は短くて済むが、実際には ② か ②＋① であろう。

一方、リボソーム上で生合成される途中のタンパク質について、以前からの説は、「生合成された部分が、できあがった立体構造と同じ部分構造をとりながら、完成していく」というものである。もう一つの説は、「生合成された部分が、リボソーム上で刻々と立体構造を変えながら、順次でき上がっていく」というものである。刻々と立体構造を変化させるために、前述の「タンパク質の安定性の低さ（marginal stability）」が必要なのかも知れない。

なお最近では、mRNA と、その mRNA の情報をもとに合成されつつあるタンパク質が、リボソームに結合したままの状態を作製できる時代になったので、その立体構造が間もなくわかるであろう。

7.4.3 遷移状態の立体構造

立体構造ができていく過程で、律速となる段階はどのような立体構造変化が生じているのだろうか？　変性状態（U）と天然状態（N）、そしてその間に一つの遷移状態（‡）が存在するような単純なタンパク質の例を紹介する。

まず、タンパク質のアミノ酸側鎖一つに注目して（図3-28のタンパク質中の●印）、遺伝子操作によって他のアミノ酸側鎖に置換した変異タンパク質（最大19種類）を作製する。次に、もとの野生型と各変異型タンパク質について、図3-24のような実験を行ない、UとNの平衡定数と、U→NおよびU←Nの速度定数を求める。

ここで、図3-28のAとBのような両極端の場合を考える。●印のアミノ酸側鎖は、野生型タンパク質（点線）や変異型タンパク質（実線）の天然状態（N'やN'）では近傍のアミノ酸側鎖などと相互作用しているが、変性状態（UやU'）ではそのような相互作用が少ない。したがって、わかりやすくするため[28]、変性状態（UとU'）を各分子種

28）アミノ酸置換によってUとU'のエネルギーは異なるが、ここで述べる平衡定数や速度定数の結果には影響が無い。

のエネルギーを考える際の基準にする。A、Bいずれの場合も、アミノ酸置換によって、平衡状態における「天然状態を基準にした変性状態の安定化エネルギー変化（ΔG_{N-U}）」の差 $\Delta\Delta G_{N-U}$ は正で、不安定になっている。

次に、N←Uの再生速度を測定すると、Aの場合は野生型よりも変異型が遅くなるが、Bの場合には変化がない。一方、N→Uの変性速度を測定すると、Aの場合は野生型と変異型とが同じだが、Bの場合には変異型が速くなる。

それらの速度定数から、変性状態と遷移状態とのエネルギー差（$\Delta\Delta G_{\ddagger-U}$）を計算すると、その値が変異型と野生型のエネルギー差に一致する場合（$\Delta\Delta G_{\ddagger-N}=\Delta\Delta G_{N-U}$）（A）と変異型と野生型でまったく変化が無い場合（B）の両極端になる。

これらの結果から、Bの場合には、アミノ酸側鎖の種類を置換しても遷移状態への影響がなかったことから、「遷移状態では、●印の近傍は立体構造がまだできていなかった」と解釈することができる。逆に、Aの場合には、「遷移状態で、●印の近傍の立体構造がすでにできあがっていた」と推定することができる。このようにして、●印のアミノ酸残基を一つずつ変えて実験を行えば、タンパク質全体の様子が少しずつわかってくる。Fersht, A. らのグループは、このようにして構造形成過程の遷移状態の立体構造を推定する実験を根気よく行っているので、詳細は文献を参照されたい（たとえば、Fersht, A. (2017) *Structure and Mechanism in Protein Science*, World Scientific）。

実際には、AやBのような両極端にならないことが多いが、その結果にさらなる情報が含まれている。さらに、1種類の変異タンパク質だけでなく、同時に複数か所の側鎖を置換して実験を行ったり、計算機科学の結果と比較することによって、少しずつ理解を進めることができる。

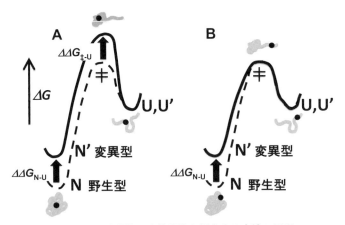

図3-28　遷移状態の立体構造を推定する方法の原理

7.4.4 タンパク質を安定化する試薬類の作用

　これまではタンパク質が本来存在する環境に近い、水溶液中での安定性や立体構造形成過程について述べてきた。その水溶液に、グリセロールやソルビトールなどのような水酸基（-OH）をもつ化合物や、硫酸アンモニウム（$(NH_4)_2SO_4$）などを添加すると、タンパク質を安定化させることができる。「タンパク質を安定化させる」とは、**図 3-20** の変性状態（U）と天然状態（N）との自由エネルギー差（ΔG）を、安定化剤となる試薬の添加によって大きくすることである。その目的のために、アミノ酸側鎖やペプチド結合のモデル化合物について、安定化剤を含む水溶液への溶解度（親和性）が調べられた。

　その結果、グリセロールがタンパク質を安定化するのは、ペプチド結合がグリセロールと接触するのを避けようとするために、多くのペプチド結合が溶媒と接触している変性状態（U）のエネルギー状態が、天然状態（N）よりもより不安定になり、それによってNとUとのエネルギー差（ΔG）が大きくなったためであることがわかった。安定化剤の種類や使用する濃度によって、アミノ酸側鎖やペプチド結合に対する影響は少しずつ異なるが、安定化の原理は共通している。

　なお、安定化剤と反対に、グアニジン塩酸塩や尿素のような変性剤は、NよりもUのエネルギーを下げることによって、ΔG を小さくしている。意外だったのは、グアニジン塩酸塩や尿素がペプチド結合だけでなく、疎水性アミノ酸側鎖にも親和性があり、タンパク質の変性に寄与していたことである。

7.5 タンパク質の耐熱化─実践編─

　これまでの知識をふまえて、タンパク質を耐熱化したい時にはどうすればよいかという実践的な課題を考えてみよう。図3-29の点線のT_m（高温側の変性の中点温度）をもつタンパク質を耐熱化させるには、3通りの場合が考えられる。

　① 点線が上方向に平行移動して、いずれの温度でもΔGが大きくなる場合。

　② 曲線の曲がりが緩やかになる場合（変性の比熱変化ΔC_pが小さくなる）。

　③ 曲線が高温側へシフトする場合。

　温泉などの高温で生息する生物のタンパク質は、進化の過程で耐熱性を獲得しているが、その戦略は①と②を組み合わせて利用していることが多い。

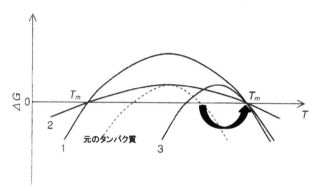

図3-29　タンパク質の耐熱化の戦略：三つの典型的なケース

　人工的に耐熱化したタンパク質は、工業的・医療的に利用されている。タンパク質工学を利用した研究から（**第4〜5章**）、タンパク質の耐熱化には、局所的な相互作用がほぼ加算的に寄与することがわかってきた。しかし、耐熱化させたいタンパク質を前にして、どのアミノ酸側鎖を変化させれば、タンパク質全体を耐熱化することができるかを予想する（rational design）ことは、まだ難しいのが現状である。それよりも、自然の力を借りたほうが比較的容易に耐熱化することができる。その方法は、**耐熱化**のほか、**薬剤耐性**や、酵素の**基質特異性の変換**（図5-19）のように、遺伝子の特定の突然変異体だけを選択できる場合に使える一般的方法である。ここでは、薬剤耐性遺伝子（タンパク質）を80℃以上に耐熱化して、世界で初めて高度好熱菌の遺伝子操作に使用した例（Hoseki *et al.*, 1999; 2003）を紹介する。

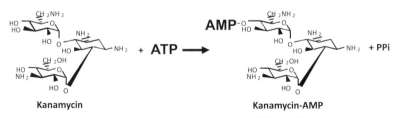

図3-30　カナマイシン耐性に働く酵素の活性

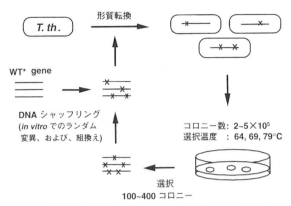

図 3-31　試験管内突然変異法による高耐熱性タンパク質の作製

　まず、カナマイシンという薬剤への耐性を与える酵素（kanamycin nucleotidyltransferase（KNT））（**図 3-30**）の遺伝子を高度好熱菌 *Thermus thermophilus* で増殖するプラスミドにクローニングしておき、PCR（polymerase chain reaction）を利用してその遺伝子に平均一箇所程度の変異を導入した（**図 3-31**）。それらのプラスミドを *T. thermophilus* に導入した後、カナマイシンを含む寒天培地の 64℃で生育できた菌から、耐熱化した KTN のプラスミドを回収した。この操作を 69℃、79℃と繰り返し、79℃で耐熱性を保もしていた KTN 約 20 種類を得た。そのうち 18 種類の耐熱性とアミノ酸配列を調べた結果が**表 3-3** である。表中の耐熱性は、粗精製した各酵素を 65℃または 68℃で 10 分間保温した後に、残存していた活性を％で表記した。さらに、塩基配列を決定して、変異が生じたアミノ酸残基を調べた。変異アミノ酸残基に対応する野生型酵素のアミノ酸残基を、表の上部に示した。

　さらに、これらの変異を組み合わせて、一層の耐熱化を試みた。**表 3-3** の耐熱化酵素の中で、10 分間の熱処理でも 41％の活性を保もしていて、もっとも耐熱性が高かった。そこで、KT3-11 をさらなる耐熱化のために変異を組み合わせて導入する酵素として選んだ。次に、**表 3-3** の変異の中で、(1)なるべく共通性が高い変異、(2)Pro の変異、(3)特異な KT3-3 の変異をもとに考慮して、KT3-11 に 1 箇所〜数箇所の変異を導入した。そのようにして構築した各々の変異型タンパク質の耐熱性を測定した（**表 3-4**）。その結果にもとづいて、耐熱化に寄与する変異だけを集めて設計したのが HTK である（**図 3-32**）。

表 3-3　耐熱性酵素の耐熱性と置換アミノ酸残基

耐熱型	熱処理後の残存活性（%）		耐熱化酵素の置換アミノ酸残基										
	65℃	68℃	2	17	25	57	61	62	66	75	91	94	102
			N	H	D	M	E	A	H	V	Q	S	Q
KT3-1	100	17		Y						A	R		R
KT3-2	2	0					G		Y	A	R	P	R
KT3-3	0.1	0			N	L	G	V		A		P	R
KT3-4	2	0					G		Y	A	R	P	R
KT3-5	4	0					G		Y	A	R	P	R
KT3-6	15	0				L	G		Y	A	R	P	
KT3-7	100	8	S				G		Y	A	R		R
KT3-8	37	1				L			Y	A	R	P	K
KT3-9	100	5				L	G		Y	A	R	P	R
KT3-11	<u>100</u>	<u>41</u>	K				G		Y	A	R		R
KT3-12	19	1						T	Y	A	R	P	K
KT3-13	100	12					G		Y	A	R		R
KT3-14	23	0				L	G		Y	A	R		R
KT3-16	100	12					G		Y	A	R	P	K
KT3-17	100	6				L	G		Y	A	R		K
KT3-18	100	32				L	G		Y	A	R	P	K
KT3-19	100	25				L			Y	A	R	P	K
KT3-20	100	3				L	G		Y	A	R	P	K

表 3-4　KT3-11 のさらなる耐熱化

KT3-11 に追加したアミノ酸置換	熱処理 10 分間後の残存活性（%）		
	68℃	70℃	75℃
（KT3-11）	21	2	0
D25N	0	0	0
M57L	47	27	0
A62V	60	21	0
S94P	27	7	0
E117G	0	0	0
S190L	0	0	0
S203P	19	6	0
D206V, H207Q	20	7	0
S220P	18	3	0
I234V	23	2	0
T238A	35	9	0
A62V, S94P	100	32	0
M57L, A62V, S94P, T238A	100	40	7
M57L, A62V, S94P, S203P, D206V, H207Q, S220P, I234V, T238A	100	84	49

　たとえば D25N の表記は、Asp25 を Asn に置換したことを表す。

耐熱化酵素の置換アミノ酸残基																	
112	116	117	159	188	190	196	197	198	199	203	206	207	211	220	234	238	246
S	L	E	T	S	S	V	K	Q	S	S	D	H	F	S	I	T	D
P	F					L									V	A	
T								L			V						
		G		L									L				
				L									L				
									P						V		N
									P		V	Q					
P	F			T				L							V		
P				L								Q					
T					L												
P	F								P				L				
T		I	G				R		P	P						A	
P	F								P		V	Q					
									P	P							
P									P		V	Q		P			
P						L									V	A	
P				T				L							V		
P									P		V	Q					
T																	

	2	57	61	62	66	75	91	94	102	112	116	199	203	206	207	211	220	234	238
WT*	N	M	E	A	H	V	Q	S	Q	S	L	S	S	D	H	F	S	I	T
KT3-11	K		G		Y	A	R			R	P	F	P				L		
HTK	K	L	G	V	Y	A	R	S	R	P	F	P	P	V	Q	L	P	V	A

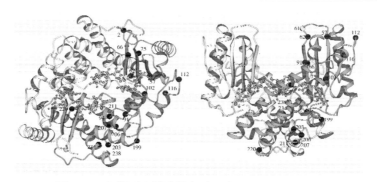

図 3-32　完成した耐熱化酵素（HTK）の変異アミノ酸残基

耐熱化した KTN に見られる変異箇所は、分子全体に散在していた（図 3-32 下図）。KNT は 2 量体タンパク質なので、**図 3-32 下図**では片方のサブユニットのみに変異アミノ酸残基の●印を付した。**左図**が上から見た図、**右図**は横から見た図である。耐熱化に大きく寄与していたアミノ酸残基は飛び出たドメインに多く、分子の中央部分に耐熱化に少し寄与していたアミノ酸残基が存在していた。耐熱化に寄与した変異には、加算的な効果と相乗的な効果とがあった。最終的に得られた HTK の耐熱性は、変性の中点温度が約 85℃ まで上昇していた（**図 3-33**）。*T. thermophilus* よりもさらに耐熱性が高く、カナマイシン感受性で、遺伝子操作系が確立してる好熱菌が存在すれば、この HTK をさらに耐熱化できる可能性がある。

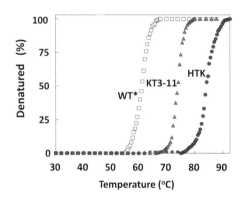

protein	Residual Activity after 10 min Heat Treatment (%)		
	60° C	72° C	80° C
WT*	5	0	0
KT3-11	100	5	0
HTK	100	100	15

図 3-33　図 3-32 の 3 種類の耐熱性比較

　なお、「酵素を耐熱化すると、活性が変化する」という経験則があるようにかつて言われたことがあった。しかし、そのような傾向は、基質の ATP、カナマイシン（Kan）のいずれの基質にも見られず（**表 3-5**）、その経験則は一般法則とならなかった。

表 3-5　耐熱性が上昇しても、酵素の活性は変わらなかった

酵　素	[ATP] = 5.4 mM		[Kan] = 2.0 mM	
	k_{cat} (s^{-1})	$K_{m, Kan}$ (mM)	k_{cat} (s^{-1})	$K_{m, ATP}$ (mM)
野生型	0.22	0.46	0.2	2.7
耐熱化酵素（HTK）	0.3	0.59	0.4	5.9

　いずれにしても、好熱菌を利用すると、KNT をわずか一か月程度で耐熱化することができた。この耐熱化に寄与する各アミノ酸残基の置換を熱力学的に解析したかったが、この酵素は可逆的な変性・再生をさせることができなかったため、不可能であった。KNT を耐熱化した HTK の耐熱化機構は謎であるが、この HTK を利用して高度好熱の遺伝子破壊株を作製する方法は確立できた（**図 6-12**；Hashimoto *et al.*, 2001）。この HTK

遺伝子のプラスミドや、各遺伝子破壊株を作製するためのプラスミドが全遺伝子の約半分について作製されて、理化学研究所バイオリソース（BRC）ウェブサイト（https://dna.brc. riken.jp/ja/clonesetja/thermus_texja）から自由に入手できるようになっている（図6-10）。

アミノ酸置換などによるタンパク質工学的な研究によって、タンパク質の安定性には、各部分の疎水性相互作用や水素結合、塩結合などが、ほぼ加算的に寄与することが知られている。しかし、立体構造から理論的に推定して、どのアミノ酸残基を何に置換すれば耐熱性を何℃上昇させることが可能かを予測することは、現時点では不可能である。その理由としては、いくつかの点が挙げられる。

① 高温でも安定な耐熱化タンパク質と高温で不安定な同種のタンパク質の立体構造を比較しても、それらの違いはごくわずかで、現在の実験技術では実験誤差範囲の中に埋もれてしまうような小さな違いしかない。

② タンパク質のダイナミックな動きが耐熱化にどのように影響するかが理解できていない。

③ 耐熱化機構を熱力学的に理解するためには、高温で可逆変性するタンパク質の研究が必要であるが、そのような研究が可能なタンパク質の数が非常に少ない。

7.6 安定性を調べる実験のコツや落とし穴

実際にタンパク質の安定性を測定する際には、多くのコツや落とし穴に遭遇するので、それらのポイント（注意点）を述べておく。

まず、上述のような熱力学的な解析をするためには、タンパク質が可逆変性をする条件下で実験することが必須である。一方、タンパク質を耐熱化して利用するだけが目的の場合には、必ずしも可逆変性である必要は無い。よって、熱力学的解析をする必要があるか、それともタンパク質を耐熱化して、利用すればよいだけなのかを決めることが大切である。

では、タンパク質の安定性を熱力学的に調べたい場合に、熱変性や変性剤変性で変性の可逆性を確認するにはどのようにすればよいだろうか？　図3-24の変性剤変性や、図3-25, 26のような温度変性を調べる場合を考えてみよう。熱変性の場合、まず1℃/分の割合で、昇温・降温の測定を行い、それらのデータが一致すれば、平衡値が測定できている（可逆変性である）ことがわかる。もし、一致しなければ、以下の方法を試してみるとよい。

① 昇温後、高温の状態に置く時間をできる限り短くして、降温する。これは、100℃近の高温で、アスパラギンやグルタミンの側鎖の脱アミドやメチオニン側鎖の酸化など、さまざまな副反応が起きるのを防ぐためである。降温後は、セルの中に沈殿が生じていないかを確認する。もし、高温の時間を短くしても、タンパク質の沈殿が生じているようなら、可逆変性の期待はもてない。

② 降温後に、沈殿が生じていないにもかかわらず、昇温・降温の測定値が一致しなければ、昇温・降温の速度を半分の0.5℃/分の割合にして測定を行ってみる。

③ それでもまだ、昇温時と降温時の測定値が一致しなければ、なるべく短時間に測定温度まで昇温または降温した後、温度を一定にして、**図 3-22** のような方法で時間を無限大に外挿してみる。そして、変性・再生の測定値が一致すれば可逆変性であり、一致しなければ不可逆変性となる。その実験を各温度で行えば、可逆変性を判定できる。

変性剤でタンパク質の安定性を調べる実験の場合も、温度による安定性を調べる実験とほとんど同じである。平衡になるまでに、約 2 週間を要した例もあるので、タンパク質の安定性を調べるためには、気長に実験する必要があるかも知れない。

一般的に、可逆変性が期待できるタンパク質は①立体構造が一つのドメインからできていて、②溶液中に単量体（モノマー）で存在し、③耐熱性が高い性質をもっていることが多い。

65 〜 85℃が至適生育温度である高度好熱菌のタンパク質は、常温や低温で生息する生物のタンパク質よりも、③の耐熱性が高く、①②の条件を満足しなくても可逆変性する場合が多いことが知られている。その特徴を利用して、サブユニットの再構成実験に利用されることがある。

円偏光二色性（circular dichroism（CD））は、タンパク質の安定性を調べる実験に利用されることが多い。CD スペクトルを 200-250 nm で測定すると、タンパク質の二次構造がある程度わかる（**図 3-34**）。その場合、0.1 mg/ml で 0.2 ml あれば十分（20 ug で 1 回の測定が可能）である。CD 測定の際の注意は、緩衝液[29]の選択である。もし、Tris（pK_a = 8.1（25℃）, $\varDelta H$ = 45.6 kJ mol^{-1}（10.9 kcal mol^{-1}））のようなアミン系の緩衝液を使用すると、室温から 100℃まで温度を上昇させた際に、pH が約 1 も低下することがある。そのため、H$^+$ の解離のエンタルピー変化が少ない酢酸緩衝液（pK_a = 4.8, $\varDelta H$ = 0.38 kJ mol^{-1}（0.092 kcal mol^{-1}））や、リン酸緩衝液（pK_a = 7.2, $\varDelta H$ = 4.13 kJ mol^{-1}（0.99 kcal mol^{-1}））を使うほうがよい。

また、金属イオンに対するキレート作用が弱い特徴をもつ Good's buffers（Norman Good という研究者らによって選ばれた緩衝液）は、200 nm 近くの短波長で吸収をもつため、CD 測定を含めた分光法による測定には適さない。EDTA も同様なので、必要な場合には、約 0.1 mM 以下の低濃度で測定することが望ましい。

さらに、100℃近くまで温度を上げる必要がある場合には、溶液の蒸発によるシグナル強度の増加や、耐圧性セルを使用して暴発を防ぐことなどに対する注意も必要である。

29）buffer

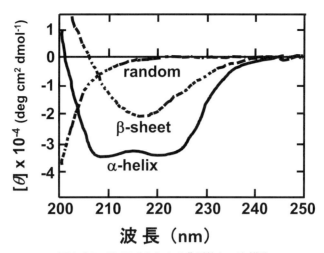

図 3-34 CD スペクトルの典型的な二次構造

参考文献

（★★★，★★，★の記号は、演習用の論文・書籍として適していると思われる参考指標）

Beale, J. H.（2020）"Macromolecular X-ray crystallography: soon to be a road less travelled?". *Acta Cryst. D* **76**, 400–405

　原子分解能の電子顕微鏡の出現によって、生体高分子の立体構造決定法を選択する状況が、大きく変わりつつあることを報告した論文の一つ。

Bradley, P. *et al.*（2005）"Toward high-resolution *de novo* structure prediction for small proteins", *Science* **309**, 1868–1871

　タンパク質の立体構造予測の成功率が上がってきたことを示した論文。

Chothia, C.（1992）"One thousand families for the molecular biologist", *Nature* **357**, 543–544 ★

　タンパク質の立体構造を予測する目的で、立体構造を決める世界協調プロジェクトが行われたが、それが始まるきっかけとなった論文。それを実現化して、タンパク質のポリペプチド主鎖の立体構造が予測できるようになるためには、約 16,000 のフォールドの立体構造を決めればよいことを推定した論文が、Vitkup *et al.*（2001）"Completeness in structural genomics", *Nature Struct. Biol.* **8**, 559–565。日本で始まったそのボランティア的研究が、Yokoyama, S., Hirota, H., Kigawa, T., Yabuki, T., Shirouzu, M., Terada, T., Ito, Y., Matsuo, Y., Kuroda, Y., Nishimura, Y., Kyogoku, Y., Miki, K., Masui, R., and Kuramitsu, S.（2000）"Structural Genomics Projects in Japan", *Nature Struct. Biol.* **7**, 943–945。

　その後の活動を記録した論文が、Grabowski, M., Niedzialkowska, E., Zimmerman, M. D., and Minor, W.,（2016）"The impact of structural genomics: the first quindecennial", *J. Struc. Funct. Genomics* **17**, 1–16。

Fersht, A. (1999) "Structure and Mechanism in Protein Science", W.H.Freeman & Company
(訳本：桑島邦博他 (2006) "タンパク質の構造と機構", 医学出版)
　立体構造情報やアミノ酸置換法も活用しつつ、タンパク質の構造形成の内容も、酵素反応の内容も、一冊の本に含めた数少ない書籍。

Hoseki, J. *et al.* (1999) "Directed evolution of thermostable kanamycin-resistant gene products in an extremely thermophilic bacterium, *Thermus thermophilus*", *J. Biochem.* **126**, 951–956 ★★
　自然の突然変異を利用して、カナマイシン不活化酵素をコードする薬剤耐性遺伝子を、世界で初めて80℃以上に耐熱性にした。
Hoseki, J. *et al.* (2003) "Increased rigidity of domain structures enhances the stability of a mutant enzyme created by directed evolution", *Biochemistry.* **42**, 14469–14475★★

Kryshtafovych, A. *et al.* (2009) *Proteins* **77** (**S9**) 217–228
　タンパク質の立体構造予測の技術が進歩して、2006年には一定のレベルに達したことを、論文のFig. 3で示している。

Kuhlman, B. *et al.* (2003) "Design of a novel globular protein fold with atomic-level accuracy", *Science* **302**, 1364–1368
　タンパク質の立体構造予測の技術が進歩したことを利用して、新規なフォールドのタンパク質を作製した。

Matsumura, M. *et al.* (1989a) "Stabilization of phage T4 lysozyme by engineered disulfide bonds", *Proc. Natl. Acad. Sci. USA* **86**, 6562–6566 ★★★
　タンパク質のCys-Cys架橋が、安定性にどれだけ寄与しているかを調べた。
　その立体構造解析は、Pjura, P.E. *et al.* (1999) "Structure of a thermostable disulfide-bridge mutant of phage T4 lysozyme shows that an engineered cross-link in a flexible region does not increase the rigidity of the folded protein", *Biochemistry* **29**, 2592–2598 ★★
　そのCys-Cys架橋を複数個に組み合わせて、安定性への寄与を調べた論文が、Matsumura, M. *et al.* (1989b) "Substantial increase of protein stability by multiple disulphide bonds", *Nature* **342**, 291–293 ★★★
　Matsumura *et al.* (1989a) のCys-Cys架橋を複数にして、安定性への寄与を調べた。

Merk, A. *et al.* (2016) "Breaking Cryo-EM resolution: Barriers to facilitate drug discovery", *Cell* **165**, 1698–1707
　原子分解能の電子顕微鏡（Cryo-EM）に関する比較的初期の総説。

Nakagawa, N. *et al.* (1999) "Crystal structure of *Thermus thermophilus* HB8 UvrB protein, a key enzyme of nucleotide excision repair", *J. Biochem.* **126**, 986–990
　図3-8 C の ラマチャンドラン・プロットのもとになった論文。

Pace, C.N. (1990) "Measuring and increase protein stability", *Trends Biotechnol.* **8**, 93–98 ★★★

タンパク質の安定性の温度依存性について、簡潔に書かれた総説。前半の p. 93-95 のみで、要点が理解できる。

Privalov, P.L. and Dragan, A.I.（2007）"Microcalorimetry of biological macromolecules", *Biophys. Chem.* **126**, 16-24 ★★

　示差熱量計（differential scanning calorimetry（DSC））によるタンパク質や DNA の熱安定性の測定や、等温滴定型熱量計（isothermal titration calorimetry（ITC））による分子間相互作用の測定について、原理や測定例を記載した総説。

Roethlisberger, D. *et al.*（2008）"Kemp elimination catalysts by computational enzyme design", *Nature* **453**, 190-195 ★★

　タンパク質の立体構造予測の技術が進歩したことを利用して、新規な活性をもつ酵素タンパク質を作製した。

Tanford, C. *et al.*（1966）"Equilibrium and kinetics of the unfolding of lysozyme（muramidase）by guanidine hydrochlroride", *J. Mol. Biol.* **15**, 489-504

　Tanford らは、タンパク質の安定性や構造形成に関して多くの研究を行っている。

倉光成紀（2017）"アトモスフィア：生化学は、大きな変革期に！", 生化学 **89**, 485-485

浜口浩三（1976）"蛋白質機能の分子論", 東京大学出版会

　疎水性相互作用について、2章や4章に多くの論文の結果がまとめられており、熱力学的な直感力を養うことができる。この図書は、著者の解釈が控えめに書かれているので、古さを感じさせない。

本章に関連した研究テーマの例

1. タンパク質の立体構造の予測

- これまでにアミノ酸配列がわかった全生物のタンパク質は1億種類以上存在するにもかかわらず、ドメイン単位の主鎖の立体構造パターン（フォールド）は、1,000 〜 2,000種類しか存在しないが、その理由（原理）は？

　　もし、その理由がわかれば、（1）理論的に存在する可能性があるパターンをすべて列挙し、（2）これまでにわかっているフォールドをあてはめれば、（3）まだ見たことのない、新しいフォールドを実験的に創造できる可能性がある。

- 側鎖の立体構造予測は、どのようにすれば可能になるのだろうか？　それが可能になれば、機能未知タンパク質の機能の予測も容易になる。
- 上記の主鎖や側鎖の予測が可能になり、新たな構造や機能のタンパク質が作れるようになった時には、どのようなタンパク質を作る？

2. 安定性の謎：タンパク質の安定化への寄与

　「タンパク質の大きさによらず」、未変性状態（N）は変性状態（U）よりも、わずか $\Delta G = 20 \sim 50$ kJ mol^{-1}（およそ 10 kcal·mol^{-1}）だけ安定である（SS 結合などを含めない非共有結合性安定性）。なぜタンパク質は、このように不安定なのだろうか？

　その謎がわかれば、もっと安定なタンパク質を作って、さまざまな場面で役立てることができるであろう。逆に、不安定化する新たな方法が発見できれば、消化しやすいタンパク質料理法の開発などにつながるかも知れない。

3. 酵素の遷移状態

- タンパク質の立体構造形成の遷移状態の立体構造は、どうすればわかるだろうか？
- また、現在の遷移状態理論を、さらに改良することは可能だろうか？

4. タンパク質の立体構造形成過程

- タンパク質の立体構造ができる過程や、変性する過程には、多くの中間体が存在する。それらの中間体を経て、タンパク質ができる過程や変性する過程は、どのようにすればわかるだろうか？
- 水溶液中に存在するタンパク質と、リボソーム上で合成途中のタンパク質の立体構造は、どのように異なるのだろうか？
- 膜を透過するタンパク質が、膜を透過中の立体構造は、どのような変化をしているのだろうか？

5. タンパク質の安定化

　タンパク質を安定化するためには、本文中で紹介したように、（1）共有結合性の安定性（熱に不安定なアミノ酸側鎖や酸化されやすい側鎖、ループ部分などの主鎖や側鎖の動きやすさなど）、（2）非共有結合性の安定性（疎水性相互作用、イオン間、水素結合など）、（3）溶媒条件（溶媒の種類、温度、pH、イオン濃度、圧力、そのほか）など、さまざまな方法があるが、タンパク質の安定化はどの程度まで定量的に予測できるだろうか？

6. 立体構造解析の分解能—電子顕微鏡や原子間力顕微鏡など—

- 電子顕微鏡（Cryo-EM）の分解能が 0.2 nm を切る時代になったが、その分解能はどこまで上げられるだろうか？
- 原子間力顕微鏡（AFM）を利用すると、分子の動きをリアルタイムで観察できるが、その時間分解能や距離分解能は、どこまで上げられるのだろうか？

第4章

タンパク質の分子機能
―これまでにわかった法則―

「20種類のアミノ酸を連結して、機能を発揮する人工タンパク質を作りたい」と思っても、現時点では難しい。しかし、望み通りに働いてくれているタンパク質を作るには、**第3章**で述べたような立体構造に仕上げる必要があり、その立体構造には機能を発揮させるための情報も組み込んでおく必要がある。

その複雑な情報は、生物進化の過程で獲得したDNAの塩基配列に書き込まれている（**第1章**参照）。長年の進化によってでき上がったタンパク質が、機能を発揮する仕組みを原子レベルで研究してみると、「生物の進化の過程で自然にできた」とはとても思えないほど、複雑で巧妙であることがわかってくる。その仕組みの中には、多くのタンパク質に共通で、原理がわかったものもある。しかし、原理のわからない「謎の現象」も数多く残されている。

タンパク質は、どのようにして機能を発揮しているのであろうか？　もし、SFの世界のように人が小さくなり、タンパク質の傍に行って、タンパク質が働いている現場を原子分解能の動画で、直接見ることができればよいのだが、そのような方法は無い。そこで、人類が築き上げてきたさまざまな実験方法を駆使して、自然と対話しながら、実験を楽しむことになる。それぞれの実験方法は、一つの言語に相当するようなものなので、実験方法が数多く駆使できる研究者ほど、自然とより多く語り合うことができることになる。

この**第4章**では、これまでにわかった「タンパク質の一般法則」を紹介するとともに、「残された謎の現象」のいくつかを紹介する。さらに、「それらの謎を解きたい」と思った時に利用できる研究法の一部を紹介する。

1. 酵素タンパク質の反応過程

1.1 もっとも簡単な反応過程の理解

一般に酵素とは、基質に結合するだけでなく、結合した後に基質を切ったり貼ったりすることもできるタンパク質である。その酵素タンパク質の反応過程をもっとも単純に理解するために、図4-1のように表現すると、その定量的な解析は**第2章**の図2-5 a2, b1, b2によって行うことができる。

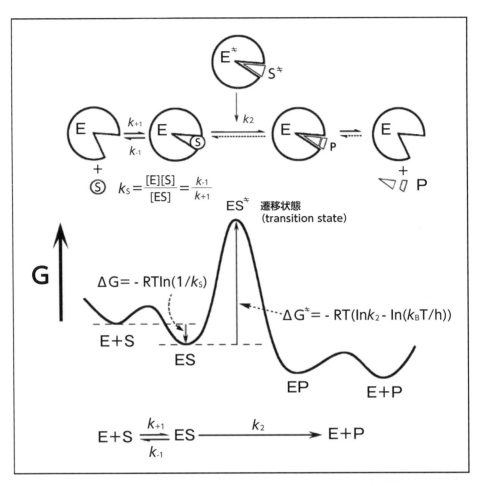

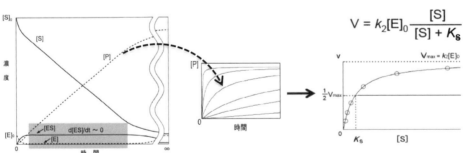

図 4-1　酵素タンパク質の反応過程の基本概念図

　図 4-1 の上段の模式図は以下のことを表現している。まず、酵素分子（enzyme（E））に基質（substrate（S））が結合すると、それらの複合体 ES が生成する。その後、酵素分子上で反応が進行して原子間の結合（共有結合）が組みかわり、生成物（product（P））が生じて、酵素と生成物との複合体 EP になる。そして、それらが E と P に解離する。

酵素反応は可逆なので、EとPから逆方向に反応が進行する場合もEとSが反応する場合と同様である。

　酵素反応の過程を自由エネルギー（G）で表したのが中段である。このエネルギー図の横軸を反応座標と呼ぶ。E＋S, ES, EP, E＋Pはエネルギーが安定な谷に存在するが、それらの間に山が存在し、各山頂を**遷移状態**[1]（ES‡）と呼ぶ。単純な酵素反応の場合にはもっとも高い山が一つなので、酵素と基質の実験を行うと（付録「酵素反応を測定してみよう」の実験例を参照）、酵素反応全体が “E＋S $\rightleftharpoons$ ES →”（反応座標の下段）のように見える。なお、多段階で進行する反応速度と観測できる中間体との関係については、**図5-17**で述べる。

　以前は、複合体ESにおける酵素と基質は「鍵と鍵穴」の関係のようにピッタリと結合している、と考えられていた。しかしその後、ESよりも遷移状態（ES‡）の方がよりピッタリと結合していることがわかってきた。そのため、酵素に強く結合して働きを止める阻害剤を開発する際には、なるべく遷移状態に近い形をした化合物を作るようになってきた。

　“E＋S $\rightleftharpoons$ ES →” の**結合過程**（E＋S $\rightleftharpoons$ ES）とその後の**律速過程**（ES →）がある酵素反応の場合、結合過程については酸塩基の平衡（**図2-5**）と同様に解析すればよい。律速過程（ES →）とは、ある複数の反応のなかで反応速度がもっとも遅い反応過程を示し、全体の反応速度を律するので、そのように呼ばれる。たとえば、学校の遠足で多くの生徒が広い道を歩いていたが、途中に細い吊り橋があって、一度に10人しか渡れないとすると、「吊り橋を渡る時間帯が、その日の遠足の律速過程になる」といえる。さて、その律速過程にある遷移状態の分子種の割合は少なく、通常1億分の1程度なので、その遷移状態の立体構造を知ることはできない。しかし、遷移状態を越える速度には遷移状態が反映されるため、量子力学計算を利用しつつ、遷移状態を推定することが可能となる。これは、**第3章**の「**7 タンパク質の安定性─平衡反応と反応速度との関係**」と同様である。

　1980年以降のタンパク質工学によって、タンパク質が種々の物質と結合する過程（E＋S $\rightleftharpoons$ ES）はかなり理解できるようになったため、タンパク質を加工して**図4-1**の解離定数K_mを変え、希望するリガンドに結合させることも、ある程度可能になった**第5章**の（「**3.4 酵素分子の基質認識の謎**」参照）。また、生物進化の過程で決まってきたK_mは、細胞中の基質濃度に近いことが多く、それによって細胞内代謝を調節していることがわかってきたので、そのことを利用した物質生産も可能になってきた。

　結合過程に対して、触媒基が関係する律速段階（ES →）の反応過程は、非常に厳密に調節されており、人工的なコントロールはまだ難しい（すなわち、**図4-1**のk_{cat}を上げることは難しい）。

---

[1] transition state

107

では、図4-1中段のエネルギー図を作成するためには、どのような実験をすればよいのだろうか？　それをまとめたのが、図4-1枠外の下段であり、具体的な測定法の一例が、付録の「A4.　酵素反応を測定してみよう」である。

図4-1下段の左図は、酵素の反応を定常状態で測定することを表現している。酵素（全濃度が$[E]_0$で、通常は1 nM（10^{-9} M）などの低濃度）と基質（全濃度が$[S]_0$で、1 mM（10^{-3} M）のように、酵素濃度よりも桁違いに高濃度）とを混合すると、1ミリ秒以内の短時間でES複合体が形成され、結合していない酵素や基質の濃度は低下する（$[E] = [E]_0-[ES]$; $[S] = [S]_0-[ES]$）。その直後から、複合体の濃度$[ES]$はほぼ一定の定常状態になるので[2]、その時の生成物の生成速度（$d[P]/dt$）や、基質濃度の減少速度（$d[S]/dt$）から反応の初速度を求める。その初速度を求めるために必要な反応初期の1-2分間の反応速度が、ほぼ一定になるように実験条件を設定しておく。

それ以後は、徐々に反応速度が遅くなる。それは、基質の濃度が低下するためと、生成物（P）が蓄積して逆反応の速度が次第に大きくなるためである。その反応過程を解析するのは難しいので、通常の酵素反応の解析では初速度だけを利用する。

さらに反応を無限時間（左図の右端近く）まで継続すると、反応は止まったように見える状態になる。これが平衡の状態である。その平衡状態では、反応が停止したわけではなく、上段の図の右方向の反応速度と、左方向の反応速度とが同じになったために、反応が停止したように見える。

実験の次のステップでは、図4-1枠外の下段に示すように、酵素濃度一定で、基質濃度を変化させ、初速度を求める。そして、その初速度（v）を基質濃度（$[S]$）に対してプロットする。これを後述のように、$v=k_2[E]_0([S]/([S]+K_s))$の式で解析すると、$K_s$からはESからE+Sになる解離定数（逆数の$1/K_s$にすると、E+SからESになる結合定数）が得られ、その値からE+SからESになるときの自由エネルギー変化（ΔG）が計算できる（図中の式を利用）。また、k_2は、ESから遷移状態の$ES^{\ddagger}$を越えて反応が進行する速度定数が得られ、その値からE+Sから$ES^{\ddagger}$になるときの自由エネルギー変化（$\Delta G^{\ddagger}$）が計算できる（図中の式を利用）。

以上が、図4-1の全体像である。簡単そうに見えるが、実は奥が深い。まず、$v=k_2[E]_0([S]/([S]+K_s))$の式を導いてみよう。その過程で、図4-1の本質が見えてくる。

酵素反応の初速度をさまざまな基質濃度で測定してみると、図4-1下段の中央のように、基質濃度が低いときは、濃度とともに活性が上昇し、基質濃度が高くなると活性はほとんど増えなくなる。この現象から、酵素と基質が結合した中間体が存在することにMichaelisとMentenが気づいた（Michaelis, L. and Menten, M. L. (1913) *Biochem. Z.* **49**, 333-369; この原著論文はドイツ語で書かれているが、英訳がJohnson, K. A. and Goody, R. S. (2011) *Biochemistry* **50**, 8264-8269の資料として添付されている）。中間体の存在に

2）厳密には、$[ES]$は徐々に低下する。

気づいた功績を称えて、式 $v=k_2[E]_0([S]/([S]+K_s))$ を、Michaelis-Menten の式と呼ぶことがある。ただし、彼らがこのことに気づいた20世紀初頭は、「酵素とは何か？」「酵素反応がどのようにして起こるのか？」「酵素分子はどのような形をしているのか？」などが、まだまったくわかっていなかった。

　Michaelis-Menten の式は、**図 2-5** の右上 **a2** だけで、簡単に導くことができる。重要なことは、反応過程を "$E+S \rightleftharpoons ES \rightarrow$" のように表すという段階にあり、そうすることさえできれば、その後の作業はほぼ自動的に進めることができ、$v=k_2[E]_0([S]/([S]+K_s))$ の式が導ける点である。

　"$E+S \rightleftharpoons ES \rightarrow$" の考え方は、酵素活性を測定している通常の条件下では、基質濃度（$[S]$）が酵素濃度（$[E]$）よりもはるかに高く（$[S]\gg[E]$）、酵素と基質との結合や解離の反応は速くて、ほぼ平衡状態になっている、という前提にもとづいている。そして、ごく一部の酵素-基質複合体（ES）だけが、反応して生成物（P）を生じているので、酵素活性の初速度を実験で求める時間内では ES の濃度は、ほぼ一定と近似できる（**図 4-1 下左図**）。このように、ES の濃度がほぼ一定の状態を**定常状態**と呼ぶ。

　多くの酵素反応では、**図 4-1** 中段のエネルギー図（反応座標）の中間体 ES から見て、E+S の状態へ戻る過程に存在する遷移状態は、$ES^{\ddagger}$ よりもはるかに低いエネルギーなので、酵素反応過程の "$E+S \rightleftharpoons ES \rightarrow$" を、速い平衡反応の $E+S \rightleftharpoons ES$ と、遅い反応の $ES \rightarrow$ とに分けて、取り扱うことが可能である。この取り扱い方を**迅速平衡の取り扱い**と呼ぶ。

　前述のように、速い結合・解離の平衡　$E+S \rightleftharpoons ES$（**図 2-5 a2**）は、アミノ酸側鎖などの酸塩基の解離平衡（**図 2-5 a1**）とほぼ同じである[3]。

　まず、(1) 速い結合・解離反応　$E+S \rightleftharpoons ES$ の平衡定数を、解離定数 $K_s=[E][S]/[ES]$ で表す[4]。

　次に、(2) 酵素や基質の総濃度（$[E]_0$ や $[S]_0$）は実験している人にはわかっているが、$[E],[S],[ES]$ などの濃度は、解離定数が実験的に決まる以前は不明である。ただし、以下の二つの関係式は存在する。

$$[E]_0=[E]+[ES]$$
$$[S]_0=[S]+[ES]$$

　未知数は $[E],[S],[ES]$ の三つだが、式は、平衡定数の式が一つ（K_s）と、総濃度の式が二つ（上記の $[E]_0=$ —— と $[S]_0=$ —— の式）で、合計三つなので、$[E],[S],[ES]$ は $[E]_0$ と $[S]_0$ と K_s で表すことができるはずである。そこでたとえば、$K_s=[E][S]/[ES]$ の式に $[E]=[E]_0-[ES]$ と $[S]=[S]_0-[ES]$ を代入すると、

3）酸塩基の平衡の場合と異なるのは、電気的中性の原理を使用しないことである。その理由は、通常の酵素活性測定では緩衝液を使用して、pH 一定の条件で実験するためである。もし、酵素反応に伴う H^+ の授受も測定したい場合には、自動滴定装置や熱量計を利用して活性測定をすることがある。

4）生命科学の分野では、平衡定数を解離定数で表現することが多い。その理由は、解離定数が酵素の最大反応速度の $1/2$ になる基質濃度と等しいために（後述）、直感的理解が容易だからであろう。**図 4-1** のように、E+S から始まるエネルギー図を作成するような場合には、結合定数（解離定数の逆数 $1/K_s$）を使用する。また、化学や物理学の分野では、結合定数を用いることが多い。

$$K_s = ([E]_0-[ES])([S]_0-[ES])/[ES]$$
となり、[ES]に関する二次方程式ができる。
$$[ES]^2-([E]_0+[S]_0+K_s)[ES]+[E]_0[S]_0 = 0$$
$[E]_0, [S]_0 > [ES] > 0$ なので、
$$[ES] = ([E]_0+[S]_0+K_s-(([S]_0+[E]_0+K_s)^2-4[E]_0[S]_0)^{1/2})/2$$
したがって
$$[E] = [E]_0-[ES] = ([E]_0-[S]_0-K_s+(([S]_0+[E]_0+K_s)^2-4[E]_0[S]_0)^{1/2})/2$$
$$[S] = [S]_0-[ES] = (-[E]_0+[S]_0-K_s+(([S]_0+[E]_0+K_s)^2-4[E]_0[S]_0)^{1/2})/2$$
となり、解離定数 K_s を決めれば、実験で測定時に使用した酵素の総濃度（$[E]_0$）と基質の総濃度（$[S]_0$）とから、$[ES], [E], [S]$ を求めることができる。

　定常状態において、酵素活性測定に利用する酵素濃度は 1 nM（10^{-9} M）のように低く、基質濃度は 1 μM 〜 1 mM（10^{-6} 〜 10^{-3} M）のように、$[E] \ll [S]$ の条件下で測定することが多い。そのような場合には、**図 2-5 a-2** の、$[S]_0 = [S]+[ES]$ の式を $[S]_0 \simeq [S]$ として扱うことができるので、上記のように二次方程式を解かなくてもよい。そこで、平衡式 $K_s = [E][S]/[ES]$ と、酵素の総濃度の式 $[E]_0 = [E]+[ES]$ のみから、$[ES] = [E]_0[S]/([S]+K_s)$ を求めることができる。
　実験で測定した酵素反応速度（v）は、複合体の濃度 [ES] に比例し、その複合体 1 M が生成物になる 1 秒間あたりの速度定数を $k_2 (s^{-1})$ とすると、
$$v = k_2[ES] = k_2[E]_0[S]/([S]+K_s)$$
となる。$k_2[E]_0$ は、すべての酵素分子が [ES] になった時の反応速度を表しており、V_{max} と表されることも多い。
　これでほぼ式は完成したのだが、不都合なことが残っている。それは、基質濃度、温度、pH などが同じ条件で活性測定を行っても、酵素濃度 $[E]_0$ が異なれば、酵素反応速度（v）は異なってしまう点である。そのような欠点を無くすために、$v = k_2[E]_0[S]/([S]+K_s)$ の式の両辺を $[E]_0$ で割って、$v/[E]_0 = k_2[S]/([S]+K_s)$ としておけば、酵素濃度が異なった実験結果も、同じグラフで表現できる（もちろん、活性が酵素濃度に比例することを、予め実験で確認しておく必要はある）。この $v/[E]_0$ は、基質に結合した酵素（ES）と結合していない酵素（E）が共存する溶液中において、酵素一分子が 1 秒間に何回働くかを示しており、k_{app} と表すことが多い[5]。

　さらに、$v = k_2[E]_0[S]/([S]+K_s)$ の両辺を $k_2[E]_0 (= V_{max})$ で割ると、$v/V_{max} = [S]/([S]+K_s)$ となり、どれだけの割合の酵素分子が基質に結合しているかを表す式になる。この式は、**第 2 章の酸塩基滴定の式** $[HA]/[A]_0 = [H^+]/([H^+]+K_a)$（**図 2-5 参照**）とまったく同じ形なので、**図 2-5 b1, b2** のグラフもまったく同じになる。ただし、酸塩基滴定

5）下付きの app は、apparent（見かけ上の）の意味である。

の場合には結合していない$[H^+]$を直接 pH メーターで測定できるが、酵素活性測定の多くの場合には、$[S]$を直接測定することは難しく、$[S]_0$のみがわかっているという点が異なる(実験条件によっては、$[E]_0$や、$[E]_0$と$[S]_0$の両方を考慮する場合もある)。しかし、そのような場合でも、$[S]_0 \simeq [S]$のような近似を使わずに、$[S]_0 = [S] + [ES]$を使って上記のように二次方程式を解けば、酵素分子に結合していない$[S]$の濃度を計算することができる。

コラム 4-1.「酵素の 7 大分類」

酵素は、触媒する反応によって七つに大きく分類され、そのデータベースが https://www.enzyme-database.org に掲載されている。(「EC7 輸送酵素」は 2018 年に追加された。)

大分類		反応
EC1	酸化還元酵素(oxidoreductases)	酸化還元
EC2	転移酵素(transferases)	官能基の転移
EC3	加水分解酵素(hydrolases)	加水分解
EC4	脱離酵素(lyases)	官能基を除き、二重結合を残す
EC5	異性化酵素(isomerases)	異性化
EC6	合成酵素(ligases)	ATP の加水分解を伴って、結合を作る
EC7	輸送酵素(translocases)	物質の膜透過

1.2 極限まで進化している多くの酵素

酵素反応速度は$v = k_2[ES]$だが、これに解離定数$K_s = [E][S]/[ES]$から導かれる$[ES] = [E][S]/K_s$を代入すると、$v = (k_2/K_s)[E][S]$が得られる。この式は、酵素反応速度vが$[E]$や$[S]$に比例して速くなり、その比例係数がk_2/K_sであることを意味している。ここで、k_2/K_sは、**図 4-1** で、$E + S$と遷移状態$ES^{\ddagger}$とのエネルギー差に相当する。

ところで、$v = (k_2/K_s)[E][S]$の式は、$[S]$が上昇すると反応速度が一定に近づく$v = k_2[E]_0[S]/([S] + K_s)$とまったく異なるように思えるが、その錯覚はなぜ生じるのだろうか? その答えは、式に使用されている$[E]$と$[E]_0$が異なることによる。基質濃度$[S]$が上昇すると、$[E]_0 = [E] + [ES]$の$[ES]$は増加するが、$[E]$は減少する。そのため、$v = (k_2/K_s)[E][S]$の値も一定に近づくので、グラフを横軸$[S]$、縦軸をvにして描いてみると、$v = k_2[E]_0[S]/([S] + K_s)$の場合と同じグラフが得られる。このことからも、これら二つの式は同じ現象を表していることがわかる。

表 4-1 に、いくつかの酵素が触媒する反応のk_{cat}、K_m、k_{cat}/K_m、$\Delta G_T^{\ddagger}$($= \Delta G + \Delta G^{\ddagger} = -RT(\ln(k_{cat}/K_m) - \ln(k_B T/h))$)を例として示す。**図 4-1** のように簡単な反応様式の場合には、$k_{cat}/K_m = k_2/K_s$なので[6]、$v = (k_2/K_s)[E][S]$の意味は、酵素反応は酵素分子(E)と基

---

6) 表 4-1 のk_{cat}はk_2、K_mはK_sに相当する。一般に、多くの素過程が含まれる複雑な反応様式の場合にも、迅速平衡の取り扱い(**図 2-5 a2**)を適用すれば、$k_{app} = k_{cat}[S]/([S] + K_m)$の形になり、この式の$k_{cat}$や$K_m$には多くの反応素過程の平衡定数や速度定数が含まれることになる。したがって、**図 4-1** の "E + S $\rightleftarrows$ ES→" のように単純な場合には、$k_{cat} = k_2$、$K_m = K_s$となる(**図 4-3 ～ 5 参照**)。

表4-1 酵素は極限まで進化している！

酵素名	反　応
オロチジン 5'-リン酸 デカルボキシラーゼ	オロチジン 5'-リン酸 $\rightleftharpoons$ ウリジン 5'-リン酸 $+CO_2$
アデノシン デアミナーゼ	アデノシン $+H_2O \rightleftharpoons$ イノシン $+NH_3$
トリオースリン酸 イソメラーゼ	ジヒドロキシアセトンリン酸 $\rightleftharpoons$ グリセルアルデヒド 3-リン酸
カルボニックアンヒドラーゼ	$H_2O+CO_2 \rightleftharpoons HCO_3+H^+$
カタラーゼ	$2H_2O_2 \rightleftharpoons 2\ H_2O+O_2$

質分子(S)とが衝突する回数のうち、何回の割合で反応が進むかを表していると解釈することができる。一般に、分子間の衝突が起きる頻度は $10^9 \sim 10^{11}\ M^{-1}\ s^{-1}$ と計算されているが、**表4-1** の k_{cat}/K_m は、いずれの酵素も約 $1 \times 10^8\ M^{-1}s^{-1}$ になっている。よって、約 $100 \sim 1,000$ 回衝突するごとに、1回の反応が起きていることになる。衝突回数の約 $1/100 \sim 1/1,000$ になっているのは、酵素分子の基質結合部位から離れた場所に基質が衝突しても、結合して反応することができないためと解釈されている。そう考えると、酵素分子の反応は、生物進化の過程で極限まで効率化していることがわかる。

　そのことを、E＋S と ES‡ とのエネルギー差 $\Delta G_T^{\ddagger} = \Delta G + \Delta G^{\ddagger} = -RT(\ln(k_{cat}/K_m) - \ln(k_B T/h))$ で考えてみよう。k_{cat}/K_m が極限まで効率化しているということは、E＋S のエネルギーを基準にすると、これ以上 ES‡ のエネルギーを下げることができないことを意味している。そうならば、**表4-1** のように触媒効率が高い酵素は、タンパク質工学を利用して基質に対する親和性を上げると（K_m を下げると）、k_{cat} は下がることになる。一方、k_{cat} を上げれば、K_m は上がって基質との親和性が低下することになる。しかし、酵素を工業的に利用する際などには、基質濃度を十分に上げられるのであれば、k_{cat} を上げる酵素改変が有効利用できる可能性もある。

1.3 解離速度に依存する基質との親和性

　この機会に、酵素タンパク質に限らず、いずれのタンパク質にも適応できる「相互作用の一般法則」（**表4-2**）を見ておこう。それは、「タンパク質分子との親和性は、離れる速度で決まる」という法則である。**表4-2** には、酵素タンパク質や非酵素タンパク質と、さまざまな大きさの分子の結合速度（k_{+1}）、解離速度（k_{-1}）、解離定数（$K_s = k_{-1}/k_{+1}$）の例が記載されている。これを見ると、いずれの場合も、結合速度は約 $1 \times 10^{7-8}\ M^{-1}s^{-1}$ でほぼ同じであることがわかる（上記の k_{cat}/K_m の場合も参照）。それに対して、解離速度（k_{-1}）は大きく異なっており、それが解離定数に反映されていることがわかる。

　この**表4-2** は、さまざまな場合に活用できる。一つは、さまざまな実験結果の解釈に役立つ。**表4-2** のような結合や解離の速度は、溶液の圧力や温度を急激に変化させる緩

非酵素反応		酵素反応			
速度 (s^{-1})	(半減期)	k_{cat} (s^{-1})	K_{m} (M)	$k_{\text{cat}}/K_{\text{m}}$ $(\text{M}^{-1}\,\text{s}^{-1})$	$\Delta GT^{\ddagger}$ kJ mol^{-1} (kcal mol^{-1})
2.8×10^{-16}	(79,000,000 年)	39	0.000	5.6×10^{7}	28.8 (6.9)
1.8×10^{-10}	(123 年)	370	0.000026	1.4×10^{7}	32.2 (7.7)
4.3×10^{-6}	(187 日)	4,300	0.000018	2.4×10^{8}	25.2 (6.0)
1.3×10^{-1}	(5 秒)	1,000,000	0.008	1.3×10^{8}	26.8 (6.4)
5.0×10^{-3}	(2 分)	40,000,000	1.1	3.6×10^{7}	29.9 (7.1)

和法や、表面プラズモン共鳴[7)]、振動子方式の測定装置など、さまざまな方法で測定できるが、その際に結合速度が $1 \times 10^{7-8}\ \text{M}^{-1}\ \text{s}^{-1}$ と大きく異なる測定結果が出た場合には、衝突以外の過程が律速になっていることが示唆される。

　さらに表 4-2 から、多くの発見のチャンスがあることが、示唆される。というのは、生命科学の分野、とくに分子生物学の分野では電気泳動法が多用されており、約 1 時間の電気泳動中に分子が結合し続けている（解離速度が遅い）ことを利用して、強く結合する分子群（複合体）が次々に発見されている。それら複合体の中で、生体内で解離する必要のない複合体の場合には、複合体を構成する分子群の同定で十分かもしれないが、結合と解離を繰り返すような分子群の場合には、「解離させるために関与するタンパク質やその仕組み」も発見できる可能性がある。

表 4-2　タンパク質の親和性は、離れる速度で決まることが多い！

タンパク質	リガンド（基質）	結合速度 $k+1$ $(\text{M}^{-1}\,\text{s}^{-1})$	解離速度 $k-1$ (s^{-1})	解離定数 K_{s} (M)
リゾチーム	$(\text{GlcNAc})_2$（基質）	40000000	100000	0.0025
クレアチンキナーゼ	ADP（リン酸化反応の生成物）	22000000	18000	0.00081
インスリン	インスリン（タンパク質間の自己会合）	120000000	15000	0.00013
乳酸脱水素酵素	オキサム酸（基質類似物質）	8100000	17	0.0000021
乳酸脱水素酵素	NADH（補酵素）	55000000	39	0.00000071
チロシル –tRNA 合成酵素	tRNA$^{\wedge\text{Tyr}}$（核酸）	140000000	53	0.00000038
トリプシン	膵臓トリプシンインヒビター（タンパク質）	1100000	0.000000066	0.00000000000006

7）低分子との結合・解離速度を解析する実験には問題無いが、この方法の基盤の性質上、高分子間の相互作用は、誤差が生じる可能性があるので、一度は、溶液中で緩和法測定などを行って、確認しておいた方がよい。

1.4 基質の結合と解離の謎

　基質が酵素分子に近づいて結合する瞬間に、基質分子の方向が酵素分子のポケットの方向と少しでもずれていたら、どのようなことになるのだろうか。

　（1）ぶつかって跳ね飛ばされるのだろうか？　あるいは、

　（2）微調整しながら、スーッと吸いこまれるように結合するのだろうか？

以前から、タンパク質分子全体の双極子モーメントは大きいことが知られているので、基質分子との結合に何らかの影響を与えそうだが、どのような実験をすれば、その影響を知ることができるのだろうか？

　これまでに、この点に関する詳細な実験はなされていない。その理由としては、タンパク質分子や基質の双極子モーメントを系統的に変化させて結合過程を解析しようとすると、分子の形状なども変えることになってしまい、双極子モーメントの寄与だけを抽出することは難しかったためと考えられる。

　生成物が脱離する過程も、ほとんど研究がなされていない。歴史的には、溶媒の粘度を変えて律速段階が影響を受ければ、「脱離過程が律速になっている」と言われたことがある。しかし、溶媒を変えると、脱離過程以外の律速過程も影響を受けるので、脱離過程のみの分析は難しい。

　その脱離過程では、反応完了とともに生成物を"ポン"と跳ね飛ばすような仕組みが存在しても不思議ではない。事実、リゾチームの触媒基が基質にプロトンを一つ渡した瞬間に、触媒基から離れた基質結合部位が大きく同調して動くことが知られている（浜口，倉光（1981）"リゾチームの活性部位の構造"，タンパク質化学 **5**，p.137-241，共立出版）。

1.5 グラフを利用して反応動力学定数を求める方法

　$v = k_{cat}[E]_0[S]/([S]+K_m)$ の k_{cat} と K_m をまとめて**反応動力学定数**と呼ぶ。実験データからこれらの定数を決めるために、計算用のソフトウェアが今のように使えなかった時代には、グラフで直線化する**図 4-2** のような方法を使用していた。これらのグラフは、視覚的には便利だが、グラフの縦軸や横軸方向に実験誤差を正しく反映させないと、偏った結果になるので、解析の際には注意が必要になる。

　これらのグラフは、**図 2-5 b1, b2** の表現を変えただけであるが、それぞれ特徴がある。

　図 4-2 A は、横軸が $1/[S]$、縦軸が $1/v$ で、ともに逆数になっているので、**両逆数プロット**と呼ばれる。$v = V_{max}[S]/([S]+K_s)$ の両辺を逆数にすると、$1/v = 1/V_{max}(1+K_s/[S])$ となり、$1/v = (K_s/V_{max})1/[S]+1/V_{max}$ と変形できる。この式から、$[S]$ が無限大（∞）になると、$1/[S]=0$ の縦軸に近づき、縦軸との切片は $1/V_{max}$ になる。そして、横軸（$1/v=0$）との切片は $-1/K_m$ になる。また、直線の傾きは K_s/V_{max} である。これらから、V_{max} と K_m を求めることができる。この両逆数プロットは、$[S]$ の高濃度側を表現するのに適している。

　それに対して、**図 4-2 B** は、$[S]$ が低い条件の実験結果を表現するのに適している。**図 4-2 C** は、誤差が目立ちやすいプロットなので、実験結果をこのプロットにしてみて、美

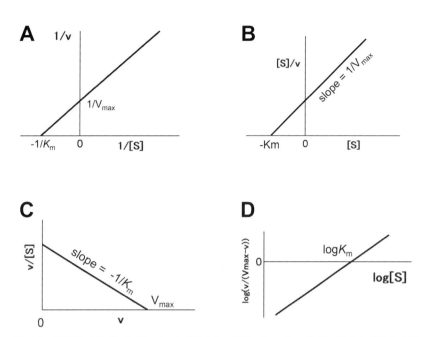

図4-2　酵素反応のK_mや$V_{max}(= k_2[E]_0)$を、直線プロットから求めるさまざまな方法

しいグラフができるようになれば、実験の腕が相当上がったことになる。なお、このグラフのvを、分子あたりの結合数（n）に置き換えて、抗体分子への抗原結合数を求める際などに利用されることもある。**図4-2 D**は、いわゆるヒル–プロット（Hill plot）の協同性が無い場合（n＝1）に相当する。縦軸と横軸のいずれも対数なので、広い濃度領域の実験結果を表現することができ、実験誤差も目立ちにくいグラフである。なお、この図の横軸$\log[S]$は、**図2-5 b1**の横軸$-\log[S]$と正負が逆で、縦軸は$[ES]/[E]$の対数に相当する値になっている。

　自分で実験した結果を使って（少しずつ誤差を含む仮想的な1組のデータでもよい）、これらのプロットを実際に比較してみると、それぞれのプロットの特徴が実感できる。

　このようなプロットを利用して視覚的に捉えるのもよいが、現在では、以下のような方法が主流である。
（1）実験誤差がランダムなデータを取得して（実験を行いながら、横軸を$[S]_0$、縦軸をvの**図2-5 b2**のようなグラフに実験点を逐次追加して行き、誤差が極端に大きい実験点については即座に再測定を行う）、
（2）縦軸のvをk_2に変換した後に、最小二乗法などで計算する。
　筆者の経験からすると、$E+S \rightleftharpoons ES \rightarrow$の単純な反応様式の場合には、実験点は約7点

あれば十分である[8]。この時、各濃度において3回以上して誤差を確認する実験方法もあるが、上記（1）の注意を守ればその必要はない。

$k_{app} = k_2[S] / ([S] + K_s)$ の k_2 と K_s の二つの定数を決めることだけが目的の場合には、基質濃度[S]は K_s 近傍の3〜4点と、k_{app} がある程度一定に近づきつつある基質濃度の3〜4点の合計約7点でよいであろう。$k_{app} = k_2[S] / ([S] + K_s)$ の式からは、$[S] = 0, k_{app} = 0$ の原点を通ることが予想されるので、一度だけ、そのことを実験で確かめておけば、以後の実験では[S] = 0 に近い条件の実験は、あまり必要でない[9]。

2. 迅速平衡の取り扱いの利用例

2.1 阻害様式の反応式

図 2-5 a2 の迅速平衡の取り扱いに慣れ親しむと、どのような反応式でも作れるようになる。もし、迅速平衡が成立しない場合には、後述のように、微分方程式を作って計算機に計算させればよいだけである。

コラム 4-2.「酵素反応で考えた反応過程は、ほんとに正しい？
　　　　　―勇気を出して、論文に！―」

　重要な点は、(1)酵素反応過程で何が起こっているのかをイメージして、(2)そのイメージを反応様式にしてみることである。最初は、できるだけ反応過程が少ない単純な反応様式にしておく。(3) その反応様式にもとづいて、機械的に式を作る。そして、その反応様式で実験結果を説明できなければ、(1)の反応過程を改訂して、(2)(3)を繰り返す。そして、実験結果がほぼ説明できれば、その時点で多少不安が残っても、いったん正しいことにして、論文として発表しておく。

　もし、後日になって**反応様式**に不備が見つかっても、正確な実験結果を論文として発表しておきさえすれば、その結果の解釈は、歴史的に改善されていく。

ここでは、複雑に見える酵素の阻害反応でも、迅速平衡の取り扱いを適用すると、簡単に $v = V_{max}[S] / ([S] + K_m)$ の形の式が導けることを理解しよう。

酵素の阻害形式には、図 4-3 のような三つの典型的パターンを考えることができる。拮抗阻害では、酵素 E に基質 S と阻害剤 I が拮抗して結合し、複合体としては ES か EI のいずれかが存在する（ESI は存在しない）。この拮抗阻害では、基質[S]の濃度を上げ

8）このように単純な1段階の反応様式ではなく、多段階の反応様式の場合には、1段階ごとに少なくとも数点の実験点を追加する必要がある。したがって、基質濃度とともに活性が上昇する領域と、さらに基質濃度を上げると基質阻害のために活性が低下する領域がある場合には、約15点の基質濃度で実験することになる。

9）イオン強度の影響：補遺の乳酸脱水素酵素のように、基質が電荷を帯びている場合には、基質濃度が上昇するとイオン間相互作用の影響が出てくる。その影響を少なくするために、(1) 緩衝液中に、細胞内濃度に近い 0.1 M KCl を加えておくとともに、(2) 電荷をもつ基質の濃度は最大 20 mM までにするとよい。

て行くと、阻害剤が追い出されて結合できなくなるので、$v = V_{max}([S]/([S]+K_m))$ の V_{max} は拮抗阻害剤が存在しても変わらない。一方、みかけの K_m は、$K_s(1+[I]/K_i)$ になる。なお、治療薬の多くは拮抗阻害剤である。

迅速平衡の取り扱いで、この式を導いてみよう。以前にも述べたように、**図4-3 A** のような反応様式を作れば、その後の式の導出はほぼ自動的にできる。この場合の分子種は、E, S, I, ES, EI の5種類である。平衡式は $K_s = [E][S]/[ES]$ と $K_i = [E][I]/[EI]$ の二つ、総濃度の式は $[E]_0 = [E]+[ES]+[EI]$、$[S]_0 = [S]+[ES]$、$[I]_0 = [I]+[EI]$ の三つで、合計五つの式が存在する。ここで、$[E]_0$、$[S]_0$、$[I]_0$ は、実験する際に反応溶液に加えた濃度で、既知の値である。未知数が五つで、式が五つあるので、5種類の分子種の濃度を計算することができる。

次に、通常の実験条件では、$[E]_0 \ll [S]_0, [I]_0$ なので、$[S] \simeq [S]_0$、$[I] \simeq [I]_0$ と近似できる（この近似が使えなければ、高次方程式を解くことになるが、その場合には Newton 法などの数値解析法を利用する）。

そして、二つの平衡式 $K_s = [E][S]/[ES]$ と $K_i = [E][I]/[EI]$ から、
$[E] = (K_s/[S])[ES]$, $[EI] = ([I]/K_i)[E] = ([I]/K_i)(K_s/[S])[ES]$ が得られる。これらを、
$[E]_0 = [E]+[ES]+[EI]$ に代入すると、
$[E]_0 = (K_s/[S])[ES]+[ES]+([I]/K_i)(K_s/[S])[ES]$ これを $[ES]$ について解くと、
$[ES] = [E]_0[S]/([S]+K_s(1+[I]/K_i))$ なので、
反応速度 $v = k_2[ES] = k_2[E]_0[S]/([S]+K_s(1+[I]/K_i))$ となる。
ここで $k_2[E]_0 = V$、$K_s(1+[I]/K_i) = K_m$ と置くと
$v = k_2[ES] = V[S]/([S]+K_m)$ と、**図4-3 C** の表の拮抗型のようになる。

非拮抗型阻害は、ESI 複合体が存在するが、基質も阻害剤もお互いの親和性に影響しない（$K_s = K_s'$、$K_i = K_i'$）という不思議な阻害様式である。阻害剤が結合することによって不活性型の酵素が生じるので、全体の活性が下がるというのは理解できるが、阻害剤が結合して活性が下がるということは、「活性部位に影響があるはずなのに、基質と阻害剤のそれぞれの解離定数は、相手の有無にかかわらず同じ」という奇妙な場合を想定している。数学的には、そのような仮想的状態を考えることができるが、実例はほとんど無い。

この場合の分子種は、E, S, I, ES, EI, ESI の6種類である。式は平衡式が四つと、総濃度一定の式が三つで合計七つのように見えるかもしれないが、独立した平衡式は三つである（三つの平衡式がわかれば、もう一つの平衡式は計算できる）。やはりこの場合も、分子種の数と式の数とは一致しており、各分子種の濃度を計算することができることになる。

反拮抗阻害（不拮抗阻害）とは、EI は存在しないが、ESI は存在する場合で、酵素（E）に結合した基質（S）に、金属イオン（I）が結合して、活性が阻害される例が知られて

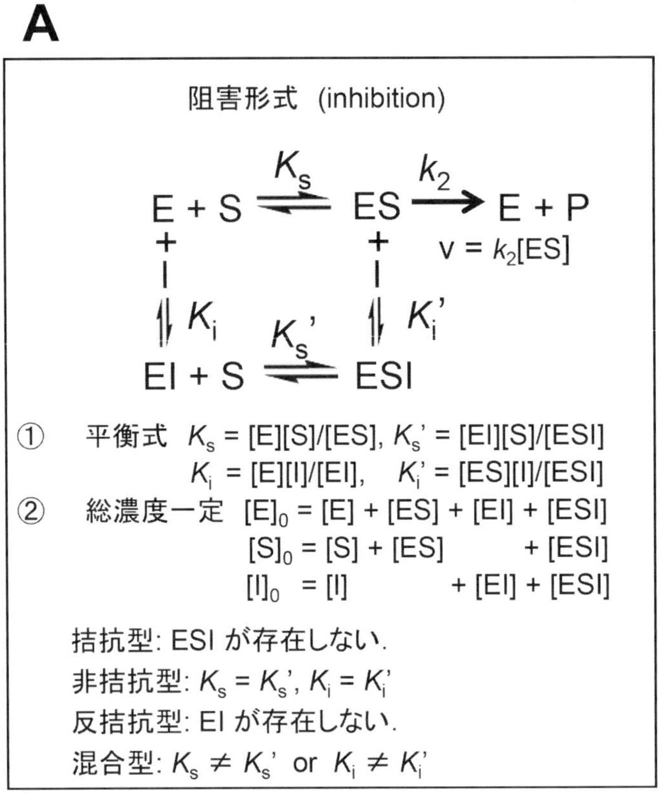

A

阻害形式　(inhibition)

$$E + S \underset{K_s}{\rightleftharpoons} ES \xrightarrow{k_2} E + P$$

$$v = k_2[ES]$$

$$EI + S \underset{K_s'}{\rightleftharpoons} ESI$$

(縦の平衡：K_i、K_i')

① 平衡式　$K_s = [E][S]/[ES]$,　$K_s' = [EI][S]/[ESI]$
　　　　　$K_i = [E][I]/[EI]$,　　$K_i' = [ES][I]/[ESI]$

② 総濃度一定　$[E]_0 = [E] + [ES] + [EI] + [ESI]$
　　　　　　　$[S]_0 = [S] + [ES] \qquad + [ESI]$
　　　　　　　$[I]_0 = [I] \qquad\quad + [EI] + [ESI]$

拮抗型: ESI が存在しない.
非拮抗型: $K_s = K_s'$, $K_i = K_i'$
反拮抗型: EI が存在しない.
混合型: $K_s \neq K_s'$ or $K_i \neq K_i'$

図 4-3　酵素反応のさまざまな阻害様式

いる。非拮抗型阻害は $K_s = K_s'$、$K_i = K_i'$ の場合で、基質と阻害剤の親和性がお互いに影響を及ぼし合わないことを意味している。このようなことは、数学的な極限条件として考えられたとしても、実際の酵素反応ではほとんど見られない。

　混合型阻害は、$K_s \neq K_s'$、$K_i \neq K_i'$ の場合で、実際にしばしば見られる阻害様式である。これらの場合にも、拮抗阻害の場合と同様に、式を作ることができる（**図 4-3 C**）。

2.2 非生産的結合の影響を受けない k_{cat}/K_m

　これらの阻害様式の他に、図 4-4 のような**非生産的結合**（non-productive binding）によって阻害が見られる場合がある。この阻害様式は、ヌクレオチドがつながった DNA やRNA、アミノ酸がつながったタンパク質、ブドウ糖がつながったセルロースやデンプンなど、繰り返し構造をもつ基質を加水分解する酵素に、しばしば見られる。たとえば、細菌の細胞壁の糖鎖を切断することによって、我々を細菌の感染から防御しているリゾチームは、**図 4-4 左図**のように、活性部位の **A 〜 F** の基質結合ポケットに六つの糖単位を結合することができる。

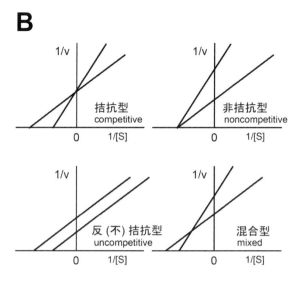

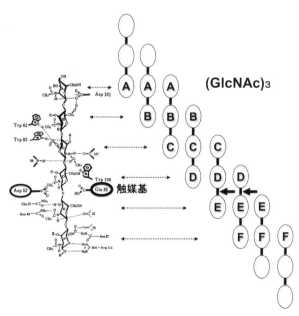

図 4-4　酵素の活性部位へ基質が非生産的結合（non-productive binding）をする例

もし、このリゾチームの活性測定に、N–アセチルグルコサミン（GlcNAc）の3量体（図2-16参照）を使用した場合、その結合様式は図4-4のような8種類である。しかし、基質を切断する触媒基Glu35（Asp52）は基質結合ポケットのDとEの間にあるので、基質の加水分解が可能な結合様式は2種類だけである。そのほかの結合様式では切断反応が起こらないので、非生産的結合様式となる。

　このような場合には、酵素反応の$v=k_2[\text{ES}]=V[\text{S}]/([\text{S}]+K_\text{m})$は、どのように変わるだろうか？　簡単のために、基質が結合して生成物を生じるESと、結合しても生成物ができないES'の2種類の結合様式が存在する場合（図4-5）を考えてみよう。

　迅速平衡の取り扱いをすると、
　　　平衡式は、　　　$K_\text{s}=[\text{E}][\text{S}]/[\text{ES}]$
　　　　　　　　　　　$K_\text{s}'=[\text{E}][\text{S}]/[\text{ES}']$の二つである。
　　　総濃度の式は、　$[\text{E}]_0=[\text{E}]+[\text{ES}]+[\text{ES}']$
　　　　　　　　　　　$[\text{S}]_0=[\text{S}]+[\text{ES}]+[\text{ES}']$の二つである。

分子種は、E, S, ES, ES'の4種類で、式も四つあるので、これらの式から4種類の分子種の濃度を求めることができる。

　定常状態の酵素反応を測定する場合には、通常、$[\text{E}]_0\ll[\text{S}]_0$なので、$[\text{S}]_0=[\text{S}]$と近似できる。

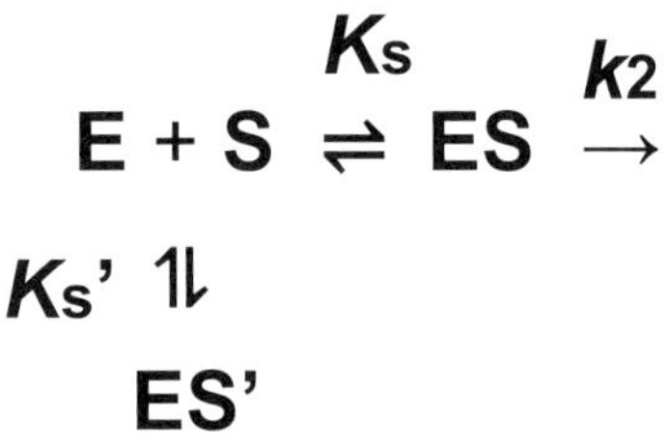

$$\text{E} + \text{S} \underset{}{\overset{K_\text{s}}{\rightleftharpoons}} \text{ES} \overset{k_2}{\rightarrow}$$

$$K_\text{s}' \updownarrow$$

$$\text{ES}'$$

図4-5　非生産的結合が存在する場合の反応様式

残る総濃度の式$[\text{E}]_0=[\text{E}]+[\text{ES}]+[\text{ES}']$に、$[\text{E}]=(K_\text{s}/[\text{S}])[\text{ES}]$と$[\text{ES}']=[\text{E}][\text{S}]/K_\text{s}'=(K_\text{s}/K_\text{s}')[\text{ES}]$とを代入すると、
　　　　　$[\text{E}]_0=(K_\text{s}/[\text{S}])[\text{ES}]+[\text{ES}]+(K_\text{s}/K_\text{s}')[\text{ES}]$
　　　　　$[\text{E}]_0=(K_\text{s}/[\text{S}]+1+K_\text{s}/K_\text{s}')[\text{ES}]$
　　　　　$[\text{ES}]=[\text{E}]_0/(K_\text{s}/[\text{S}]+1+K_\text{s}/K_\text{s}')$
反応速度は、$v=k_2[\text{ES}]=k_2(1+K_\text{s}/K_\text{s}')[\text{E}]_0[\text{S}]/([\text{S}]+K_\text{s}(1+K_\text{s}/K_\text{s}'))$
この式も、$v=k_\text{cat}[\text{E}]_0[\text{S}]/([\text{S}]+K_\text{m})$の形になっているが、係数を比較すると
　　　　　$k_\text{cat}=k_2(1+K_\text{s}/K_\text{s}')$
　　　　　$K_\text{m}=K_\text{s}(1+K_\text{s}/K_\text{s}')$

となり、$k_{cat}/K_m = k_2/K_s$ となる。

　これは、酵素反応の過程において非生産的結合が存在すると、k_{cat} も K_m も減少するが、k_{cat}/K_m には影響しないことを意味している。したがって、**表 4-1** のように k_{cat} と K_m の表に k_{cat}/K_m の欄を追加して考察することには、単に、k_{cat} を K_m で割っただけでなく、重要な意味が含まれているといえる。

2.3 基質濃度［S］に対して活性が直線的に増加しても、落胆しなくてよい！

　K_m に比べて低い基質濃度で実験をすると、基質濃度［S］に対して活性が直線的に増加していくだけで一定に近づかず、がっかりすることがある。しかし、$v = k_{cat}[E]_0[S]/([S]+K_m)$ の式を見てわかるように、$[S] \ll K_m$ の実験条件になっている場合には $v \approx (k_{cat}/K_m)[E]_0[S]$ となるので、グラフの傾きを酵素濃度［E］$_0$ で割れば、上記で述べた k_{cat}/K_m を即座に求めることができるのである。

2.4 k_{cat} と K_m の pH 依存性から得られる酵素反応機構の情報

　ある一定の基質濃度で、pH を変化させて酵素活性を測定して、**図 4-6** のような結果になれば、活性に二つの解離基が関与する可能性がある[10]。さらに、酸性側の解離基が解離し、アルカリ性側の解離基が非解離の状態のときにもっとも活性が高いことが、示唆される。

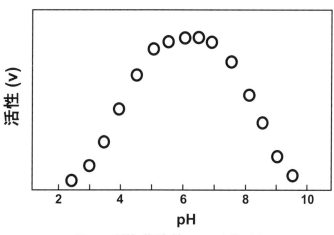

図 4-6　活性（初速度）の pH 変化の例

　図 4-6 の実験では基質濃度が一定だが、**図 2-5 a2** のように、各 pH において基質濃度を変化させて k_{cat} と K_m を求めることもできる。その場合に、得られた定数を常用対数

---

10) k_{cat} の pH 変化が、**図 2-4** や**図 2-5** で説明できる場合は以下の解析が適用できるが、それよりも急激に活性が変化する場合は、酵素タンパク質の変性や、複数の解離基が同時に関与することを考慮する必要がでてくる。

（$\log_{10}X$）にして、pH 依存性を示したのが図 4-7 である。この図 4-7 の k_{cat} の pH 変化からは律速段階に関与する解離基[11]の pK_a を、k_{cat}/K_m の pH 変化からは酵素と基質とが結合する前の解離基の pK_a を知ることができる。その解析方法を以下に紹介する。

　基質の結合に二つの解離基が関与する場合は、図 4-8 のように六つの分子種が存在する。基質が結合していない、もっとも酸性型の分子種を EH_2 で表す。H^+ が解離すると EH になり、その酸解離定数は $K_1^E = (EH)(H^+)/(EH_2)$ である。さらに H^+ が解離して EH が E になる酸解離定数は、$K_2^E = (E)(H^+)/(EH)$ である。酵素–基質複合体の K_1^{ES} や K_2^{ES} も同様である。一方、基質との解離定数は、もっとも酸性側の分子種については $K_S^{EH2} = (EH_2)(S)/(EH_2 \cdot S)$ であり、その他の分子種についても同様に、図 4-8 のように表すことができる。

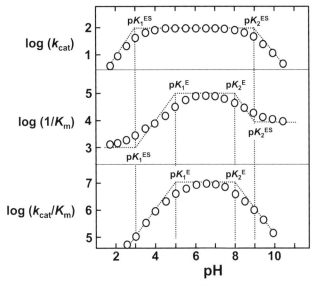

図 4-7　k_{cat}, K_m, k_{cat}/K_m の対数の pH 変化

11）触媒基の場合が多い。

122 第 4 章　タンパク質の分子機能—これまでにわかった法則—

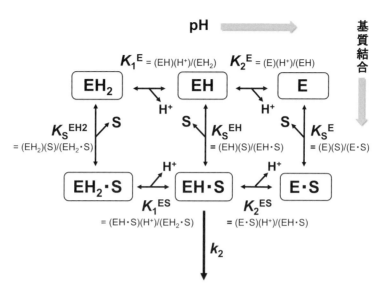

図4-8 酵素活性の pH 変化に関与する解離基と基質の結合

図4-7 のように、k_{cat} の pH 依存性が山型の場合には、基質が結合した EH·S のみが反応速度 k_2 で生成物を生成する分子種なので、活性は $v = k_2(\text{EH·S})$ で表せる。

これらをもとに、図2-5 a2 に代表されるこれまでの方法と同様に、以下の定常状態の式を導いてみよう。図4-8 の酵素の分子種は 6 種類あるが、式が六つあるので、(EH·S) 含めたすべての分子種を $(\text{E})_t$ と (S) で表すことができる。その六つの式のうち一つは、酵素の全濃度を表す式である。

$$(\text{E})_t = (\text{EH}_2) + (\text{EH}) + (\text{EH}_2\text{·S}) + (\text{EH·S}) + (\text{E·S}) + (\text{E})$$

その他に、酸解離定数が K_1^{E}, K_2^{E}, K_1^{ES}, K_2^{ES} の四つ、基質の解離定数が K_S^{EH2}, K_S^{EH}, K_S^{E} の三つある。しかし、$K_S^{EH2} K_1^{E} = K_1^{ES} K_S^{EH}$ と $K_S^{EH} K_2^{E} = K_2^{ES} K_S^{E}$ の二つの関係式があるので、独立した解離定数の関係式は $4 + 3 - 2 = 5$ で五つとなり、酵素の全濃度の式と合わせて六つの式が存在するので、(EH·S) を含めたすべての分子種が $(\text{E})_t$ と (S) で表わされることがわかる。

そこで、(EH·S) を $(\text{E})_t$ と図4-8 の解離定数とで表して、$v = k_2(\text{EH·S})$ に代入し、$v = k_{cat}(\text{E})_t(\text{S}) / ((\text{S}) + K_m)$ の形にすると、図4-6 の pH 変化は次式で表すことができる。

$$
\begin{aligned}
v &= k_2(\text{EH·S})\\
&= (k_2 / (1 + (\text{H}^+) / K_1^{ES} + K_2^{ES} / (\text{H}^+)))(\text{E})_t\\
&\quad \times (\text{S}) / ((\text{S}) + (K_S^{EH}(1 + (\text{H}^+) / K_1^{E} + K_2^{E} / (\text{H}^+)) / (1 + (\text{H}^+) / K_1^{ES} + K_2^{ES} / (\text{H}^+)))
\end{aligned}
$$

すなわち、

第4章

$$k_{cat} = k_2 / (1 + (H^+) / K_1^{ES} + K_2^{ES} / (H^+))$$
$$K_m = K_S^{EH} (1 + (H^+) / K_1^E + K_2^E / (H^+)) / (1 + (H^+) / K_1^{ES} + K_2^{ES} / (H^+))$$

となり、k_{cat} には基質と結合した分子種の酸解離定数のみ（K_1^{ES} と K_2^{ES}）が含まれ、K_m には、酵素と基質が結合した時と、結合していない時の両方の酸解離定数（K_1^{ES}, K_2^{ES}, K_1^E, K_2^E）が含まれている。

さらに、k_{cat} / K_m は、

$$k_{cat} / K_m = k_2 / (K_S^{EH} (1 + (H^+) / K_1^E + K_2^E / (H^+)))$$

となり、酵素と基質が結合していない時の酸解離定数のみ（K_1^E と K_2^E）を含んでいることがわかる。

　これらの k_{cat}、K_m、k_{cat} / K_m の関数を利用すると、酵素と基質の相互作用に関与する解離基の pK_a を、以下のようにして知ることができる。
　$\log k_{cat} = \log k_2 - \log (1 + (H^+) / K_1^{ES} + K_2^{ES} / (H^+))$ について、**図 4-7** の水平な点線は、$(H^+) / K_1^{ES}$ や $K_2^{ES} / (H^+)$ の影響が無い $pK_1^{ES} \ll pH \ll pK_2^{ES}$ での $\log k_{cat} = \log k_2$ を表している。一方、$pH \ll pK_1^{ES}$, pK_2^{ES} の酸性領域での傾き 1 の点線は、$\log k_{cat} = \log k_2 - \log((H^+) / K_1^{ES}) = \log k_2 - pH + pK_1^{ES}$ を表しており、水平の点線との交点は $pH = pK_1^{ES}$ となる。同様に、アルカリ性の交点は $pH = pK_2^{ES}$ なので、$\log k_{cat}$ の pH 依存性から酵素-基質複合体の解離基の pK_a がわかることになる。同様にして、$\log (k_{cat} / K_m)$ の pH 依存性から、酵素と基質が結合していない時の解離基の pK_a がわかる。一方、$\log (1/K_m)$ の pH 変化には、酵素と基質が結合する前後の両方の pK_a が含まれている。そして、pH が上がるとともに $\log (1/K_m)$ が大きくなれば、解離基の pK_a が低下し（$pK_a^E > pK_a^{ES}$）、逆に $\log (1/K_m)$ が小さくなれば、解離基の pK_a は高くなることがわかる。それらは、$K_S^{EH2} K_1^E = K_1^{ES} K_S^{EH}$ や $K_S^{EH} K_2^E = K_2^{ES} K_S^E$ の関係式からも予想できる。
　たとえば**図 4-7** の例からは、基質が結合すると $pK_1^E = 5$ の解離基が $pK_1^{ES} = 3$ に低下し、$pK_1^E = 8$ の解離基が $pK_1^{ES} = 9$ に上昇することがわかる。これらの pK 変化は、**第 2 章**で述べたように、酵素と基質との結合に伴って静電的環境や疎水性環境の変化によると考えられる。なお、これら解離基は、酵素分子だけでなく基質分子に存在することもある。それらを考慮しつつタンパク質の立体構造を眺めると、研究を次のステップへ進めることができる。
　なお、pK_1^E と pK_2^E の差や、pK_1^{ES} と pK_2^{ES} の差が約 3 以下の場合には、点線の交点から pK 値を求める方法は誤差が大きくなるため、簡略化しない元の関数を使用して実験値に合う pK 値を求めることになる。
　このような**活性の pH 変化**の解析法を利用するためには、広い pH 領域で安定なタンパク質が必要になるので、そのような目的のために**第 6 章**の高度好熱菌などが利用される。

この**第4章**で述べた定常状態の酵素活性の測定からは、酵素反応の律速段階に関する情報しか得られないが、酵素反応でもっとも重要な「反応全体の情報」が得られる。

コラム4-3.「ユニタリー量で考えると便利なこと！」

　水溶液における酵素(E)と基質(S)が結合する反応 E＋S⇄ES の解離定数は $K_s＝[E][S]/[ES]$ だが、濃度をモル分率で表すと、それぞれが全体の濃度($[E]＋[S]＋[ES]＋[H_2O]$)に対する割合になるので、

$$K_{s,frac}＝([E]/([E]＋[S]＋[ES]＋[H_2O]))([S]/([E]＋[S]＋[ES]＋[H_2O]))/$$
$$([ES]/([E]＋[S]＋[ES]＋[H_2O]))$$

となる。通常の酵素反応では、$[H_2O]≫[E],[S],[ES]$ なので

$$K_{s,frac}＝([E][S]/[ES])/[H_2O]＝K_s/(1,000/18)＝K_s/55.5$$

となる。
その K_s と $K_{s,frac}$ とを結合エネルギー ΔG で比較すると

$$\Delta G_s＝-RT\ln(1/K_s)$$
$$\Delta G_{s,frac}＝-RT\ln((1/K_s)\times55.5)＝\Delta G_s\text{-}\textbf{2.4}(\text{kcal mol}^{-1})\text{ at }25℃$$

となり、モル分率で表したエネルギーが **2.4 kcal mol**$^{-1}$ だけ安定になる。
　その解釈としては、結合過程全体は、(1)まず、結合する酵素分子と基質分子とを溶液中から探し出して結合直前の状態にする過程と、(2)その後の、結合過程の二つの過程からなり、モル分率で表すと(2)の結合過程のみの結合エネルギーが反映されることになる。このように、水との混合の補正をした値を**ユニタリー(unitary)**値という。

　この考え方は、衣服のチャックのように、一つ一つの結合エネルギーはわずかでも、それらがつながっていると大きなエネルギーを生み出せることにたとえられる。それが生体中で使われている例としては、抗体分子が知られている。抗体分子 IgG のように2か所で抗原と結合できる場合、その二つの抗原となる分子がつながっていれば、バラバラで結合するエネルギーよりも、**2.4 kcal mol**$^{-1}$安定化することになるので、解離定数は 1/55.5 になる(結合定数($1/K_s$)は 55.5 倍大きくなる)。もし、抗体分子が IgM のように10か所の結合部位をもっていれば、それらに結合する10個の抗原分子がつながっていれば、全体の結合エネルギーは10か所の個別の結合エネルギーの合計よりも、$2.4\times(10-1)＝21.6$ kcal mol^{-1} も安定化されることになる。(抗体分子の場合には、このような内容を "avidity" として表現することがある。)
　もう一つの応用例は、α-アミラーゼのように、グルコースが繰り返されたデンプン基質を分解する酵素や、タンパク質基質や DNA 基質を分解する酵素が、基質結合部位に数個のポケット(サブサイト)をもっている場合(**図4-4**のリゾチームの例では、サブサイトが六つ)、各サブサイトの結合エネルギーを求める際にも、水との混合の補正をした**ユニタリー自由エネルギー**(unitary free energy)の取り扱いが必要になる。

---

3. タンパク質の機能を調べるための実践的アドバイス

　タンパク質の機能を調べるためには、どのようにして研究を進めればよいのだろうか？「できることから、そして、好きなところから、とりあえずやってみる！」で始めて、少しずつ研究範囲を広げていくのは楽しいが、その際に、以下が参考になるかも知れない。

どのような目的で生命現象に関与するタンパク質を選ぶか、次に、そのタンパク質の生物種を何にするかを決めた後に、研究対象とするタンパク質について、図 4-9 のように調べて行くことができる。

3.1 タンパク質の選定

どのような目的である生命現象に関与するタンパク質を研究の対象として選定するかは、さまざまな要因によって決める（決まる？）ことが多い。いずれのタンパク質を研究対象とした場合でも、本章で紹介した例で明らかなように、現在の生命科学でわかっていることはごく一部なので、研究を進めて行けば次々と新しい発見をすることができ、研究の範囲は次第に広がり、研究がますます楽しくなってくる。（だが時々は、その研究をおもな研究テーマとするのか、サブテーマとして継続するのかを、振り返ってみるとよいように筆者は感じている。）

3.2 生物種の選定

研究対象とするタンパク質が決まれば、次は、タンパク質をもつ生物種を選定することになる。生物は多様なので、生命科学の研究の歴史を振り返ってみると、この**生物種の選定**がとても重要であることがわかる。

生物種の選定に際して、二つの場合がある。

生物種が、すでに決まっている場合：研究対象とするタンパク質の生物種が「ヒト」「イネ」などと、すでに決まっているような場合には、その生物種で、タンパク質の研究を進めることになる。

生物種は、まだ決まっていない場合：同様の働きをするタンパク質が多くの生物種に存在する場合、それらの活性部位のアミノ酸残基は類似していることが多いので、それらのタンパク質間の情報が活用できる。もし、高度好熱菌にも類似のタンパク質が存在すれば、**第 6 章**で述べるような公開された種々のリソースを活用しつつ、より詳細な触媒反応機構の研究が可能になることが多い。

3.3 細胞内機能の情報の収集

タンパク質の生物種が決まれば、図 4-9 のようにタンパク質を調べることができる。そのために、まずそのタンパク質が実際にどのような役割を果たしているのかを調べる。その役割を**細胞内機能**と呼ぶことがあるが、研究対象とするタンパク質が、「生き物」全身のどの場所（多細胞生物の場合には、臓器、細胞、さらに細胞内器官などの場所）に存在して、どのような環境変化で増減するかなどの情報が得られていると、研究の目標が立てやすくなる。

細胞内機能の研究例は**第 6 章**でも紹介するが、図 4-9 左側に示すように、**形態解析、mRNA 発現解析、タンパク質発現解析、代謝物質解析**などがある。

研究対象とするタンパク質の役割を推定するために、遺伝子の働きを変化させた生物

について、まず、オミックス（-omics）解析と言われる研究方法を利用すると、結果の解釈は簡単ではないものの、幅広い情報を得ることができる。その研究法とは、

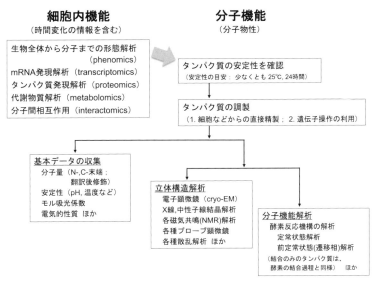

図 4-9　タンパク質の機能解析のチャート

(1) 生物個体・組織・細胞・細胞内器官などの「全体から構成分子まで」のさまざまなレベルでの**形態変化や行動変化**などを観察する（phenomics）。

(2) **mRNA** は DNA の遺伝情報を利用して作られるが、遺伝子変異によって、生き物全体の各 mRNA の量やその時間変化がどのような影響を受けるかを、RNA 解析装置で測定する（trascriptomics）。

(3) **各タンパク質**の発現量やその翻訳語修飾は、質量分析装置などによって解析することができるので、遺伝子変異によってどのような影響を受けるかが解析できる（proteomics）。その質量分析に際しては、工夫をすれば定量的な解析も可能である。

(4) **低分子の代謝物質**も、タンパク質と同様に、質量分析装置で解析することができる（metabolomics）。

(5) **分子間相互作用**は、さまざまな方法（**表 4-3** 参照）で解析される（interactomics）。相互作用に関する情報の一部は、上記の(1)〜(4)にも含まれている。

　タンパク質の細胞内機能を知るためには、まず、生育環境が変化したときに、これら**4 項目**にどのような時間変化があるかを、遺伝子型が野生型の生物で調べておく。
　次に、遺伝子発現を人工的に変化させて、**形態や mRNA、タンパク質、代謝物質量**にどのような変化が生じるかを調べて、対象とするタンパク質機能に関連する情報を得ることがよく行われる。この段階では、対象とする以外のタンパク質についても膨大な情報が得られるので、それらの結果も参考にしつつ、次の原子レベルでの**分子機能解析へ**

と進むことになる。

　なお、遺伝子発現を人工的に調節するためには、タンパク質の情報が組み込まれている（コードされている）遺伝子の欠失や、遺伝子の働きを抑制や増強する方法がよく用いられている。近年の遺伝子改変は、CRISPR/cas9などの技術開発によって比較的簡単になってきた[12]。さらに、遺伝子改変された生物の全遺伝子配列（ゲノム情報）の確認も、比較的容易になった。また、RNAを添加して遺伝子発現を調節する方法も広く利用されている。

3.4　原子分解能を目指した分子機能解析

　次に、タンパク質（酵素）の分子機能を調べる手順の例を**図 4-9 右側**に示す。分子機能解析は、**細胞内機能**の解析と並行して進めることもできる。

3.4.1　タンパク質の安定性を確認

　タンパク質の分子機能を解析するためには、そのタンパク質が室温で少なくとも 24 時間（できれば、1 週間程度）、安定であることが望ましい。そこで、ごく微量のタンパク質を調製して、十分な安定性を確認することができていれば、**分子機能解析**に必要なタンパク質量の調製に遺伝子操作法を利用することも可能になる。

3.4.2　タンパク質の調製

　遺伝子操作技術がタンパク質の大量調製に利用できれば、とても便利である。しかし、タンパク質によっては、生合成された後、リン酸化、糖鎖修飾、その他の修飾（翻訳後修飾）を受けて、その機能を調節していることが知られているので、たとえ少量でも細胞などから直接タンパク質を精製しておく（図 4-9）。その方法は、（1）微量液体クロマトグラフィーなどを利用して、少なくとも 1 ug のタンパク質を直接精製する。標品の質量分析を行うためには電気泳動法も利用できるが、活性も調べたい場合には変性剤処理をなるべく避ける。（2）細胞内の存在量が少なく、タンパク質の直接精製が難しい場合には、まず遺伝子操作で発現・精製をしたタンパク質を抗原として抗体を作製しておき、それを使って生体中のタンパク質を単離することもできる。

　翻訳後修飾が無いタンパク質の場合には、遺伝子操作を利用してタンパク質を量産化することができる（倉光（2011）"タンパク質は必ず発現させることができる！"Merck, Quest Map, Vol. 1）。もし、翻訳後修飾や非天然アミノ酸をタンパク質に導入したい場合には、*in vitro* 転写/翻訳系を利用する方法もある。

12）なお、食物にしている生物を含めて、「**遺伝子欠損**による生物の変化は、自然界でも起こりつつある」ことなので、国への届出制で、人工的な遺伝子欠損法が認められるようになった。そのため今後は、食糧生産などの分野などでも、この人工的な遺伝子欠損の方法が幅広く利用されるであろう。

大腸菌その他の細胞を利用してタンパク質を大量発現させる際に、発現量（生産量）が少ない場合には、細胞に導入するプラスミド DNA（ベクター DNA）の種類を変える研究者が多い。しかし意外なことに、ほぼ同じ遺伝子をもつはずの細胞間でも、タンパク質の発現量が異なることが多いので、発現に適した細胞株の選択は大量発現のための重要な方法である。

　それに関連した以前からの謎は、「同じ細胞株でも、継代培養を続けるうちに、プラスミド DNA によるタンパク質の発現量が異なるように変化する」ことであった。しかし最近では、タンパク質を作ってくれる細胞のゲノム解析が容易になったので、細胞の遺伝子の変化とタンパク質の発現量の変化との関係が明らかになれば、タンパク質の工業的な大量生産にも役立ちそうである。

　なお、タンパク質の調製の過程では、その後の立体構造解析や分子機能解析に役立つ多くの情報が得られる。そのため、調製後の研究を共同研究で分業する場合でも、タンパク質の調製だけは一緒に行うことが望ましい。

3.4.3　基本データの収集

1）　活性の確認

　詳細な分子機能解析は後ほど行うとしても、簡単な活性測定をして、精製したタンパク質が予定していたものであることを、とりあえず確認しておく必要がある。電気泳動でわかる分子量だけを目安にしてタンパク質の精製を進めた場合には、異なるタンパク質が得られることがある。

　酵素タンパク質を何度も調製する場合には、酵素分子当たりの活性を一定の条件下（溶液組成、pH、温度、イオン強度など）で毎回定量的に測定するようにしておけば、不純物や不活性のタンパク質の混入が判定できるので、得られたタンパク質の純度が確認できる。

2）　分子質量（全長解析、N-, C-末端アミノ酸配列、翻訳後修飾）

　活性測定のほかに質量分析によって、得られたタンパク質を確認することができる。得られたタンパク質が、翻訳後修飾を受けている可能性や、遺伝子から予想されたタンパク質の N 末端が異なっている可能性などもあるので、(1) できれば、まず全体の分子質量をフーリエ変換型イオンサイクロトロン共鳴質量分析装置（FT-ICR MS）などを利用して、正確に測定しておく。FT-ICR MS の場合には、その精度は約 6 万の分子質量のタンパク質（約 500 アミノ酸残基からなるタンパク質）でも 0.1 以下精度で質量が測定できるので（図 4-10）、タンパク質の全長が確認できるとともに、翻訳後修飾の数の推定も可能な場合がある。

　(2) 次に、特異性の高いタンパク質分解酵素（プロテアーゼ）で、分子質量を確認したいタンパク質をペプチドに断片化した後に、MS/MS（直列に接続された二つの質量分

析計、タンデム質量分析計：tandem mass spectrometer）の質量分析によって翻訳後修飾も含めた解析を行い（図6-16参照）、その分析結果が、全長タンパク質の結果（1）と矛盾しないことを確認しておく。すべてのペプチド断片を解析することは難しいので、全長（1）との違いが説明できない場合には、別のタンパク質分解酵素を使用して、同様の実験を行う。全長（1）の結果が矛盾なく説明できるようになるまで、これを繰り返す。

同位体比

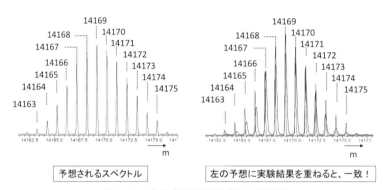

| 予想されるスペクトル | 左の予想に実験結果を重ねると、一致！ |

図4-10　高精度質量分析（FT-ICT MS）
分子量が約15,000のタンパク質（Nudix 1（743C+1204H+208N+217O+1S））の例

3）　詳細な安定性の確認

　タンパク質の選定に際して必要とされる安定性は、**第4章**の「**3.4.1 タンパク質の安定性を確認**」で述べたように、タンパク質の精製に必要な**数日間**でよかった。しかし、詳細な分子機能解析法や立体構造解析法はタンパク質が安定な条件で適用する必要があるので、タンパク質が安定な条件をあらかじめ調べておく必要がある。

　たとえば、酵素が律速段階でH^+の授受を行う反応の場合、関与する解離基の$pK_a - 2$から$pK_a + 2$の範囲でpHを変化させて活性を測定することが望まれる（**表2-3**（p.28）参照）。さらに、分子機能解析で標準的な温度の25℃でも測定しておきたいので、酵素が中性の細胞内環境で働いているようなら、pH 5〜9（イオン強度0.15、25℃）で安定なことが望まれる。そこで安定性を確認する実験は、たとえばpHを0.5または1.0刻みで変えて、pH 3〜10の範囲で活性測定をしてみることになる。一般に、pH安定性を調べる際には、各pHに一定の時間放置した後に、その酵素溶液の一部を使って、同一の条件下で活性を測定する。この場合の注意は、「可逆変性するpH領域では、たとえ変性して不活性でも、**安定**と解釈される」ことである。そのような誤解を避けるために、筆者らは各pHにおけるタンパク質溶液の円二色性（CD）スペクトルを直接測定することにしている。さらに、各pHの平衡値が測定できていることを確認するために、そのpH

に移行した直後と 1 日放置した同じ試料の測定を行っている。

　その際、pH が 1 以下では Asn の脱アミドなどが生じ、pH 12 以上ではペプチド結合の切断が生じている可能性に注意する必要があるが、それらは質量分析によって確認できる。これは、温度に対する安定性を調べる場合も同様である。

4）　**タンパク質濃度の決定：モル吸光係数（$\varepsilon_M(\mathbf{M^{-1}cm^{-1}})$）**

　吸収スペクトルは溶媒の変化にあまり影響されないので、その特徴を利用してタンパク質濃度を以下のようにして、簡単に、定量的に、決めることができる。

　1 M のタンパク質溶液（濃度 c）が、光路長（light path(l)）1 cm の標準セルに入っている時の吸光度（Absorbance(A); Optical Density (OD)）をモル吸光係数（$\varepsilon_M(M^{-1}cm^{-1})$）と呼び、A＝$\varepsilon_M\,c\,l$ の関係式があることが知られている。そのため、280 nm での ε_M がわかっていれば、280 nm 近傍の極大吸収 A_{280} から、タンパク質の濃度が計算できる。

　実験的に ε_M を決定するのはとても大変な作業で、タンパク質が純水に溶けることなどのような運も必要である。しかし、計算で ε_M を求めるのはとても簡単で、正確である（誤差は数％以内）。アミノ酸残基のみからなるタンパク質の場合、280 nm 近傍の吸収極大におけるモル吸光係数（ε_M）に寄与するのは、おもにトリプトファン（Trp）とチロシン（Tyr）なので、

$$\varepsilon_M = (5{,}500 \text{ x （Trp の数）} + 1{,}400 \text{ x （Tyr の数）}) \times 1.05$$

の式で（Kuramitsu *et al.*, 1990）、ε_M を誤差 5％以内の精度で計算できる。ここで、5,500 $M^{-1}\,cm^{-1}$ と 1,400 $M^{-1}\,cm^{-1}$ はそれぞれ Trp と Tyr のモル吸光係数、1.05 はそれらがタンパク質中の疎水性環境で吸収スペクトルが増大する平均的割合を表している。

　Cys の寄与を考慮した論文もあるので（Pace *et al*, 1995）、特殊なタンパク質の場合で、Trp や Tyr の含量が少なくて Cys が多く、さらに Cys-Cys をもつような場合には、Cys を考慮した方がよいであろうが（浜口，倉光（1979）「アミノ酸の分光学的性質」，生化学データブック I，p. 60–67，日本生化学会編，東京化学同人）、平均的なタンパク質の場合は、Trp と Tyr のみで ε_M を計算しても問題は無い。

　濃度決定のための吸収スペクトル測定は、240〜350 nm の範囲で測定し、320〜350 nm の領域は、タンパク質の溶媒のみのスペクトルと一致することを確認することが必須である。もし、金属イオンや補酵素が無いタンパク質分子にもかかわらず、320〜350 nm のスペクトルがベースラインと一致しない場合は、不純物の影響が考えられる。そこで、**限外フィルター**（0.22 μm など）や**超遠心**の方法などで、不溶物を除去した後に、スペクトルを測定する。

　繊維状に会合するタンパク質などのように、光の散乱が大きい場合にも、320〜350 nm のスペクトルがベースラインと一致しないことがある。そのような場合には、グアニジン塩酸塩などで変性した時のスペクトル変化を測定しておけば、次からは未変性状態のスペクトルから濃度が推定できる。

一方、タンパク質分子に強く結合した補酵素などがある場合には、補酵素の結合数が整数値になっていることの確認や、補酵素が結合したタンパク質と結合していない分子種の分離・精製、そして、変性剤中における補酵素のみのスペクトルをタンパク質のスペクトルと比較して計算するなど、タンパク質の性質に応じた工夫が、少し必要になる。

　なお、発色法でタンパク質を定量する方法があるが、その発色率がタンパク質によって50%近く増減することや、基準とするタンパク質（通常はウシ血清アルブミン（bovine serum albumin（BSA））によって結果が変わること、さらに溶媒中の還元剤などに影響されることなどがあるので、上記のモル吸光係数を使用した方が、濃度決定の精度が高い。

5）　電気的性質

　タンパク質の**等電点**（isoelectric point（pI））とは全体の電荷がゼロになる pH であり、等電点電気泳動法で実験的に調べることができる。その等電点は、解離性アミノ酸側鎖の数と酸塩基滴定曲線（**図2-4**）を考慮すれば、簡単に推定できる。
　たとえば、

Asp（$pK_a \simeq 5$）	7 残基
Glu（$pK_a \simeq 5$）	2 残基
His（$pK_a \simeq 7$）	1 残基
Tyr（$pK_a \simeq 10$）	3 残基
Lys（$pK_a \simeq 10$）	6 残基
Arg（$pK_a > 13$）	11 残基
N 末端 α-NH_2（$pK_a \simeq 8$）	1 か所
C 末端 α-COOH（$pK_a \simeq 3$）	1 か所

の解離基をもつリゾチームの場合を計算してみよう。
(1) まず、もっとも酸性側での正電荷の合計を計算すると、His, Lys, Arg, α-NH_2^+ で19価になる。
(2) 次に、解離基を pK_a の順に解離させて電荷がゼロになる等電点では、$pK_a \simeq 10$ の Tyr＋Lys の 9 残基のうち、7 残基が解離型、2 残基が非解離型で存在する pH であることがわかる。
(3) そこで、$K_a =$（H^+）（解離型）/（非解離）の式を使うと（**図2-5** 参照）、$10^{-10} =$（H^+）×（7/2）となり、（H^+）$= 10^{-10} ×$（2/7）となるので、等電点(pI)は pH $= 10.5$ と計算できる[13]。

13）等電点はこの方法で推定できる。正味の電荷の影響を考慮して、酸塩基滴定曲線を推定する方法はKuramitsu and Hamaguchi（1980）*J. Biochem.* **87**, 1215-1219 などを参照。

このような基本データの確認は、約 1 〜 2 週間の短期間で完了できる。

3.4.4　立体構造解析と分子機能解析

　　次のステップは、原子分解能の**立体構造解析**と**分子機能解析**（**図 4-9 右側**）を並行して進める。なお、**酵素反応機構**の解析（"E＋S ⇌ ES →"）には、結合過程（E＋S ⇌ ES）とその後の律速過程（ES →）とが含まれるので、結合過程のみのタンパク質については、酵素の結合過程の解析だけを利用すればよい。

　　立体構造解析や**分子機能解析**には多くの測定方法が知られているが、いずれの方法にも長所と欠点がある。そのため、なるべく多くの測定方法を経験して、それらの長所と欠点を実感しておき、自分の研究の目的に応じて、測定方法を使い分けることが得策である。

　　一般に、生命科学で使う測定法は、物理学的方法を使うことが多い。そのため、**基礎的な物理学**を修得しておくと、測定結果をより深く理解することができるとともに、さらに、その測定方法を改良することも可能となる。さらに、物理学的方法で測定した生命現象を、化学反応として理解できる局面が年々増加しているので、測定結果を原子レベルで理解するためには、**化学**を修得しておく必要性が高まってきた。それらの修得を自分一人で行うのが無理でも、少なくとも共同研究者と意見交換できる程度の物理学や化学を修得しておくと、多くの研究方法を活用できるチャンスが格段に広がる。

1）　立体構造解析：データベースの活用

　　立体構造解析については、まず、データベースを調べてみる。たとえ自分が研究しようとしているタンパク質の立体構造情報が無くても、アミノ酸配列が 30％以上同一のタンパク質の立体構造情報が PDB に存在すれば、**第 3 章**（**図 3-14**）で紹介したように、タンパク質のポリペプチド主鎖の立体構造を短時間で予測することが可能である。

2）　立体構造解析：電子顕微鏡や結晶解析で原子配置を知る

　　原子分解能のクライオ電子顕微鏡（cryo-electron microscopy（Cryo-EM））が登場したことによって、原子分解能の生命科学が劇的な変化を遂げつつある。この Cryo-EM では、タンパク質の水溶液を瞬間凍結して直接観察すればよい。得られる立体構造の分解能が、約 1.5 Å に達する場合もある。

　　Cryo-EM によって解析されたタンパク質の PDB 年間登録数が、2020 年にはすでに NMR による年間登録数を超えているが、間もなく X 線結晶解析による年間登録数も超えると予想されている。

　　Cryo-EM による解析数が増加している大きな理由は、タンパク質を結晶化する必要のないことであり、それが X 線結晶解析と大きく異なる点である。一般に、タンパク質の結晶化の成功率は高くないので、X 線結晶解析を行うために、(1) 結晶化ロボットを利

用して多くの結晶化条件をスクリーニングしたり、（2）研究対象と類似のタンパク質を多く集めて、結晶化が可能なタンパク質を探し出す努力が行われてきた。しかし、Cryo-EMの出現によって、そのような努力をする機会は少なくなるであろう。

　今後のX線結晶解析は、Cryo-EMで分子構造を調べた後、さらに、1Åよりも高い分解能が必要な場合に使われるようになるであろう。短時間の反応過程の解析に、X線自由電子レーザー（X-ray free electron laser（XFEL））が利用されることもある。

　X線結晶解析やCryo-EMは、低温の凍結状態で測定されている[14]。同じ結晶解析でも、中性子線結晶解析は（1）常温で測定できるとともに、（2）水素原子（H）の位置がわかりやすいという特徴がある。この特徴を利用し、pHを変化させて基質や酵素のアミノ酸側鎖に結合したH^+の割合を解析すれば、pK_aの情報も得られるので、反応過程でプロトン（H^+）を授受する多くの酵素の反応機構を知る上でとても役立つ。

　これらの原子分解能の立体構造解析からは、写真のような**静止画に近い情報**を得ることができる。もし、反応過程の静止画を時系列で並べることができれば、映画のような動画が作れるかも知れない。

3) 立体構造解析―核磁気共鳴法（NMR）で各原子の動きを知り、プローブ顕微鏡などで分子全体の動きを見る―

　立体構造解析法の中で、核磁気共鳴法（nuclear magnetic resonance（NMR））は、原子分解能で立体構造を解析できるだけでなく、溶液中で機能しているタンパク質の**各原子の動き**に関する情報が得られるので、今後はますます利用されるようになるであろう。**固体NMR測定法**が膜タンパク質の研究などにも利用されている。

　原子分解能ではないが、分子全体の動きを**原子間力顕微鏡**（atomic force microscope（AFM））などのプローブ顕微鏡を利用して、分子全体の動的な情報を得ることができる。

　さらに、標識した分子を光学顕微鏡などで追跡する方法も併用すると、分子の動きに関する情報が充実してくる。ただし、分子を標識すると、本来の性質と異なっている可能性があるので、別の方法で標識の影響を確認しておく必要がある。

4) 分子機能解析

　分子間相互作用（**図2-5参照**）の平衡状態や反応速度を測定する方法の一部を、**表4-3**に紹介した。この表では、細胞機能や分子機能の解析に最適で、定量的な結果が得られる方法には◎、有用な方法には○、定性的な結果が得られる方法には△を付けてみた。次の欄には、測定方法の長所や短所を記載した。

　生体分子の解析方法については多くの資料があるが、日本蛋白質科学会ホームページ

14）生体内で実際に働いている温度に近い条件でのX線結晶解析も注目されつつある。

の「蛋白質科学会アーカイブ（http://www.pssj.jp/archives/）」に掲載されている「プロトコール集」が役立つ。その他、国内外の学会などからもさまざまな実験書が出版されているほか、ネット上の実験操作法の動画、とくに装置を製作した企業の動画なども参考になる。

NMR は立体構造解析の項でも紹介したが、平衡状態における原子の動きなど、多くの情報を得られる。さらに、濃度変化によって平衡定数（解離定数、またはその逆数の結合定数）も求めることもできる。ただし、測定に必要なタンパク質濃度が約 0.1 mM と比較的高いのが難点である。そのため、強い相互作用の平衡定数を決めるためには、より低濃度で測定する方法、たとえば**蛍光スペクトル**を利用する。

電気泳動は、約 1 時間程度の時間を要するので、平衡状態に近い情報を得ることができ、分子生物学の分野などで広く使用されている。また、電気泳動の方向と垂直方向に変性剤濃度の勾配をつけた二次元電気泳動ゲルを利用して、タンパク質の安定性を調べる試みもある。

カラムクロマトグラフィーはタンパク質精製に利用されるが、ゲル濾過クロマトグラフィーの溶出位置から分子量を推定する方法もよく利用される。溶出液の光散乱と屈折率を同時測定すると分子量がわかるので、ポリマーの分子量分布を測定する方法に利用されている。なお、ゲル濾過クロマトグラフィーの溶出から分子量を推定する場合、担体にわずかに残った正電荷や負電荷の影響を少なくするために、少なくともイオン強度 0.1 以上の溶媒を利用することが望ましい。

超遠心法は、タンパク質の精製などにも広く使用されているが、平衡状態の定量的な解析ができる**沈降平衡法**と、半定量的な解析ができる**沈降速度法**とがある。

共鳴プラズモン現象（**図 4-11**）や水晶発振子を利用して、片方の分子を基盤に結合させ、そこにもう一つのリガンドを加えることによって**結合過程**を調べ、そのリガンドを抜いて**解離過程**を調べる方法が、よく使われる。その解離速度と結合速度との比から、平衡定数が求められる。

表 4-3　測定方法の特徴

細胞機能	立体構造	平衡定数	速度定数	精製	測定法	得られる主な情報
△					DNA（RNA）塩基配列解析	
○					mRNA解析（trasctriptomics）	
○					タンパク質発現解析（proteomics）	
○					代謝物質解析（metabolomics）	
	構造◎	△	△	△	質量分析	分子質量
◎					イメージング	分子の細胞内や組織中の分布
◎	◎	○			電子顕微鏡（cryo-EM）	立体構造（低温）
	◎	○			X線結晶解析	立体構造（低温の結晶状態）
	◎	○			中性子線結晶解析	立体構造（室温の結晶状態）
	○				X線小角散乱（溶液）	分子全体の概形
	○				中性子線小角散乱（溶液）	分子全体の概形、タンパク質分子の揺らぎ
	◎	◎	◎	○	NMR	立体構造（溶液状態）、各原子の動き
	○	○	△	△	原子間力顕微鏡（AFM）　その他のプローブ顕微鏡	分子の動き
	○	△	△		分子イメージング（ライブイメージング）	分子単位での存在位置
		○	△	◎	電気泳動：非変性状態	分子単位での強い相互作用
		△	△		変性剤存在下	変性状態での分子量
	△	○	○	△	変性剤の濃度勾配存在下	タンパク質の安定性の変性剤濃度依存性
		△	△	◎	等電点電気泳動	等電点
	○	△	△	◎	カラムクロマトグラフィー（ゲル濾過）	分子量
	◎	△	△	○	さらに、散乱と屈折率を同時測定	分子量分布
	◎	○		○	超遠心：沈降平衡	分子量
	○	△		○	沈降速度	分子量の近似値
		◎	○	◎	共鳴プラズモン	結合過程と解離過程の時間経過
					水晶発信子を利用した測定方法もある	
		◎	○		熱量測定：等温滴定型熱量測定（ITC）	分子間相互作用の平衡反応
		◎	○		熱量測定：示差熱量測定（DSC）	タンパク質などの安定性の平衡反応
					円偏光二色性（CD）スペクトル	二次構造やアミノ酸側鎖の立体構造変化
	○	○	○		150-180nm（真空紫外領域、放射光利用）	平行と逆平行のβ-シートの区別が可能
	◎	◎	○		200-250nm	変性・再生などに伴う立体構造変化

長　所	欠　点
ナノポア型の装置が開発され、簡便な方法となった。配列決定とともに、定量測定も可能。	解析装置は、飛躍的な発展を遂げつつある。
質量分析法で定量測定。	異なる条件間の増減解析は比較的容易。濃度決定には、各分子の濃度が既知の標準溶液を準備する必要がある。
質量分析法で定量測定。	
高精度で、FT-ICR MS なら、約 1ppm 以下の誤差。	各物質のイオン化が異なるため、定量化には濃度既知の各溶液が必要。
結晶化の必要が無い。	電子線による破壊のため、トモグラフィーのみでの高分解能は難しい。
0.2nm よりも高分解能の場合もある。	単粒子解析法は、混在するコンフォーメーションの数に上限がある。
1mm の結晶でも解析できる場合がある。	結晶化が必要。水素原子の位置は、0.1nm より高分解能が必要。
水素原子の位置もわかる。常温で測定可能。	X 線結晶解析よりも一桁大きい結晶が必要。
放射光の利用が容易な軽水素と重水素ラベルでサブユニットを分けて、相互作用した立体構造を調べた例がある。	高濃度のタンパク質溶液が必要。
溶液状態で測定可能なので、各原子の揺らぎもわかる。H, C, N などの各原子の磁気的環境を反映。	分子量が数万以上は難しい。
分子の動きを直接観察することができる。	分解能は高く無いので、他の方法での原子分解能の情報取得が望ましい。
生体中における分子の存在場所や動きを、直接観察できる。	分解能は分子単位。観察用の標識部分の影響を確認しておく必要あり。
強く相互作用する分子（Kd<1pM?）が単離できる。	強い相互作用のみが検出される。
精製にも利用される。	
2D 電気泳動の垂直方向の変性剤濃度勾配から簡便に安定性の平衡値がわかる。	高精度の結果を得るのは難しい。
精製にも利用される。	
分子量分析のほか、精製にも利用される。	カラム担体と分子が特異的相互作用をする場合がある。
混合溶液中の分子量分布がわかる。	
精製にも利用される。	
精製にも利用される。	
結合と解離の両速度定数がわかる。	固定する基盤にポリマーが存在する場合は、高分子間の解離速度に影響？
熱測定によって、平衡定数の温度変化ではなく、直接 ΔH がわかる。	比較的タンパク質濃度が高いので、強い相互作用は測定できない。（→蛍光の photon counting 法を利用）
	可逆変性のタンパク質のみが測定対象。
わずかなタンパク質量（0.01mg 程度）で測定可能。	
α-ヘリックスの含量（割合）だけは推定可能。	β-シートの含量の定量性は無い。

			方法	得られる情報
◎	◎	○	250nm 以上	アミノ酸側鎖やリガンドの環境変化
◎	○	◎	吸収スペクトル	二次構造やアミノ酸側鎖の立体構造変化
			蛍光スペクトル	アミノ酸側鎖や導入プローブの環境変化
◎	◎	○	連続光	
◎	◎	○	光子数測定（photon counting）	
○	○	○	赤外スペクトル	原子間結合の振動など
◎	◎	◎	ラマン散乱スペクトル	原子間結合の振動など
△ △	△	△	計算機科学	

◎，とても適した方法
○，適用できる方法
△，ある程度の情報が得られる

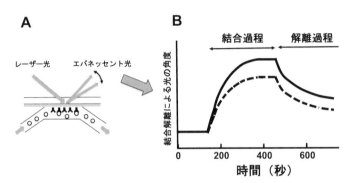

図4-11 共鳴プラズモン現象を利用した、結合過程と解離過程の解析
装置の原理（A）と測定結果の例（B）

　滴定型熱量計（isothermal calorimeter（ITC））は、分子間相互作用の熱力学的パラメーター（$\Delta G, \Delta H, T\Delta S, \Delta c_p$ など）を与えてくれる（**図4-12**）。その結果から、どのような現象が起こっているかが推定できる。その推定をもとにして統計力学的なモデルを作成し、計算をしてみて、実験結果が再現できれば、「モデルのように反応が進行している可能性がある」ということになる。ただし、そのモデルが正しいとは限らないので、次のステップとして（1）そのモデルから新たな実験結果を予測し、（2）実際に実験をしてみて、予測された結果と一致すれば、モデルが正しい可能性が高くる。

　さらに、滴定型の熱量測定を利用すると、緩衝液の種類を変えることによって、分子間相互作用に関与する解離基が推定できることもある（高橋，深田，1987 **熱測定 14**, 20-32）。

　タンパク質の安定性を平衡状態で解析するには**示差走査熱量計**（difference scanning calorimeter（DSC）、**図3-26**）が役立ち、タンパク質の構造形成速度や変性速度を解析するには、以下のような種々の分光学的方法が利用される。

アミノ酸側鎖の環境変化が少ない特徴を利用して、タンパク質濃度決定が可能。	アミノ酸側鎖の環境変化が少ないので、相互作用解析への利用は難しい。
蛍光の変化が少ない場合は、偏光解消の測定も可能。	
最も感度の良い測定方法。強い相互作用の測定に最適。	
	水分子の吸収が大きいので、光路長の短いセルを使用。
水分子の吸収は妨げにならない。	
酵素反応の遷移状態など、実験を補完できる。	現象の説明だけで無く、予測ができるレベルにまでなれば良いのだが？

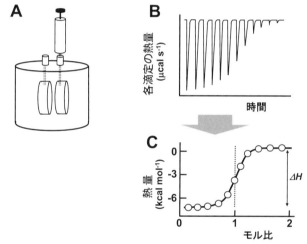

図 4-12　滴定型熱量計（ITC）を利用した相互作用解析
装置（A）と、測定結果（B）および解析の例（C）

　分光分析法の中で**分子機能解析**によく利用されてきたものには、光の**吸収・蛍光・円二色性・ラマンスペクトル**などがあるが、吸収スペクトルを利用して酵素反応過程を解析した例は本章前半でも紹介した。その分光法を含めた測定方法と、測定波長や一般的な利用例を図 4-13 に示した。

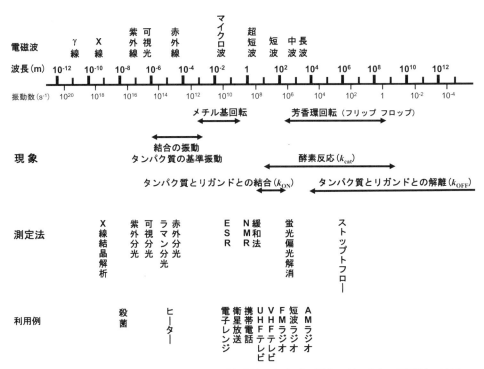

図 4-13　タンパク質に関連する現象と、測定方法、および、測定に利用される電磁波の波長

　一般に分光法は、一つのスペクトルから定量的な情報を得ることは難しいが、相互作用によるスペクトル変化を利用して、分子間の結合・解離を調べることができる。

　例外として、**円二色性**（circular dichroism（CD））**スペクトル**の 200 〜 250 nm の領域は、タンパク質の α–ヘリックスの含量をわずか 10 μg のタンパク質量で推定できる。ただし、β–シートの含量の推定は難しいことが知られている。そのため、装置に添付されているプログラムを利用して β–シートの含量を求めることは避けた方がよい。もし、β–シートの定量的な情報を得たい場合には、約 150 nm 近傍までの真空紫外領域で CD を測定するのも一つの方法である。

　α–ヘリックスや β–シートの二次構造含量が正確にわからなくても、CD スペクトルを利用すると、溶液中のタンパク質全体の立体構造変化がわかることもあるので、よく利用されている。

　注意点としては、CD スペクトルや蛍光スペクトルの強度（スペクトルの縦軸）は、装置の状態によって異なるので、標準物質で確認しておく必要がある。ただし、強度の情報を利用しない場合には、その作業の必要はない。

　一般に、2 種類の分子間の相互作用 E＋S ⇌ ES の平衡定数を決めるためには、結合状態（ES）と非結合状態（E または S）の割合を変化させる必要があるので、解離定数（単位は M）と 2 種類の分子の濃度（単位は M）の三つのうち、少なくとも二つは、解離定

数に近い濃度で、変化させることになる。そのため、分子間の親和性が高い（解離定数 K_d が小さい）場合には、低い濃度で測定する必要がある。そこで、**蛍光のフォトンを計測する方法**（photon counting）が有効である。ただし、そのような低濃度の分子は、容器の表面に吸着して分子濃度が変化する可能性があるので、滴定して濃度変化させる分子だけでなく、滴定される分子の濃度も2～3段階変化させてみて、同じ結果が得られることを確認しておく必要がある。

　赤外線の波長領域では、水の吸収と重なるため**赤外線スペクトル**[15]の測定が難しい場合があり、**ラマンスペクトル**が利用される。

　反応速度は、**ストップトフロー法**や**緩和法**を用いてさまざまな**分光法**で測定できる。1/1000秒単位の速い反応を測定したい場合には、短時間で溶液を混合して反応を追跡するストップトフロー法を利用する。その際には、ピストンを下から上昇させて混合するタイプの装置が使いやすい。逆に、上部から空気圧をかけて下部で混合し反応させる装置の場合に、比重の異なる溶液などを反応させようとすると、反応前に混合してしまう傾向があるので、装置の扱いに慣れるまでに時間を要する。

　さらに高速の反応を $1/10^{10}$ 秒単位で測定したい場合には、**緩和法**を利用する。この方法では、（1）あらかじめ相互作用する分子を平衡状態にしておき、（2）瞬間的に圧力や温度をかけてその平衡を変化させた後、（3）平衡状態へ戻る過程を解析する。この方法の長所は、速い反応過程を測定することができることだが、酵素反応のように多くの中間体が存在する場合には、解析が難しくなる。そのため**緩和法**は、単なる**結合・解離の反応**のみを測定する場合に有効であろう。

　なお、**共鳴プラズモン現象**を利用した分子間相互作用の解析も、これらの高速反応測定の結果と、一度比較しておくとよいであろう。

　希薄溶液条件と細胞内の**高濃度条件**との違いについて、考えておく。上記のようにして求めた相互作用は、細胞内のように分子が密集している環境とは大きく異なることが、**molecular crowding** として知られている。我々が通常測定できるのは分子の濃度（c）だが、実際に熱力学的な実効濃度（活量や活動度と言われる）は、大きな分子ほど相互作用が強くなることが知られているので、試験管内で得られた結果を、細胞内などでの反応に利用する際には、そのことも考慮する必要がある。

　さらに、熱力学的取り扱いも、平衡状態だけでなく、非平衡の熱力学による取り扱いも必要になる。

15）**赤外線**は、果物の糖度測定や、ヒトの血流測定などにも利用されて、実用的にとても役立っている。

参考文献

（★★★，★★，★の記号は、演習用の論文・書籍として適していると思われる参考指標）

酵素反応測度論の分野は、ある程度完成しているので、学習に適した多くの書籍がある

Dixon, M. and Webb, E.C.（1964）"Enzyme", Academic Press（訳本：江上不二夫他訳（1970）"酵素", 白水社）★★
　酵素学の古典的名著。第4章の酵素反応速度論は、実験例とともに説明されているため、実験的感覚を身に付けることができる。

橋本隆（1971）"酵素反応測度論—基礎と演習—", 共立出版★★
　定常状態の酵素反応速度式を、コンパクトに記載した書籍。

廣海啓太郎（1978）"酵素反応解析の実際", 講談社★★★
　酵素反応の定常状態解析および前定常状態（遷移相）解析の、原理から、測定法や測定装置の開発、そして解析法まで、バランスよく書かれた書籍。酵素反応解析の初心者から上級者まで役立つ。その後の蛋白質工学的研究の進展を含めたのが
廣海啓太郎（1991）"酵素反応", 岩波書店★★
小野宗三郎編著（1975）"入門酵素反応測度論", 共立出版★★
　同じ研究グループの共著によるもので、定常状態の解析がとてもコンパクトに記載されている。

中村隆雄（1993）"酵素キネティックス", 学会出版センター★★★
　酵素反応の定常状態解析および前定常状態（遷移相）解析に関する広い内容が、とてもコンパクトにまとめられた書籍。数値解析も多く、酵素反応解析の初心者から上級者まで役立つ。この他にも、人間生活との関わりの解説を含めた
中村隆雄（1991）"酵素のはなし", 学会出版センターや
中村隆雄（1998）"酵素のA・B・C", 学会出版センターなどもある。

Fersht, A.（1999）"Structure and Mechanism in Protein Science", W.H.Freeman & Company（訳本：桑島邦博他（2006）"タンパク質の構造と機構", 医学出版）
　立体構造情報やアミノ酸置換法も活用しつつ、酵素反応の内容も、タンパク質の構造形成の内容も、一冊の本に含めた数少ない書籍。

その他にも多くの書籍や総説があるので、上記の文献に引用されている文献リストなども参考にされたい。

その他の参考文献

Pace, C.N. *et al.* （1995）"How to measure and predict the molar absorption coefficient of a protein", *Proteins* **4**, 2411-2423
　　タンパク質濃度を分光学的に決定するためのモル吸光係数（ε_M）が記載されている。その簡略法は、Kuramitsu, S. *et al.*（2000）。

Radzicka, A. and Wolfenden, R.（1995）"A proficient enzyme", *Science* **267**, 90-93 ★★★
　　現存する酵素の k_{cat}/K_m は、理論的に可能な最大限まで進化していることをまとめた総説。

Wells, J.A. and Estell, D.A.（1988）"Subtilisin – an enzyme designed to be engineered", *Trends Biochem. Soc.* **13**, 291-296
　　トリプシンやきもトリプシンと同様のセリンプロテアーゼの一つで、アルカリ性にも安定なため、洗濯用の洗剤などに使われている。さらに改良して利用するために、多くの基礎研究がなされてきたことが、本総説の引用文献からもわかる。

倉光成紀、杉山政則編（2007）"構造生物学―ポストゲノム時代のタンパク質研究―"，共立出版
　　代謝系酵素群を中心として立体構造解析を行ったプログラムのまとめ。医療・薬学や産業に利用されている代謝系酵素群の例が、紹介されている。

倉光成紀（2011）"タンパク質は必ず発現させることができる！", Merck, Quest Map, Vol. 1）
　　遺伝子操作を利用して細胞（とくに大腸菌）にタンパク質を作らせるための、さまざまな工夫が記載されている。

浜口浩三，倉光成紀（1981）"リゾチームの活性部位の構造"，「タンパク質化学 5―構造と機能（2）―」（赤堀四郎他編）p.137-241，共立出版
　　ニワトリ・リゾチームの触媒基のイオン化などについて、1975 年頃になってようやく決着がついたが、その研究過程などもまとめられている。

本章に関連した研究テーマの例

1. 酵素と基質の結合・解離

　　酵素分子の基質結合部位に基質分子が結合する際に、酵素分子近傍に多種類の分子が存在しても、特定の基質分子を選択して結合できるのはなぜ？　基質分子が酵素に近づいて、結合するまでの短時間（たとえば 10^{-10} 秒）に、どのような原子間相互作用が起きているのだろうか？　また、本来の基質で無い分子が結合した時には、酵素分子や基質分子のどの部分が働いて、どのようにして解離するのだろうか？　さらに、反応が完了した後で、酵素分子と生成物分子が解離する際には、どのような原子配置の変化が生じるのだろうか？

2. 遷移状態の立体構造

- 酵素反応の遷移状態（第4章）や、タンパク質の立体構造形成の遷移状態（第3章）の立体構造は、どうすればわかるだろうか？
- また、現在の遷移状態理論を、さらに改良することは可能だろうか？

3. 酵素の遷移状態の立体構造データベース作成

酵素の触媒反応を理解するためには、律速段階にある遷移状態の立体構造を推定したデータベースがあると、酵素反応の理解に役立つのだが。

タンパク質の立体構造データベース（PDB）には、実験的に決められた立体構造情報のみが収集されているので、遷移状態の立体構造情報は含まれていない。あるとしても、少数の酵素に、遷移状態アナログが結合した立体構造情報のみである。計算機科学の予測精度が上がれば、シミュレーションなどにより遷移状態の立体構造を推定できるようになるだろうか？

4. 酵素と基質との静電的相互作用

「pHで電荷が変化する酵素タンパク質」と「電荷をもつ基質」との静電的相互作用があることを考えると、活性の $\log(k_{cat})$ や $\log(K_m)$ のpH変化の傾きが0や±1の整数値になり、それらからあまりずれないのは、不思議のように思われる。酵素タンパク質の電荷は、イオンの弱い結合（イオン雰囲気）によって、ある程度打ち消されるのだろうか、それとも、基質結合部位の遮蔽効果のためだろうか。あるいは、静電的相互作用の効果が小さく、実験誤差範囲に含まれているため、傾きが0や±1などの整数値で表せると解釈してしまっているのだろうか。

5. 酵素分子は、なぜ「へちゃげ」ないのか？

酵素分子の基質結合部位は疎水性で、タンパク質のドメイン間に存在すること多い。そこへ基質分子がやってくると、タンパク質のドメイン間が締めつけるように動いて、基質分子と結合する。しかし、基質分子が存在しない場合の酵素の構造は、疎水性の活性部位を開いた状態（アロステリック酵素のT状態に相当？）で、基質分子が近づくのを待っている。エネルギー的には、疎水性の活性部位を閉じた方が安定と思われるが、活性部位を開けた状態を保つような酵素の構造になっている。そのような酵素分子を作るための原理は、どのようなものだろうか？

第**5**章

タンパク質の分子機能解析と残された謎

第4章では、タンパク質の構造・機能を調べる実験法を紹介するとともに、定常状態の定常状態の反応解析を行えば、ごくわずかの酵素量でk_{cat}とK_mなどの情報が得られることを紹介した。k_{cat}とK_mには多くの反応過程が含まれていることが多いので、それらの反応過程をさらに分離し、立体構造情報と結びつけることができれば、反応過程をより詳細に理解できるようになる。**第5章**では、その一般的方法を紹介する。

1. 活性部位のアミノ酸媒基の役割を調べる一般的方法

酵素の**活性部位**には、基質の共有結合を切ったりつないだりして**触媒基**として働くアミノ酸残基と、**基質結合部位**のアミノ酸残基とが存在する。本節で、それらの役割を調べる方法を要約した後、その後の節で、具体的な例の一部を紹介する。

1.1 触媒基について調べる方法

一般に、タンパク質分子の機能を調べるには、立体構造解析と並行して、反応速度論的解析などを行う。まずは、律速段階で関与する触媒基を同定する。酵素反応には、酸塩基触媒反応、ラジカル反応、酸化還元反応などさまざまな種類が存在するが、多くの加水分解酵素のように酸塩基触媒で反応が進む場合の触媒基の候補は、Asp、Glu、His、Cys、Tyr、Lys などの解離性側鎖の場合が多く、α-NH_3^+、α-COO^-、金属イオン、補酵素のリン酸基、その他を利用する場合もある。

触媒基の候補となるアミノ酸残基を探すためには、まず、「基質は疎水性相互作用で酵素と結合する」という経験則を利用して、タンパク質分子の疎水性の窪みを探す。次に、その窪みに存在する解離性側鎖を探し、その解離の中からpK_a値（図2-4、5）が、本来酵素分子が存在する環境の pH に近いpK_aをもつアミノ酸残基を触媒基の候補とする。

酵素反応のk_{cat}とK_m、そしてそれらから計算されるk_{cat}/K_mの pH 変化から、ある程度、触媒基を推定することができる**第4章の**（「**2.4　k_{cat}とK_mの pH 依存性から得られる酵素反応機構の情報**」参照）。また、基質類似物が結合した状態でのpK_aを NMR などで解析することもできる。さらに、それらのpK_aの温度依存性を調べて、解離のエンタルピー変化（ΔH）がわかれば、反応に関与する側鎖を推定することもできる。たとえば、

解離基の Asp や Glu なら ΔH は $+/-1$ kcal mol^{-1}（ほぼゼロ kJ mol^{-1}）、His、Cys、Tyr なら $+6 \sim 7$ kcal mol^{-1}（約 25 kJ mol^{-1}）、Lys なら $+10$ kcal mol^{-1}（約 40 kJ mol^{-1}）である。

　ここまでは、精製した野生型の酵素タンパク質があれば可能な解析法だが、遺伝子を操作してアミノ酸置換を行う解析法もよく使われる。その方法では、（1）触媒基の候補となるアミノ酸残基を遺伝子操作で他のアミノ酸残基に置換して、酵素活性が無くなることを確認すると同時に、（2）cryo-EM や、X 線結晶解析、NMR などで置換アミノ酸の近傍の立体構造が壊れていないことを確認する。その結果、立体構造が壊れていないことを確認できれば、その置換したアミノ酸残基が触媒基と考えられる。さらに触媒基の pK_a は一般にその酵素が存在する pH に近いことが知られているので、確認のために基質類似物質と複合体を形成した際の触媒基の pK_a を、NMR や中性子線結晶解析などを種々の pH で解析し、触媒反応の律速過程から求められる pK_a とほぼ一致すれば、その残基が触媒基である可能性がより高くなる。

　アミノ酸置換と類似の方法に、化学試薬によってアミノ酸残基を修飾する方法がある。その理想的な場合は、一つのアミノ酸残基が化学修飾されただけで、酵素が完全に失活する場合である。その修飾されたアミノ酸残基を質量分析法によって同定できれば、触媒基が推定できることになる。この方法の長所はアミノ酸置換法よりも多種類の化学反応が利用できることだが、欠点は副反応が避け難いことである。そこで、化学試薬と反応させた後に、カラムクロマトグラフィーによる分離が必要になることが多い。

　一般に、触媒基と基質との関係は非常に厳密にできているため、触媒基は酵素分子の固い部分に存在する。そのような厳密さのために、人工酵素の作製は難しいのが現状である。

1.2　基質結合残基について調べる方法

　基質結合については、遷移状態が含まれる触媒基と異なり、アミノ酸置換による結合エネルギーの変化を立体構造情報から、ある程度予測できるようになり、創薬などにも広く利用されるようになった。そのような予測が可能になった理由は、タンパク質の立体構造情報が多く得られるようになったことと、計算機科学が進展したことである。

　なお、酵素によっては、基質結合部位から遠く離れたアロステリック部位の影響を受ける場合もあるが、アロステリック部位の影響の有無による立体構造情報が入手できれば、基質結合への影響を推定することも可能である。

　これら基質結合部位のアミノ酸残基や触媒基の役割については、以下の具体例がとても役立つ。

2.　分子機能を広く学ぶことができるタンパク質の例

　ヒトにある 2 万種類のタンパク質は、それぞれ異なる立体構造をしており、異なる分子機能を果たしている。しかし、それら多くのタンパク質には共通の原理や法則がある

ので、これまでによく研究されたタンパク質を理解しておけば、他のタンパク質の理解にも応用できることが多い。代表的なタンパク質としては、**ミオグロビンとヘモグロビン**、**セリンプロテアーゼ**、**リゾチーム**、**Tyr-tRNA 合成酵素**などある。これらについては、教科書の一章全体を使って分子機能と立体構造の関係を説明しているものもある。それらの教科書や最近の総説を利用して、タンパク質の概略を理解した後、必要に応じて、原著論文から詳細な情報を得るとよいであろう。ここでは、それらのタンパク質を通して明らかになった「多くのタンパク質に適応できるであろう一般的法則や実験方法など」を簡単に紹介する。

2.1 ミオグロビンとヘモグロビン

ミオグロビンや**ヘモグロビン**は、酸素（O_2）の貯蔵や運搬を行っていることで、よく知られている。ミオグロビンは単量体で、酸素と結合・解離して酸素を貯蔵し、ヘモグロビンはミオグロビンと似たサブユニットの4量体（$\alpha_2\beta_2$）で、酸素を運搬している。それらの立体構造に秘められた分子機能は、「長い生物進化の過程だけでできた」とは信じ難いほど、巧妙な仕組みによって発揮されている。

これらのヘモグロビンとミオグロビンを例にして理解できることは、たとえば以下の点である。

(1) ヘモグロビンは複数のサブユニット（4量体）からできているので、**アロステリック効果**という仕組みを使って、酸素分子が結合したサブユニットの割合が増えるほど、酸素への親和性を増すことができる。

(2) ヘモグロビンの4量体会合面に $CH_2(OPO_3{}^{2-})$-$CH(OPO_3{}^{2-})$-COO^-（D-2,3-bisphosphoglycerate(2,3-DPG)）が結合すると、酸素分子への親和性が低下する。酸素濃度の低い高山に登る際に時間をかけてゆっくりと登る理由の一つは、ヘモグロビンのこの性質を利用するためである。ゆっくり登る間に血液中の2,3-DPGの濃度が上がるので、高山病になりにくくなる。

(2,3-DPG を利用して酸素親和性を調節するヘモグロビンのように、「タンパク質が本来備えている能力を、日頃は抑えておいて（隠しておいて）、いざという時に本来の能力を発揮する」仕組みは、複数のドメインからなるシグナル伝達系のタンパク質や、アロステリック酵素（タンパク質）で、しばしば使われる一般的な方法である。)

(3) ヘモグロビンが肺で酸素を受け取り、肺よりも酸性の抹消血管に移動すると、酸素が解離しやすくなる。

(4) また、ヘモグロビンは、抹消血管で不要になった二酸化炭素（$CO_2+H_2O \rightleftharpoons H^++HCO_3{}^-$）を、ヘモグロビンのアミノ基に結合して（$-NH_2+HCO_3{}^- \rightleftharpoons -NH-COO^-+H^+$）、肺へ持ち帰ってくることもできる。

(5) さらに、胎児は、胎盤で母親から酸素を受け取るために、母親のヘモグロビン（$\alpha_2\beta_2$）よりも酸素への親和性が高いヘモグロビン（$\alpha_2\gamma_2$）を使っているが、生後

間もなくヘモグロビンの $\alpha_2\gamma_2$ は $\alpha_2\beta_2$ に代わる。

（6）ヘモグロビンからミオグロビンへ酸素をスムーズに受け渡すために、酸素へのそれぞれの親和性が、進化の過程で設定されている。

その他のミオグロビンやヘモグロビンの仕組みが、多くの教科書に紹介されている。

2.2 セリンプロテアーゼ

トリプシンやキモトリプシンなどのセリンプロテアーゼの反応機構には、人工タンパク質では再現することができない巧妙な仕組みが備わっている。Ser, His, Asp からなる触媒基の三つ組（catalytic triad）と言われる部分を中心にして、反応過程を示したのが図 5-1 で、酵素の活性部位で基質のペプチド結合が加水分解される過程を表している。この図で示すように、基質が結合する前の活性部位 A に基質のタンパク質が結合すると B になり、その後の反応は C → D → E → F → G → A と反応が進み、生成物が酵素から解離すると加水分解が完了する。（註：疎水性の溶媒中では、反応を逆向きに働かせてアミノ酸をつなぐこともできる。その反応を利用して、人工甘味料のペプチドなども合成されている。）ここで、B → C → D → E と E → F → G → A は、類似した反応が逆方向に進んでいることがわかる。両反応過程の大きな違いは、B → C → D → E の窒素原子（N）が結合する位置に、E → F → G → A の酸素原子（O）が結合して、反応が進む点である。それによって、同じ反応を逆向きに利用することで、一連の加水分解反応を遂行することが可能になっている。このようなレベルにまで、酵素分子が進化していることは驚きである。

このように、同じ反応を逆向きに利用することで、一連の加水分解反応を遂行する酵素は数多く存在する。そのような酵素の場合は、タンパク質工学を利用して B → C → D → E の反応速度を上げると、逆反応の E → F → G → A の速度が低下するような実験結果が得られるかもしれない。

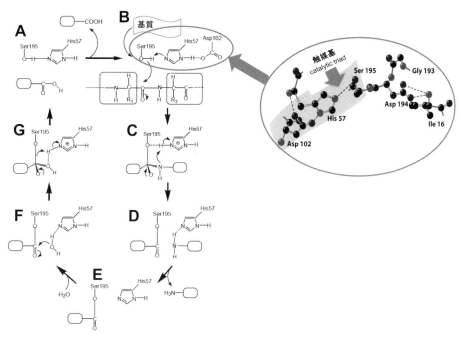

図 5-1　セリンプロテアーゼの触媒反応機構

　トリプシンやキモトリプシンと同様の触媒基をもつスブチリシン（subtilisin）は、熱
安定性が高いだけでなく、アルカリ性にも安定である。そのためスブチリシンは、遺伝
子操作によって大量に作られて、洗濯用の洗剤に添加され、衣類に付着したタンパク質
の汚れを分解・除去するために使われている。そのスブチリシンを改良するために行わ
れた、さまざまな基礎研究については、Wells and Estell（1988）の総説やその引用文献
を参照されたい。

コラム 5-1.「プロテアーゼのさまざまな触媒基」

　タンパク質分解酵素（プロテアーゼ）には、セリンプロテーゼのほかに、触媒基が Cys と His の**チ
オールプロテアーゼ**（例：パイナップルなどに含まれているパパインやブロメライン）、触媒基が Asp
などの**酸性プロテアーゼ**（例：ヒト免疫不全ウイルス（HIV）の HIV プロテアーゼや、胃で働くペプシ
ン）、金属イオンを中心とする**金属プロテアーゼ**（例：サーモリシンやカルボキシペプチダーゼ）など
がある。プロテアーゼは、細胞がタンパク質を再利用するオートファジーなどにも寄与して重要な
働きをしており、創薬ターゲットとしても注目されている。

2.3 リゾチーム

リゾチームは、pH滴定が約 −1（12 N HCl）から12まで可能な（Kuramitsu and Hamaguchi, 1980）唯一のタンパク質であることに象徴されるように、とても安定で、さらに可逆変性もするので、**表4-3**のようなさまざまな研究法を試行する際のタンパク質としてよく利用されている。

リゾチームの触媒基の pK_a については、1975年頃になってようやく決着がついたが（浜口，倉光，1981）、触媒反応過程については、リゾチームの多糖基質を加水分解する活性と、糖鎖を連結するための糖転移の活性（合成反応）とが拮抗するため、解析が難しいことが知られている。末端に蛍光色素を付加した基質を使用する工夫なども行われているが、反応機構についてはまだ多くの課題が残されている。

2.4 Tyr-tRNA 合成酵素

この酵素については、Alan Fershtらのグループによって多くの研究がなされており、「タンパク質工学をこれまでの酵素研究法に加えれば、酵素の反応過程をどこまで理解できるか」を知ることができる。その概要については、Fersht（1999）"Structure and mechanism in protein science" の第15章、および、その引用文献が参考になる。酵素によって、TyrとATPからTyr-AMPができる過程だけでも、**図5-2**のような解析がなされており、その後tRNAと反応してTyr-tRNAができるまでの反応過程も解析されている。

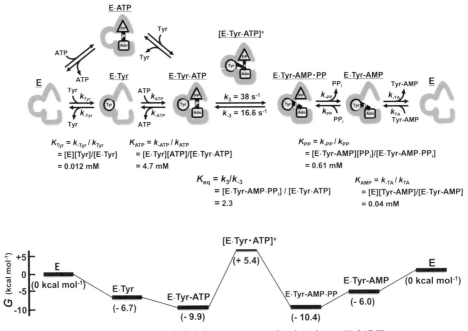

図5-2　Tyr-tRNA合成酵素でTyr-AMPができるまでの反応過程

3. 二基質酵素に秘められた謎

本節では、二基質酵素について、**第3～4章**で紹介した立体構造解析法と分子機能解析法を利用した具体的な研究例を紹介するとともに、研究の過程で遭遇した不思議な現象のいくつかを紹介する。

酵素については、これまでの研究によって多くのことがわかっているように思われがちだが、まだわかっていないことの方がはるかに多い。そのことは、現在の情報量をタイムカプセルに入れておき、数十年後に開封して、その時代のものと比較してみればわかるであろう。現時点でわからないこと、すなわち研究対象は山のようにあるが、ここでは少数の例を通して、酵素の巧妙な仕組みや残された不思議を紹介する。それによって、「生命現象に潜む一般法則の探求」への気運が高まることを期待している。

3.1 基質との結合の謎（K_m 関連）

3.1.1 親水性基質にも疎水性基質にも働く「二刀流」酵素

我々が栄養素としてのタンパク質を食べると、分解されてアミノ酸ができるが、そのアミノ酸は糖や脂質に変換されてエネルギー源にもなるので、肉類を食べ過ぎると我々も太ることになる。そのような過程にも関係しているのが、α-アミノ基転移酵素と言われる一群の酵素であり、さまざまなアミノ酸基質の代謝に役立っている。

その中の一つである、アスパラギン酸アミノ基転移酵素は、肝機能検査などで AST（aspartate aminotransferase の略で、GOT、AAT、AspAT などとも略す）と表されている。この酵素は、我々の身体の細胞が壊れると血中に出てくるので、その量を血液検査で調べれば、壊れた細胞の割合がわかる。そのため、健康診断などにもよく利用されている。

この酵素の場合、グルタミン酸のアミノ基を別の基質へ転移してアスパラギン酸を作る反応を、1秒間に数百回も可逆的に触媒することができる（**図5-3**）。

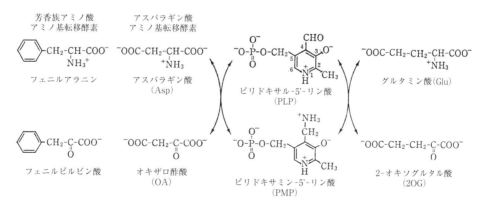

図5-3　二刀流の不思議な酵素

この酵素の活性部位で展開される効率のよい反応は、ビタミン B6 の誘導体（図 5-3 の PLP や PMP）を補酵素として利用することによって可能になっている。酵素に結合したピリドキサール 5'-リン酸（PLP）は、図 5-4 のようなさまざまな反応に関与する。アミノ酸基質とシッフ塩基を形成した後、アミノ酸基質の C(α) 炭素から **α-H** 水素が引き抜かれると、アミノ基転位反応、ラセミ化反応、β(γ)-脱離反応が行われる。さらに、C(α) と -COO⁻ の結合が切れる脱炭酸反応や、C(α) と C(β) の結合が切れるアルドラーゼ反応などのように、PLP は多彩な反応を触媒することが知られている。

　アミノ基転移酵素の活性部位に強く結合した PLP は（図 5-3）、グルタミン酸（Glu）のアミノ基を補酵素のアルデヒド基（-CHO）に受け取って、アミン型（-CH$_2$-NH$_3^+$）のピリドキサミン-5'-リン酸（PMP）になる。アミノ基を渡したグルタミン酸は、2-オキソグルタル酸（2OG）となって酵素分子から離れ、かわりにオキサロ酢酸（OA）が結合し、PMP からアミノ基を受け取ってアスパラギン酸（Asp）になり、補酵素は PLP 型へと復活する。この反応は可逆なので、逆反応もスムーズに進む。

　このアミノ基転移反応は、とても理解しやすい。というのは、グルタミン酸もアスパラギン酸も、負の電荷のカルボキシ基（-COO⁻）をもっていて、基質の性質が似ている。それから予想すると、これらの基質を結合する酵素分子のポケットには、正の電荷をもつ Arg, Lys, His などが存在していて、基質をしっかりと捕まえるのであろうと予想されていた。

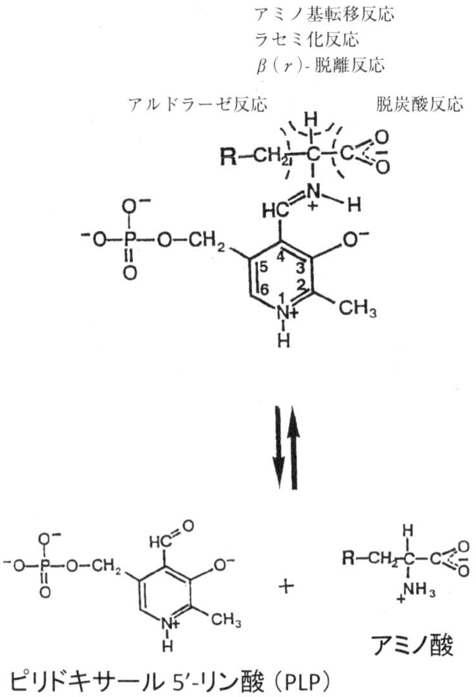

図 5-4　ビタミン B6 は補酵素として、酵素のアミノ酸残基だけではできない
重要な働きをして、さまざまなアミノ酸代謝に貢献している。

しかし不思議なことに、この酵素はフェニルアラニン（図5-1）、チロシン、トリプトファンなどの疎水性アミノ酸基質にも働く。そのような"二刀流"酵素の基質結合部位は、いったいどのような立体構造をしているのだろうか？　電荷をもつ酸性基質と、中性の疎水性基質の異なる基質のために、二つのポケットが存在するのであろうか？　そこで、図5-5のような2種類のモデルAとBが考えられた。このモデルの斜線で示した部分は、一般の酵素と に、基質結合部位が疎水性であることを示している。

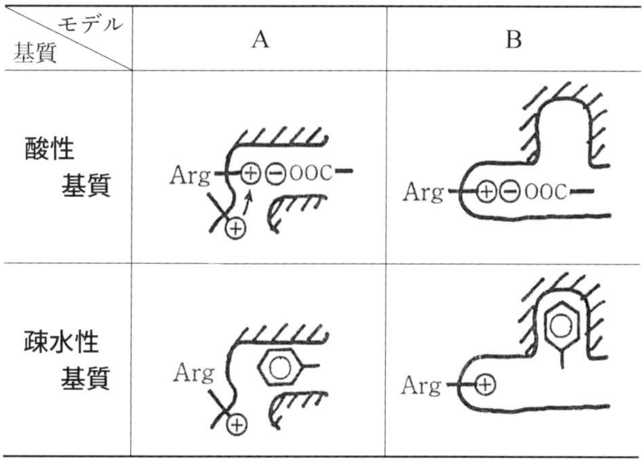

モデル 基質	A	B
酸性 基質	Arg—⊕⊖OOC—	Arg—⊕⊖OOC—
疎水性 基質	Arg	Arg—⊕

図5-5　酸性側鎖と疎水性側鎖の両方の基質が結合できる活性部位のモデル

　モデルAは、酸性および疎水性基質の結合位置は同じだが、カルボキシ基 $-COO^-$ の側鎖が疎水性のポケットに結合する時にだけ、酵素分子の側鎖の Arg292 が酸性基質のカルボキシ基 $-COO^-$ に向かって動く。**モデルB**は、酸性基質用と疎水性基質用の二つのポケットが別々に用意されており、基質側鎖の結合する位置が異なる。

　なお、このモデルには図示されていないが、いずれの基質の場合も、アミノ酸基質に共通な $C(\alpha)$、$\alpha-COO^-$、$\alpha-NH_2$（補酵素 PLP とシッフ塩基を形成）の部分の結合様式は同じで、側鎖の部分だけが異なると考える。

　いずれのモデルが正しいかを判定するためには**立体構造**を見るのがよい。そこで、原子の位置まで情報が得ることが可能な低温電子顕微鏡法（Cryo-EM）やX線結晶解析法、そして核磁気共鳴法（NMR）の中から、**X線結晶解析法**を利用することにした。

　アミノ基転移酵素は約400個のアミノ酸残基からできているが、その分子全体の立体構造は、常温生物由来の酵素の場合、**図5-6右**のように二つのサブユニットからなる二量体構造をしている。そして、サブユニット境界領域に活性部位が存在する。活性部位に結合したアミノ酸基質は、**図5-7右**のような構造になっている。側鎖に $-COO^-$ をもつ基質が結合すると、基質の $C\alpha$ 炭素の $\alpha-COO^-$ は Arg386 のグアニジル基によって、正負電荷間の相互作用と2本の水素結合とで認識される。また、基質の $\omega-COO^-$ も同様に Arg（Arg292）によって認識されるが、その際に、外を向いていた Arg292 が基質の $\omega-COO^-$

へ倒れ込んでくるように大きく動く。

しかし、基質の側鎖が疎水性の場合には、Arg292 の側鎖は動かなかった（**図5-7**）。さらに後述の分子機能解析によって、**図5-5** モデル A であることが明らかになった。それを模式的に表したのが、**図5-8** である。

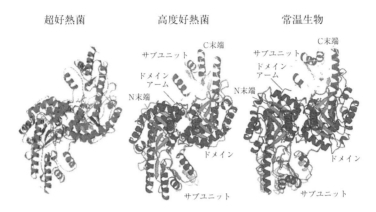

図 5-6　アスパラギン酸アミノ基転移酵素（AspAT）の二量体構造

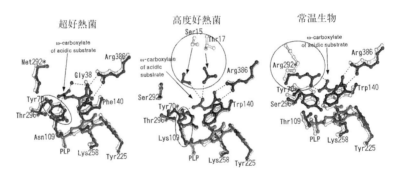

図 5-7　アスパラギン酸アミノ基転移酵素の基質認識機構

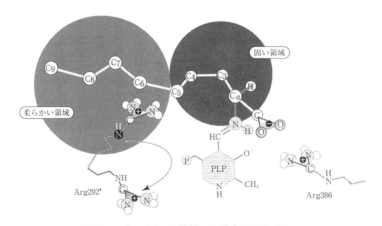

図 5-8　「一酵素-二基質」の酵素のからくり

酵素分子が疎水性基質を結合する際には、疎水性の基質結合部位に存在するアルギニン残基が疎水性基質から離れた位置に存在しており（Ishijima *et al.*, 2000)[1]、–COO[-]の酸性基質が結合すると基質の方向に向き、塩結合を形成する仕掛けになっている（**図 5-7**；14；16 も参照）。

　さらに、酸性基質結合時は分子の固さを利用し、疎水性基質結合時には分子の柔らかさを利用しているようだが、酵素分子が進化の過程でそのような仕組みを備えるようになったのは、とても神秘的である。

　このように、アミノ基転移酵素は、一般の「1 酵素 – 1 基質」酵素ではなく、非常に特異な「1 酵素 – 2 基質」酵素であることがわかった。なおこの基質特異性は、広いのではなく、比較的高い特異性のポケットを 2 種類備えているという意味である。

　このような「1 酵素 – 2 基質」は、アミノ基転移酵素に限らず、転移酵素群で一般に用いられている戦略かもしれない。

3.1.2　生物進化における基質認識などの変化の自由度

　アスパラギン酸アミノ基転移酵素（AspAT）は、ヒトから微生物まで、ほとんどの生物がもっている。生物が進化する過程で、この酵素はどのように進化してきたのだろうか。その進化の過程で許容される自由度と許容されない厳密さについて、ヒントが得られることを期待しつつ、我々ヒトのような常温生物から 100℃以上の温泉に生息している超好熱菌までの棲息温度の異なる生物の酵素を比較してみる。

1)　立体構造など

　比較したのは、常温生物（適温は 30〜40℃）の大腸菌、高度好熱菌（適温は 65〜80℃）、超好熱菌（適温は約 100℃）の 3 種類の AspAT である。これらの酵素の活性はほぼ同じであり、利用する補酵素も同じなので、触媒基は同じである。触媒基以外の基質結合部位には、後述のように、同じアミノ酸残基と異なるアミノ酸残基がみられる（**図 5-7**）。

　意外なことに、3 種類の酵素の全体構造が**図 5-6** のように似ているにもかかわらず、アミノ酸配列の相同性は低い。常温生物と高度好熱菌の酵素間で共通なアミノ酸残基はわずか 16％であり、常温生物と超好熱菌の酵素間でも 16％、高度好熱菌と超好熱菌の酵素間では 41％共通である。共通なアミノ酸残基は基質結合部位に多いことを考えると、それ以外の部分のアミノ酸残基の共通性は非常に低いといえる。それにもかかわらず、分子全体の骨格構造が似ているのは興味深い。このようなアミノ酸置換の自由度に関する情報は、立体構造予測のデータベースの構築にも役立つであろう。

　また、これらの酵素は耐熱性が大きく異なるが、立体構造を比較しても耐熱性の違いを定量的に説明することは難しい。しかし、これまでのタンパク質工学的研究によって、

1）疎水性基質の側鎖が長くなると、Arg292 が、側鎖に –COO[-]をもつ基質の場合と同様の動きをしたが、その理由はわかっていない。

各部分の安定性の寄与にはある程度の加成性があることがわかっている（**第3章参照**）。

好熱菌タンパク質の特徴としては、高温で化学的に不安定な Cys, Met, Asn などのアミノ酸残基の割合が少ないほか、ループ部分が短く、そのループ部分に Pro の存在する確率が高い。さらに、タンパク質表面に電荷をもつアミノ酸残基が多いが、なぜ好熱菌のタンパク質表面に電荷が多いのかは謎である。

さらに、不思議なのは、超好熱菌のタンパク質の安定性に、Na^+ と K^+ の存在による影響がしばしば見られるが、常温生物のタンパク質の場合には、そのような違いは見られないことが多い。その謎も解かれていない。

2）ドメイン間の動き

さらなる謎は、基質が結合する前後の分子全体の動きである（**図5-6**）。常温生物の酵素は、基質が結合するとドメイン間が閉じる方向へと 0.5 nm（5 Å）程度動く。それに対して高度好熱菌の酵素では、α-ヘリックス1本だけが、基質を押さえつけるように動く。さらに高温で生育する超好熱菌の酵素では、基質が結合しても分子全体はほとんど動かない（Ura *et al.*, 2001）。このような「耐熱性が高い酵素分子ほど、基質結合時のドメインの動きが小さい」という傾向は、多くの酵素に共通な現象であるが、その理由はわかっていない。

3）基質結合ポケット

基質の α-COO^- に結合する Arg386 は、**図5-7** の高度好熱菌も、超好熱菌のいずれの酵素も同じであったが、それとは反対側の ω-COO^- の認識は、丸枠で囲んだように、酵素によってまったく異なっていた。高度好熱菌の場合は、ω-COO^- の片方の酸素原子（O）が Ser15 と Thr17 によって、もう一方の酸素原子（O^-）が Lys109$^+$ によって認識されていた。常温生物の Arg292 が、高度好熱菌では Ser に置換して正電荷は無くなっていたが、その代わりに、基質の ω-COO^- の負電荷の近くに正電荷の Lys109 があって、基質と相互作用していた。ところが、超好熱菌酵素の場合（**図5-7** 左端）には、ω-COO^- の周囲に正電荷のアミノ酸側鎖が存在しなかった。その謎はまだ解かれていないが、ω-COOH の周囲の環境が疎水性であるため、非解離型 -COOH の形で存在するのかも知れない（**図2-6** 参照）。

このように、**図5-7** の三つの酵素の基質結合様式は異なるが、基質のアスパラギン酸に対する親和性は同じである。これからわかることは、基質結合ポケットのアミノ酸残基の配置は、ある程度、融通が効くらしい。しかし、アミノ酸側鎖をどのように配置すれば、基質との結合の強さが確保できるのか、その一般法則は謎である。そのことは、**第3章**の「現状では、タンパク質の主鎖の立体構造は予測できても、側鎖の立体構造は予測できないので、タンパク質の機能を予測することも難しい」ことと関係している。

3.2 酵素反応の遷移状態を含めた謎（k_{cat} と K_m）
3.2.1 定常状態と前定常状態の反応解析法を併用した反応過程の解析

　基質が一種類の場合は、**図4-1**のように、簡単に理解できる。では、基質が二種類に増えると、解析式はどのように変わるのだろうか？

　そのために、まずは**定常状態**で、酵素の全反応を調べておく（**図4-1 左下，中央下**）。その際に利用する酵素濃度はとても低く（1 nM 程度の場合もある）、基質濃度の減少速度か、生成物濃度の増加速度を測定するが、この条件下では酵素分子が何回も働き続けている（**表4-1**）。この**定常状態**での酵素活性測定の長所は、(1) 酵素反応全体が解析できることと、(2) 酵素量が少なくてもよいことである。しかし欠点は、得られる情報が限られており、通常は、反応過程でもっとも遅い律速段階の速度と、律速段階の手前に存在する平衡混合物の情報のみしか得られない。

　そこで、定常状態の場合よりもはるかに高濃度の酵素（約百万倍の 1 mM を利用することもある）を使って、酵素分子自身の情報を利用しつつ（基質分子を利用することもある）、基質との反応を 1/1000 秒以下の単位時間で、ストップトフロー法や緩和法を利用した反応測定が行われる。これを**前定常状態**（または**遷移相**）の酵素反応解析と呼んでいる。その長所は、定常状態よりも多くの反応過程を観測できる場合があることである。欠点は、(1) 酵素反応過程の中の一部分しか観測できないことがあることと、(2) 多くの酵素量を必要とすることである。

　そのため、**定常状態**と**前定常状態**（**遷移相**）の反応解析の長所を組み合わせて、酵素反応過程を解析することになる。その解析法の一例を、アミノ基転移酵素で紹介するが、いずれの酵素でも同様である。

　アミノ基転移酵素（**図5-3**）の場合、グルタミン酸から 2-オキソグルタル酸を生じる反応は、アスパラギン酸からオキサロ酢酸を生じる反応と、アミノ基を PLP へ渡すという意味では、まったく同様の反応であるので、以下では、各反応過程（**半反応**と呼ぶ）について考えてみる。

　まず、その半反応の過程でどのようなことが起きているのであろうか？　一般に酵素反応は、個々の基本的な反応である素反応が段階的に起こって進行する。アミノ基転移酵素の場合、化学的に反応を書いてみると**図5-9**のように、少なくとも十以上の素反応からなっていることが推定できる。

　この酵素の特徴は、「**図5-9**の反応過程が進むごとに、補酵素の電子状態の変化が予想されるので、各反応過程が測定できる可能性がある！」ことである。アミノ酸だけからなる酵素の場合、波長 300 nm 以下でしか光を吸収しない。しかし、この酵素のように 300 nm 以上の光を吸収する（スペクトルを与える）補酵素が存在する場合には、反応過程で刻々変化する補酵素の電子状態を知ることができる可能性がある。

1) 前定常状態（遷移相）の反応測定

多くの中間体が検出できることを期待して、とりあえず、実際に酵素と基質とを混合して、1/1000 秒近くの短時間まで測定ができる、ストップトフロー装置で反応を追跡してみた（図 5-10）。

図 5-10 A は、酵素（PMP 型酵素，7.5 μM）と基質（0.05 mM 2OG）との半反応を、pH 8.0, 25℃で、ストップトフロー装置を用いて 333 nm と 358 nm で観測した例である。測定曲線とほぼ一致している理論曲線は，いずれも，擬一次反応速度定数（k_{app}）が 25 s^{-1} のものである（図 3-22, 23 などを参照）。

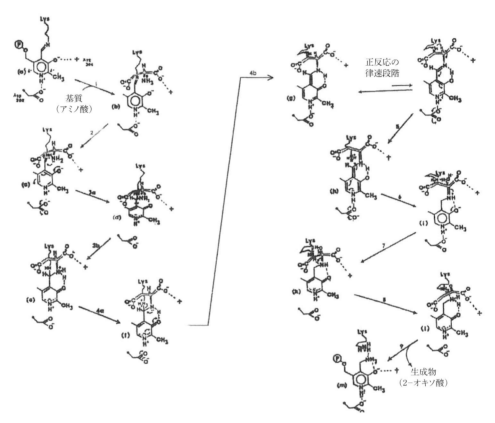

図 5-9　予想される酵素反応の素過程

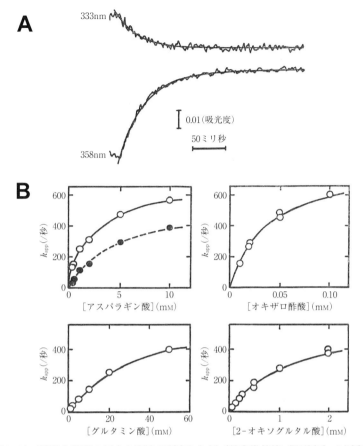

図 5-10　酵素と基質の反応を高速で測定した例（前定常状態（遷移相）の測定例）

　図 5-10 B は、その k_{app} の基質濃度依存性を、図 5-1 のアスパラギン酸（Asp）、オキサロ酢酸（OA）、グルタミン酸（Glu）、2-オキソグルタル酸（2OG）のすべてについて調べた半反応の結果である。実線は、それぞれの k_{max} と K_d を用いた理論曲線である。なお、アスパラギン酸を基質として PLP 型酵素と反応させた場合には、逆反応の PMP 型酵素とオキサロ酢酸からの逆反応の影響が大きいので、それを補正すると、実験点の黒丸と理論線の破線になる。

　なるべく多くの反応過程を観測したいが、いずれの基質についても図 5-10 A のように一つの指数関数であったので、図 5-9 の多段階反応のうちで、一つの反応過程のみが観測できることがわかる。では、その律速過程はどの反応過程なのだろうか？

　図 4-1 のように一つの大きなエネルギー障壁があって、PLP 型の酵素からの反応も、その逆反応の PMP 型の酵素からの反応も、いずれもその一つのエネルギー障壁を越えるのが律速段階（k_{max}）になっているのだろうか？　そうでなければ、観測できていない

過程が存在して、後述の定常状態の反応（例：図 5-11）が説明できなくなる！ そこで、前定常状態の反応（図 5-10）で定常状態の反応（例：図 5-11）が説明できるか、すなわち、図 5-12 で酵素反応が説明できるか検討してみた。

2）　定常状態の反応測定

　そこでまず、定常状態の反応速度を測定する。たとえば、基質としてアスパラギン酸（Asp）と 2-オキソグルタル酸（2OG）を用いて活性を測定すると、**図 5-11** のような結果が得られる（たとえば、Velick and Vavra, 1962 を参照）。この結果は、まず予備実験として、みかけの $k_{cat}(V_{max})$ や K_m を決めるのに適当な濃度領域を調べた後、本実験として、Asp の濃度を 4 種類（0.5 mM（▲）、1 mM（△）、2 mM（●）、10 mM（○））、そして、2OGの濃度を 6 種類（0.05 ～ 2 mM）に変化させて得られたものである。

　この図 A の横軸は $1/[2OG]$、縦軸は $1/V_{max}$ になっている。その縦軸との切片の値は $[2OG]$ が無限大の時の $1/V_{max}$ なので、さらにその値を $1/[Asp]$ に対してプロットとすると図 C のグラフが得られる。次に、その縦軸の切片から、$[2OG]$ も $[Asp]$ も無限大に存在する時の V_{max}、すなわち、二種類の基質がともに十分な濃度で存在する場合の最大反応速度を求めることができる。図 C の横軸との切片は、$[2OG]$ が無限大の時の Asp の $-1/K_{m,Asp}$ になる。

　一方、図 A の実験値を使用して、横軸を $1/[Asp]$ に対してプロットすると、縦軸との切片の値は $[Asp]$ が無限大の時の $1/V_{max}$ となり、その値を $1/[2OG]$ に対してプロットとすると図 B のグラフが得られる。次に、$[2OG]$ も $[Asp]$ も無限大に存在する時の V_{max} をその縦軸から、$[Asp]$ が無限大の時の 2OG の $-1/K_{m,2OG}$ を横軸との切片から、それぞれ求めることができる。なお、図 B と図 C の V_{max} は、同じ値である。[2]

2）酵素が 2 基質の場合だけでなく、片方は基質で、もう片方は金属イオンのような場合にも、似たような解析が可能である。
　また一般的な実験方法として、物質の濃度を無限大にできないような場合でも、濃度の逆数を横軸にしたグラフを作って、そのゼロに外挿すれば、縦軸との切片から、濃度が無限大で起こる事象を推定できることがある。

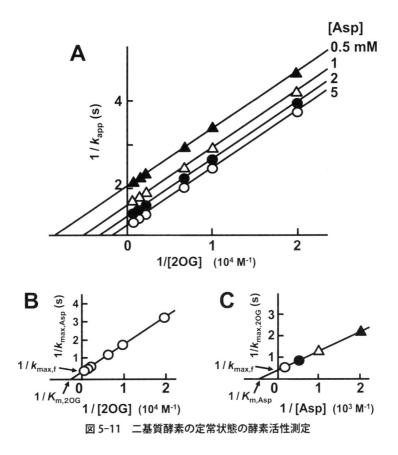

図 5-11　二基質酵素の定常状態の酵素活性測定

3）　定常状態と前定常状態（遷移相）の反応速度の関係

　　次に、定常状態の酵素反応速度（図5-11）を、前定常状態（遷移相）の反応（図5-10）で定量的に説明するには、どのようにすればよいのだろうか？　定常状態の反応（図5-3）は、図5-12 A の二つの半反応が組み合わされて図5-12 B のように進行する。この反応過程は、前定常状態の反応測定（図5-10）でわかった「基質の結合過程と、一つの分子内化学反応過程」のみしか考慮していない。この反応モデルを考える時点では、定常状態の反応が、前定常状態の反応の結果を利用して図5-12 で説明できるかどうかは不明である。後の表 5-1 になってようやく、複雑な実際の反応過程（図5-9）が、実験的には図5-12 で表されることがわかる[3]。

───────────────

3）図 5-12 の EL・aa や EM・ka には、それぞれ数種類の中間体が含まれているが、それらの中間体の変換速度は非常に速いため、観測ができていない。

161

A

$$EL + aa \underset{}{\overset{K_{aa}}{\rightleftharpoons}} EL\cdot aa \underset{k_{ka}}{\overset{k_{aa}}{\rightleftharpoons}} EM\cdot ka \underset{}{\overset{K_{ka}}{\rightleftharpoons}} EM + ka$$

（アミノ酸）　　　　　　　　　　　　　　　　　　　　（2-オキソ酸）

B

$K_2 = [\text{EM}\cdot\text{OA}]/[\text{EL}\cdot\text{Asp}] = k_{asp}/k_{OA}$

$K_{Asp} = [\text{EL}][\text{Asp}]/[\text{EL}\cdot\text{Asp}] = k_{-1}/k_1$　　　　　　　　$K_{OA} = [\text{EM}][\text{OA}]/[\text{EM}\cdot\text{OA}] = k_3/k_{-3}$

$$\text{EL·Asp} \underset{k_{OA}}{\overset{k_{Asp}}{\rightleftharpoons}} \text{EM·OA}$$

$k_1\,[\text{Asp}] \updownarrow k_{-1}$　　　　　　$k_{-3}\,[\text{OA}] \updownarrow k_3$

$$\text{EL} \qquad\qquad \text{EM}$$

$k_6 \updownarrow k_{-6}\,[\text{Glu}]$　　　　　　$k_{-4} \updownarrow k_4\,[\text{2OG}]$

$$\text{EL·Glu} \underset{k_{2OG}}{\overset{k_{Glu}}{\rightleftharpoons}} \text{EM·2OG}$$

$K_{Glu} = [\text{EL}][\text{Glu}]/[\text{EL}\cdot\text{Glu}] = k_6/k_{-6}$　　　$K_{2OG} = [\text{EM}][\text{2OG}]/[\text{EM}\cdot\text{2OG}] = k_{-4}/k_4$

$K_5 = [\text{EM}\cdot\text{2OG}]/[\text{EL}\cdot\text{Glu}] = k_{Glu}/k_{2OG}$

EL：PLP 型酵素（図 5-11 A(A)）　　**K**：速い結合解離平衡の解離定数（単位，M）
EM：PMP 型酵素（図 5-11 A(E)）　　**k**：律速過程の速度定数（単位，秒(s^{-1})）

図 5-12　前定常状態の酵素反応解析

　一般に、酵素反応過程に存在するすべての素反応過程を測定することはできない。そのため、「反応過程がある段階まで理解できた」と言えるのは、単純な反応様式で実験結果が説明できた時であり、酵素反応速度論の解析は、それで一旦よしとして学術論文に掲載することになっている。もし、単純な反応過程で実験結果が説明できなければ、さらに反応過程を追加した上で理論式を作り、その理論式から予測される実験を追加して、反応過程のモデルが正しいことを確認すればよい。その後は、この操作を繰り返すことになる。しかし最初の解析段階では、可能な限り単純な反応過程のモデルを考えてみる方が、わかり易いし、本質を見失うこともない。

　図 5-12 B の最も単純な反応過程から、どのようにして反応式を導けばよいのだろうか？　たとえば、King-Altman の方法（King, E. L. and Altman, C.（1956）*J. Phys. Chem.* **60**, 1375-1378）という便利な方法があるので、それを使ってみよう。

　計算式を作成する際に、次のような図形（計算図形）を使用すると便利である。

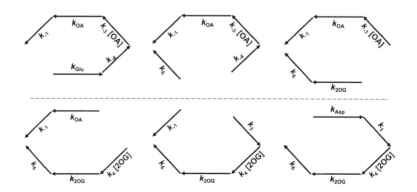

酵素は 6 種類の形で存在するが、その濃度の総和を$[\mathrm{E}]_t$とする。全酵素濃度に対する EL の濃度$[\mathrm{EL}]/[\mathrm{E}]_t$の式を作成するには、最初の項の$k_{-1}\, k_{\mathrm{OA}}\, k_{-3}[\mathrm{OA}]\, k_{-4}\, k_{\mathrm{Glu}}$の場合、図 5-12 B の EL と EL・Glu の間の速度定数は使用せず、EL に向かう五つの反応過程の速度定数を、計算図形のように掛けて作る。次の項の$k_{-1}\, k_{\mathrm{OA}}\, k_{-3}[\mathrm{OA}]\, k_{-4}\, k_6$は、EL・Glu と EM・2OG の間の速度定数を使用せず、EL に向かう五つの反応過程の速度定数を掛けて作る。残る 4 項も同様にして作成し、$[\mathrm{EL}]/[\mathrm{E}]_t$が完成する。EL 以外の分子種についても、同様の方法で下記のような式を作ることができる。ここで Den は、すべての項の総和である。

$$
\begin{aligned}
[\mathrm{EL}]/[\mathrm{E}]_t = \quad & (k_{-1}\, k_{\mathrm{OA}}\, k_{-3}[\mathrm{OA}]\, k_{-4}\, k_{\mathrm{Glu}} + k_{-1}\, k_{\mathrm{OA}}\, k_{-3}[\mathrm{OA}]\, k_{-4}\, k_6 \\
& + k_{-1}\, k_{\mathrm{OA}}\, k_{-3}[\mathrm{OA}]\, k_{2\mathrm{OG}}\, k_6 + k_{-1}\, k_{\mathrm{OA}}\, k_4[2\mathrm{OG}]\, k_{2\mathrm{OG}}\, k_6 \\
& + k_{-1}\, k_3\, k_4[2\mathrm{OG}]\, k_{2\mathrm{OG}}\, k_6 + k_{\mathrm{Asp}}\, k_3\, k_4[2\mathrm{OG}]\, k_{2\mathrm{OG}}\, k_6)/\mathrm{Den}
\end{aligned}
$$

$$
\begin{aligned}
[\mathrm{EL\cdot Asp}]/[\mathrm{E}]_t = \quad & (k_{\mathrm{OA}}\, k_{-3}[\mathrm{OA}]\, k_{-4}\, k_{\mathrm{Glu}}\, k_{-6}[\mathrm{Glu}] + k_1[\mathrm{Asp}]\, k_{\mathrm{OA}}\, k_{-3}[\mathrm{OA}]\, k_{-4}\, k_{\mathrm{Glu}} \\
& + k_1[\mathrm{Asp}]\, k_{\mathrm{OA}}\, k_{-3}[\mathrm{OA}]\, k_{-4}\, k_6 + k_1[\mathrm{Asp}]\, k_{\mathrm{OA}}\, k_{-3}[\mathrm{OA}]\, k_{2\mathrm{OG}}\, k_6 \\
& + k_1[\mathrm{Asp}]\, k_{\mathrm{OA}}\, k_4[2\mathrm{OG}]\, k_{2\mathrm{OG}}\, k_6 + k_1[\mathrm{Asp}]k_3\, k_4[2\mathrm{OG}]k_{2\mathrm{OG}}\, k_6)/\mathrm{Den}
\end{aligned}
$$

$$
\begin{aligned}
[\mathrm{EM\cdot OA}]/[\mathrm{E}]_t = \quad & (k_{-1}\, k_{-3}[\mathrm{OA}]\, k_{-4}\, k_{\mathrm{Glu}}\, k_{-6}[\mathrm{Glu}] + k_1[\mathrm{Asp}]\, k_{\mathrm{OA}}\, k_{-4}\, k_{\mathrm{Glu}}\, k_{-6}[\mathrm{Glu}] \\
& + k_1[\mathrm{Asp}]\, k_{\mathrm{Asp}}\, k_{-3}[\mathrm{OA}]\, k_{-4}\, k_{\mathrm{Glu}} + k_1[\mathrm{Asp}]\, k_{\mathrm{Asp}}\, k_{-3}[\mathrm{OA}]\, k_{-4}\, k_6 \\
& + k_1[\mathrm{Asp}]\, k_{\mathrm{Asp}}\, k_{-3}[\mathrm{OA}]\, k_{2\mathrm{OG}}\, k_6 + k_1[\mathrm{Asp}]\, k_{\mathrm{Asp}}\, k_4[2\mathrm{OG}]\, k_{2\mathrm{OG}}\, k_6)/\mathrm{Den}
\end{aligned}
$$

$$
\begin{aligned}
[\mathrm{EM}]/[\mathrm{E}]_t = \quad & (k_{-1}\, k_{\mathrm{OA}}\, k_{-4}\, k_{\mathrm{Glu}}\, k_{-6}[\mathrm{Glu}] + k_{-1}\, k_3\, k_{-4}\, k_{\mathrm{Glu}}\, k_{-6}[\mathrm{Glu}] \\
& + k_{\mathrm{Asp}}\, k_3\, k_{-4}\, k_{\mathrm{Glu}}\, k_{-6}[\mathrm{Glu}] + k_1[\mathrm{Asp}]\, k_{\mathrm{Asp}}\, k_3\, k_{-4}\, k_{-6} \\
& + k_1[\mathrm{Asp}]\, k_{\mathrm{Asp}}\, k_3\, k_{-4}\, k_6 + k_1[\mathrm{Asp}]\, k_{\mathrm{Asp}}\, k_3\, k_{2\mathrm{OG}}\, k_6)/\mathrm{Den}
\end{aligned}
$$

$$
\begin{aligned}
[\mathrm{EM\cdot 2OG}]/[\mathrm{E}]_t = \quad & (k_{-1}\, k_{\mathrm{OA}}\, k_{-3}[\mathrm{OA}]\, k_{\mathrm{Glu}}\, k_{-6}[\mathrm{Glu}] + k_{-1}\, k_{\mathrm{OA}}\, k_4[2\mathrm{OG}]\, k_{\mathrm{Glu}}\, k_{-6}[\mathrm{Glu}] \\
& + k_{-1}\, k_3\, k_4[2\mathrm{OG}]\, k_{\mathrm{Glu}}\, k_{-6}[\mathrm{Glu}] + k_{\mathrm{Asp}}\, k_3\, k_4[2\mathrm{OG}]\, k_{\mathrm{Glu}}\, k_{-6}[\mathrm{Glu}] \\
& + k_1[\mathrm{Asp}]\, k_{\mathrm{Asp}}\, k_3\, k_4[2\mathrm{OG}]\, k_{\mathrm{Glu}} + k_1[\mathrm{Asp}]\, k_{\mathrm{Asp}}\, k_3\, k_4[2\mathrm{OG}]\, k_6)/\mathrm{Den}
\end{aligned}
$$

$$
\begin{aligned}
[\mathrm{EL\cdot Glu}]/[\mathrm{E}]_t = \quad & (k_{-1}\, k_{\mathrm{OA}}\, k_{-3}[\mathrm{OA}]\, k_{-4}\, k_{-6}[\mathrm{Glu}] + k_{-1}\, k_{\mathrm{OA}}\, k_{-3}[\mathrm{OA}]\, k_{2\mathrm{OG}}\, k_{-6}[\mathrm{Glu}] \\
& + k_{-1}\, k_{\mathrm{OA}}\, k_4[2\mathrm{OG}]\, k_{2\mathrm{OG}}\, k_{-6}[\mathrm{Glu}] + k_{-1}\, k_3\, k_4[2\mathrm{OG}]\, k_{2\mathrm{OG}}\, k_{-6}[\mathrm{Glu}] \\
& + k_{\mathrm{Asp}}\, k_3\, k_4[2\mathrm{OG}]\, k_{2\mathrm{OG}}\, k_{-6}[\mathrm{Glu}] + k_1[\mathrm{Asp}]\, k_{\mathrm{Asp}}\, k_3\, k_4[2\mathrm{OG}]\, k_{2\mathrm{OG}})/\mathrm{Den}
\end{aligned}
$$

$$
\begin{aligned}
\mathrm{Den} \equiv \quad & k_{-1}\, k_{\mathrm{OA}}\, k_{-3}[\mathrm{OA}]\, k_{-4}\, k_{\mathrm{Glu}} + k_{-1}\, k_{\mathrm{OA}}\, k_{-3}[\mathrm{OA}]\, k_{-4}\, k_6 \\
& + k_{-1}\, k_{\mathrm{OA}}\, k_{-3}[\mathrm{OA}]\, k_{2\mathrm{OG}}\, k_6 + k_{-1}\, k_{\mathrm{OA}}\, k_4[2\mathrm{OG}]\, k_{2\mathrm{OG}}\, k_6 \\
& + k_{-1}\, k_3\, k_4[2\mathrm{OG}]\, k_{2\mathrm{OG}}\, k_6 + k_{\mathrm{Asp}}\, k_3\, k_4[2\mathrm{OG}]\, k_{2\mathrm{OG}}\, k_6 \\
& + k_{\mathrm{OA}}\, k_{-3}[\mathrm{OA}]\, k_{-4}\, k_{\mathrm{Glu}}\, k_{-6}[\mathrm{Glu}] + k_1[\mathrm{Asp}]\, k_{\mathrm{OA}}\, k_{-3}[\mathrm{OA}]\, k_{-4}\, k_{\mathrm{Glu}}
\end{aligned}
$$

$$+ k_1[\text{Asp}]\, k_{\text{OA}}\, k_{-3}[\text{OA}]\, k_{-4}\, k_6 + k_1[\text{Asp}]\, k_{\text{OA}}\, k_{-3}[\text{OA}]\, k_{2\text{OG}}\, k_6$$
$$+ k_1[\text{Asp}]\, k_{\text{OA}}\, k_4[2\text{OG}]\, k_{2\text{OG}}\, k_6 + k_1[\text{Asp}]\, k_3\, k_4[2\text{OG}]\, k_{2\text{OG}}\, k_6$$
$$+ k_{-1}\, k_{-3}[\text{OA}]\, k_{-4}\, k_{\text{Glu}}\, k_{-6}[\text{Glu}] + k_1[\text{Asp}]\, k_{\text{OA}}\, k_{-4}\, k_{\text{Glu}}\, k_{-6}[\text{Glu}]$$
$$+ k_1[\text{Asp}]\, k_{\text{Asp}}\, k_{-3}[\text{OA}]\, k_{-4}\, k_{\text{Glu}} + k_1[\text{Asp}]\, k_{\text{Asp}}\, k_{-3}[\text{OA}]\, k_{-4}\, k_6$$
$$+ k_1[\text{Asp}]\, k_{\text{Asp}}\, k_{-3}[\text{OA}]\, k_{2\text{OG}}\, k_6 + k_1[\text{Asp}]\, k_{\text{Asp}}\, k_4[2\text{OG}]\, k_{2\text{OG}}\, k_6$$
$$+ k_{-1}\, k_{\text{OA}}\, k_{-4}\, k_{\text{Glu}}\, k_{-6}[\text{Glu}] + k_{-1}\, k_3\, k_{-4}\, k_{\text{Glu}}\, k_{-6}[\text{Glu}]$$
$$+ k_{\text{Asp}}\, k_3\, k_{-4}\, k_{\text{Glu}}\, k_{-6}[\text{Glu}] + k_1[\text{Asp}]\, k_{\text{Asp}}\, k_3\, k_{-4}\, k_{-6}$$
$$+ k_1[\text{Asp}]\, k_{\text{Asp}}\, k_3\, k_{-4}\, k_6 + k_1[\text{Asp}]\, k_{\text{Asp}}\, k_3\, k_{2\text{OG}}\, k_6$$
$$+ k_{-1}\, k_{\text{OA}}\, k_{-3}[\text{OA}]\, k_{\text{Glu}}\, k_{-6}[\text{Glu}] + k_{-1}\, k_{\text{OA}}\, k_4[2\text{OG}]\, k_{\text{Glu}}\, k_{-6}[\text{Glu}]$$
$$+ k_{-1}\, k_3\, k_4[2\text{OG}]\, k_{\text{Glu}}\, k_{-6}[\text{Glu}] + k_{\text{Asp}}\, k_3\, k_4[2\text{OG}]\, k_{\text{Glu}}\, k_{-6}[\text{Glu}]$$
$$+ k_1[\text{Asp}]\, k_{\text{Asp}}\, k_3\, k_4[2\text{OG}]\, k_{\text{Glu}} + k_1[\text{Asp}]\, k_{\text{Asp}}\, k_3\, k_4[2\text{OG}]\, k_6$$
$$+ k_{-1}\, k_{\text{OA}}\, k_{-3}[\text{OA}]\, k_{-4}\, k_{-6}[\text{Glu}] + k_{-1}\, k_{\text{OA}}\, k_{-3}[\text{OA}]\, k_{2\text{OG}}\, k_{-6}[\text{Glu}]$$
$$+ k_{-1}\, k_{\text{OA}}\, k_4[2\text{OG}]\, k_{2\text{OG}}\, k_{-6}[\text{Glu}] + k_{-1}\, k_3\, k_4[2\text{OG}]\, k_{2\text{OG}}\, k_{-6}[\text{Glu}]$$
$$+ k_{\text{Asp}}\, k_3\, k_4[2\text{OG}]\, k_{2\text{OG}}\, k_{-6}[\text{Glu}] + k_1[\text{Asp}]\, k_{\text{Asp}}\, k_3\, k_4[2\text{OG}]\, k_{2\text{OG}}) / \text{Den}$$

図 5-12 B の右廻りで定常状態の反応が進行している時には、Asp と 2OG の濃度が減少する速度と、Glu と OA の濃度が増加する速度、さらに、六つの反応段階の速度も同じなので、

$$v = -\text{d}[\text{Asp}] / \text{dt} = -\text{d}[2\text{OG}] / \text{dt} = +\text{d}[\text{OA}] / \text{dt} = +\text{d}[\text{Glu}] / \text{dt}$$
$$= k_{\text{Asp}}[\text{EL} \cdot \text{Asp}] - k_{\text{OA}}[\text{EM} \cdot \text{OA}]$$
$$= (k_1\, k_{\text{Asp}}\, k_3\, k_4\, k_{2\text{OG}}\, k_6[\text{Asp}][2\text{OG}] - k_{-1}\, k_{\text{OA}}\, k_{-3}\, k_{-4}\, k_{\text{Glu}}\, k_{-6}[\text{Glu}][\text{OA}])[\text{E}]_\text{t} / \text{Den}$$

$$v = [\text{E}]_\text{t}\, \text{Num} / \text{Den}$$

$$\text{Num} \equiv k_1\, k_{\text{Asp}}\, k_3\, k_4\, k_{2\text{OG}}\, k_6[\text{Asp}][2\text{OG}] - k_{-1}\, k_{\text{OA}}\, k_{-3}\, k_{-4}\, k_{\text{Glu}}\, k_{-6}[\text{Glu}][\text{OA}]$$

$$\begin{aligned}
\text{Den} \equiv\ & (k_{-1}\, k_{\text{OA}}\, k_{-3}\, k_{-4}\, k_{\text{Glu}} + k_{-1}\, k_{\text{OA}}\, k_{-3}\, k_{-4}\, k_6 + k_{-1}\, k_{\text{OA}}\, k_{-3}\, k_{2\text{OG}}\, k_6)[\text{OA}] \\
& + (k_{-1}\, k_{\text{OA}}\, k_4\, k_{2\text{OG}}\, k_6 + k_{-1}\, k_3\, k_4\, k_{2\text{OG}}\, k_6 + k_{\text{Asp}}\, k_3\, k_4\, k_{2\text{OG}}\, k_6)[2\text{OG}] \\
& + (k_{-1}\, k_{\text{OA}}\, k_{-4}\, k_{\text{Glu}}\, k_{-6} + k_{-1}\, k_3\, k_{-4}\, k_{\text{Glu}}\, k_{-6} + k_{\text{Asp}}\, k_3\, k_{-4}\, k_{\text{Glu}}\, k_{-6})[\text{Glu}] \\
& + (k_1\, k_{\text{Asp}}\, k_3\, k_{2\text{OG}}\, k_6 + k_1\, k_{\text{Asp}}\, k_3\, k_{-4}\, k_6 + k_1\, k_{\text{Asp}}\, k_3\, k_{-4}\, k_{\text{Glu}})[\text{Asp}] \\
& + (k_{\text{OA}}\, k_{-3}\, k_{-4}\, k_{\text{Glu}}\, k_{-6} + k_{-1}\, k_{-3}\, k_{-4}\, k_{\text{Glu}}\, k_{-6} + k_{\text{Asp}}\, k_{-3}\, k_{-4}\, k_{\text{Glu}}\, k_{-6} + \\
& \quad k_{-1}\, k_{\text{OA}}\, k_{-3}\, k_{\text{Glu}}\, k_{-6} + k_{-1}\, k_{\text{OA}}\, k_{-3}\, k_{-4}\, k_{-6} + k_{-1}\, k_{\text{OA}}\, k_{-3}\, k_{2\text{OG}}\, k_{-6})[\text{Glu}][\text{OA}] \\
& + (k_1\, k_{\text{OA}}\, k_{-3}\, k_{-4}\, k_{\text{Glu}} + k_1\, k_{\text{OA}}\, k_{-3}\, k_{-4}\, k_6 + k_1\, k_{\text{OA}}\, k_{-3}\, k_{2\text{OG}}\, k_6 + \\
& \quad k_1\, k_{\text{Asp}}\, k_{-3}\, k_{-4}\, k_{\text{Glu}} + k_1\, k_{\text{Asp}}\, k_{-3}\, k_{-4}\, k_6 + k_1\, k_{\text{Asp}}\, k_{-3}\, k_{2\text{OG}}\, k_6)[\text{Asp}][\text{OA}] \\
& + (k_1\, k_{\text{Asp}}\, k_4\, k_{2\text{OG}}\, k_6 + k_1\, k_{\text{OA}}\, k_4\, k_{2\text{OG}}\, k_6 + k_1\, k_3\, k_4\, k_{2\text{OG}}\, k_6 + \\
& \quad k_1\, k_{\text{Asp}}\, k_3\, k_4\, k_{\text{Glu}} + k_1\, k_{\text{Asp}}\, k_3\, k_4\, k_6 + k_1\, k_{\text{Asp}}\, k_3\, k_4\, k_{2\text{OG}})[\text{Asp}][2\text{OG}]
\end{aligned}$$

$$+ (k_{-1}\ k_{OA}\ k_4\ k_{Glu}\ k_{-6}+k_{-1}\ k_3\ k_4\ k_{Glu}\ k_{-6}+k_{Asp}\ k_3\ k_4\ k_{Glu}\ k_{-6}+$$
$$k_{-1}\ k_{OA}\ k_4\ k_{2OG}\ k_{-6}+k_{-1}\ k_3\ k_4\ k_{OG}\ k_{-6}+k_{Asp}\ k_3\ k_4\ k_{2OG}\ k_{-6})[Glu][2OG]$$

これは、4種類の基質がすべて存在する場合の反応速度であったが、通常の酵素活性測定では、図5-12 B の右廻りの場合、Asp と 2OG のみなので、$[Glu]=0$、$[OA]=0$ となり、上式は下記のように簡略化される。

$$v=[E]_t\ \mathrm{Num}/\mathrm{Den}$$

$$\mathrm{Num} \equiv k_1\ k_{Asp}\ k_3\ k_4\ k_{2OG}\ k_6[Asp][2OG]$$

$$\mathrm{Den} \equiv (k_{-1}\ k_{OA}\ k_4\ k_{2OG}\ k_6+k_{-1}\ k_3\ k_4\ k_{2OG}\ k_6+k_{Asp}\ k_3\ k_4\ k_{2OG}\ k_6)[2OG]$$
$$+ (k_1\ k_{Asp}\ k_3\ k_{2OG}\ k_6+k_1\ k_{Asp}\ k_3\ k_{-4}\ k_6+k_1\ k_{Asp}\ k_3\ k_{-4}\ k_{Glu})[Asp]$$
$$+ (k_1\ k_{Asp}\ k_4\ k_{2OG}\ k_6+k_1\ k_{OA}\ k_4\ k_{2OG}\ k_6+k_1\ k_3\ k_4\ k_{2OG}\ k_6+$$
$$k_1\ k_{Asp}\ k_3\ k_4\ k_{Glu}+k_1\ k_{Asp}\ k_3\ k_4\ k_6+k_1\ k_{Asp}\ k_3\ k_4\ k_{2OG})[Asp][2OG]$$

2種類の基質濃度が無限の時の最大速度定数($k_{max,f}$)は、$v=[E]_t\ \mathrm{Num}/\mathrm{Den}=k_{max,f}[E]_t$ から、

$$k_{max,f}=k_1\ k_{Asp}\ k_3\ k_4\ k_{2OG}\ k_6/\ (k_1\ k_{Asp}\ k_4\ k_{2OG}\ k_6+k_1\ k_{OA}\ k_4\ k_{2OG}\ k_6+k_1\ k_3\ k_4\ k_{2OG}\ k_6+$$
$$k_1\ k_{Asp}\ k_3\ k_4\ k_{Glu}+k_1\ k_{Asp}\ k_3\ k_4\ k_6+k_1\ k_{Asp}\ k_3\ k_4\ k_{2OG})$$
$$=\ k_{Asp}\ k_3\ k_{2OG}\ k_6/\ ((k_{Asp}+k_{OA}+k_3)\ k_{2OG}\ k_6+\ (k_{Glu}+k_6+k_{2OG})\ k_{Asp}\ k_3)$$

$$\mathrm{Num} \equiv k_1\ k_{Asp}\ k_3\ k_4\ k_{2OG}\ k_6[Asp][2OG]-k_{-1}\ k_{OA}\ k_{-3}\ k_{-4}\ k_{Glu}\ k_{-6}[Glu][OA]$$

$$\mathrm{Den} \equiv (k_{-1}\ k_{OA}\ k_{-3}\ k_{-4}\ k_{Glu}+k_{-1}\ k_{OA}\ k_{-3}\ k_{-4}\ k_6+k_{-1}\ k_{OA}\ k_{-3}\ k_{2OG}\ k_6)[OA]$$
$$+ (k_{-1}\ k_{OA}\ k_4\ k_{2OG}\ k_6+k_{-1}\ k_3\ k_4\ k_{2OG}\ k_6+k_{Asp}\ k_3\ k_4\ k_{2OG}\ k_6)[2OG]$$
$$+ (k_{-1}\ k_{OA}\ k_{-4}\ k_{Glu}\ k_{-6}+k_{-1}\ k_3\ k_{-4}\ k_{Glu}\ k_{-6}+k_{Asp}\ k_3\ k_{-4}\ k_{Glu}\ k_{-6})[Glu]$$
$$+ (k_1\ k_{Asp}\ k_3\ k_{2OG}\ k_6+k_1\ k_{Asp}\ k_3\ k_{-4}\ k_6+k_1\ k_{Asp}\ k_3\ k_{-4}\ k_{Glu})[Asp]$$
$$+ (k_{OA}\ k_{-3}\ k_{-4}\ k_{Glu}\ k_{-6}+k_{-1}\ k_{-3}\ k_{-4}\ k_{Glu}\ k_{-6}+k_{Asp}\ k_{-3}\ k_{-4}\ k_{Glu}\ k_{-6}+$$
$$k_{-1}\ k_{OA}\ k_{-3}\ k_{Glu}\ k_{-6}+k_{-1}\ k_{OA}\ k_{-3}\ k_{-4}\ k_{-6}+k_{-1}\ k_{OA}\ k_{-3}\ k_{2OG}\ k_{-6})[Glu][OA]$$
$$+ (k_1\ k_{OA}\ k_{-3}\ k_{-4}\ k_{Glu}+k_1\ k_{OA}\ k_{-3}\ k_{-4}\ k_6+k_1\ k_{OA}\ k_{-3}\ k_{2OG}\ k_6+$$
$$k_1\ k_{Asp}\ k_{-3}\ k_{-4}\ k_{Glu}+k_1\ k_{Asp}\ k_{-3}\ k_{-4}\ k_6+k_1\ k_{Asp}\ k_{-3}\ k_{2OG}\ k_6)[Asp][OA]$$
$$+ (k_1\ k_{Asp}\ k_4\ k_{2OG}\ k_6+k_1\ k_{OA}\ k_4\ k_{2OG}\ k_6+k_1\ k_3\ k_4\ k_{2OG}\ k_6+$$
$$k_1\ k_{Asp}\ k_3\ k_4\ k_{Glu}+k_1\ k_{Asp}\ k_3\ k_4\ k_6+k_1\ k_{Asp}\ k_3\ k_4\ k_{2OG})[Asp][2OG]$$
$$+ (k_{-1}\ k_{OA}\ k_4\ k_{Glu}\ k_{-6}+k_{-1}\ k_3\ k_4\ k_{Glu}\ k_{-6}+k_{Asp}\ k_3\ k_4\ k_{Glu}\ k_{-6}+$$
$$k_{-1}\ k_{OA}\ k_4\ k_{2OG}\ k_{-6}+k_{-1}\ k_3\ k_4\ k_{OG}\ k_{-6}+k_{Asp}\ k_3\ k_4\ k_{2OG}\ k_{-6})[Glu][2OG]$$

2OG の濃度が無限大の時の、Asp の K_m は、

$$
\begin{aligned}
K_{m,Asp} &= (k_{-1}\ k_{OA}\ k_4\ k_{2OG}\ k_6 + k_{-1}\ k_3\ k_4\ k_{2OG}\ k_6 + k_{Asp}\ k_3\ k_4\ k_{2OG}\ k_6)\ / \\
&\quad (k_1\ k_{Asp}\ k_4\ k_{2OG}\ k_6 + k_1\ k_{OA}\ k_4\ k_{2OG}\ k_6 + k_1\ k_3\ k_4\ k_{2OG}\ k_6 + \\
&\quad k_1\ k_{Asp}\ k_3\ k_4\ k_{Glu} + k_1\ k_{Asp}\ k_3\ k_4\ k_6 + k_1\ k_{Asp}\ k_3\ k_4\ k_{2OG}) \\
&= (k_{-1}\ k_{OA} + k_{-1}\ k_3 + k_{Asp}\ k_3)\ k_{2OG}\ k_6\ / \\
&\quad ((k_{Asp} + k_{OA} + k_3)\ k_1\ k_{2OG}\ k_6 + (k_{Glu} + k_6 + k_{2OG})\ k_1\ k_{Asp}\ k_3)
\end{aligned}
$$

Asp の濃度が無限大の時の、2OG の K_m は、

$$
\begin{aligned}
K_{m,2OG} &= (k_1\ k_{Asp}\ k_3\ k_{2OG}\ k_6 + k_1\ k_{Asp}\ k_3\ k_{-4}\ k_6 + k_1\ k_{Asp}\ k_3\ k_{-4}\ k_{Glu})\ / \\
&\quad (k_1\ k_{Asp}\ k_4\ k_{2OG}\ k_6 + k_1\ k_{OA}\ k_4\ k_{2OG}\ k_6 + k_1\ k_3\ k_4\ k_{2OG}\ k_6 + \\
&\quad k_1\ k_{Asp}\ k_3\ k_4\ k_{Glu} + k_1\ k_{Asp}\ k_3\ k_4\ k_6 + k_1\ k_{Asp}\ k_3\ k_4\ k_{2OG}) \\
&= (k_{2OG}\ k_6 + k_{-4}\ k_6 + k_{-4}\ k_{Glu})\ k_{Asp}\ k_3\ / \\
&\quad ((k_{Asp} + k_{OA} + k_3)\ k_4\ k_{2OG}\ k_6 + (k_{Glu} + k_6 + k_{2OG})\ k_{Asp}\ k_3\ k_4)
\end{aligned}
$$

結合・解離の過程が速く、分子内反応が律速になっているとすると
$k_1, k_{-1}, k_3, k_{-3}, k_4, k_{-4}, k_6, k_{-6} \gg k_{Asp}, k_{OA}, k_{2OG}, k_{Glu}$ なので、

$$
\begin{aligned}
k_{max,f} &= k_{Asp}\ k_3\ k_{2OG}\ k_6\ / \ (k_3\ k_{2OG}\ k_6 + k_{Asp}\ k_3\ k_6) \\
&= k_{Asp}\ k_{2OG}\ / \ (k_{Asp} + k_{2OG})
\end{aligned}
$$

$$
\begin{aligned}
K_{m,Asp} &= k_{-1}\ k_3\ k_{2OG}\ k_6\ / \ (k_1\ k_3\ k_{2OG}\ k_6 + k_1\ k_{Asp}\ k_3\ k_6) \\
&= K_{Asp}\ k_{2OG}\ / \ (k_{Asp} + k_{2OG})
\end{aligned}
$$

$$
\begin{aligned}
K_{m,2OG} &= k_{Asp}\ k_3\ k_{-4}\ k_6\ / \ (k_3\ k_4\ k_{2OG}\ k_6 + k_{Asp}\ k_3\ k_4\ k_6) \\
&= K_{OG}\ k_{Asp}\ / \ (k_{Asp} + k_{2OG})
\end{aligned}
$$

この式から、**図 5-12 B** の右廻りの最大速度定数 $k_{max,f}$ は、k_{Asp} と k_{2OG} のみで決まることがわかる。また、みかけの K_m については、十分な 2OG 濃度が存在する時の $K_{m,Asp}$ は、EL $\rightleftharpoons$ EL・Asp の解離定数 K_{Asp} と k_{Asp}, k_{2OG} で決まることがわかる。このように、式を作ってみることで、現象をより深く理解することができるとともに、現象を定量的に予測することが可能になる。

　同様に、**図 5-12 B** の左廻りの場合、Glu と OA のみなので、[Asp] ＝ 0、[2OG] ＝ 0 となり、上式は下記のように簡略化される。

$$
k_{max,r} = k_{Glu}\ k_{OA}\ / \ (k_{Glu} + k_{OA})
$$

$$K_{m,Glu} = K_{Glu} \, k_{OA} / (k_{Glu} + k_{OA})$$
$$K_{m,OA} = K_{OA} \, k_{Glu} / (k_{Glu} + k_{OA})$$

図 5-10 B の酵素反応が、図 5-12 B だけで説明できるとすると、図 5-10 B の PLP 型酵素（EL）とアスパラギン酸基質（Asp）との反応解析から、EL + Asp ⇌ EL・Asp の平衡定数（解離定数 $K_{Asp} = [EL][Asp]/[EL・Asp]$）と EL・Asp → EM・OA の速度定数 k_{Asp} とが得られる。他の三つの組み合わせから、速い結合解離平衡の解離定数と、律速過程の速度定数が求まる。4 種類の基質との反応定数を使って、表 5-1 のように、全反応（たとえば、Asp と 2OG を基質にして、酵素濃度は 1 μM よりも低濃度で、定常状態の反応速度）の測定値と、図 5-10 の半反応から予測される値とを比較した（Kuramitsu *et al.*, 1990；倉光, 1992）。

これらの値がほぼ一致していたので、この酵素の反応は図 5-12 で説明できることがわかる。これからわかったことは、この酵素の反応過程に図 5-9 のような数多くの分子種が存在するはずだが、中間体として観察された安定な分子種は各基質について一つのみであり、それらの状態間にエネルギー的に大きな遷移状態が一つあるのみであった。そのため、図 5-12 A の半反応は図 4-1 のエネルギー図を両方向から考えたものと同じになり、それが 2 回繰り返されて、図 5-3 のアミノ基の受け渡しの全反応が完了することになる。

この段階までくると、前定常状態の反応を解析することによって、酵素反応過程をより詳細に理解できることがわかる。

表 5-1　定常状態の全反応の測定値と、前定常状態（遷移相）の半反応からの計算値の比較

| | $k_{cat,f}$ (s^{-1}) | $k_{cat,r}$ (s^{-1}) | K_m (mM) | | | | $k_{cat,f}/K_m$ (M^{-1} s^{-1}) | | $k_{cat,r}/K_m$ (M^{-1} s^{-1}) | |
			Asp	2OG	OA	Glu	Asp	2OG	OA	Glu
全反応の測定値	220	330	2	0.6	0.018	24	1.1×10^5	3.7×10^5	2.2×10^7	1.4×10^4
半反応からの計算値	290	370	2.3	0.62	0.016	20	1.2×10^5	4.6×10^5	2.3×10^7	1.8×10^4

3.2.2　反応速度解析で明らかになった中間体の立体構造を探る

では次に、図 4-1 に相当する図 5-12 A の EL、EL・aa（Asp または Glu）、EM・ka（OA または 2OG）、EM、さらに、もっともエネルギー的に高い遷移状態は、どのような立体構造をしており、その過程でどのような化学反応が進行しているのだろうか？

反応過程の立体構造を調べたいと思った時、EL や EM については基質が存在しない時の立体構造を調べればよいので、実験は可能である。では、EL・aa や EM・ka のような複合体の立体構造を決めることはできるだろうか？　表 4-3 で示されるように、反応は 1 秒間に 100 回以上進むので、あっという間に反応が進行してしまいそうだ。

反応温度を下げれば反応がゆっくり進行しそうだが、その前に水は 0℃で凍ってしまう。そこで、水に近い性質の溶媒で、凝固点（凍る温度）が低いメタノールなどを使用する試みも行われてきたが、溶媒が変化すると実験結果の解釈が複雑になってしまう。いっそのこと、反応中の酵素溶液を瞬時に凍らせて、電子顕微鏡（Cryo-EM）で観測して、その画像を時系列に並べなおすことができればよいが、難しい。

　そこで、基質（リガンド）と結合した状態の立体構造を調べるためによく利用されるのが、以下の二つの方法である。

（1）酵素の代わりに基質類似物質を使って、酵素との結合様式を調べる方法。

（2）酵素の重要なアミノ酸を置換して、活性の無い変異酵素を遺伝子操作で作製し、その変異酵素と本来の基質との結合様式を立体構造解析で調べる方法。

（1）は、たとえば、基質のアスパラギン酸 $^-OOC-CH_2-CH(NH_3^+)-COO^-$ の代わりに、この酵素に阻害剤として結合することが知られていたコハク酸 $^-OOC-CH_2-CH_2-COO^-$ を用いて X 線結晶解析をする。いずれの方法も、およその立体構造を知るには役立つが、酵素反応を深く理解したくなった段階では、酵素反応過程の本来の姿とは異なることに気づくことになる。その時に、どうすればよいか？　とりあえず計算機科学の力を借りて、そのギャップを埋めておくことが、現時点の最善策のようである。しかし、たとえ理想的な反応中間体の立体構造ではなくとも、タンパク質の立体構造がわかれば、そこでどのような反応が起こり、活性部位に存在するアミノ酸残基がどのように関与するかの推定は可能になる。

　次に、酵素にとっての大仕事は、「遷移状態の山を越えさせること」なので、酵素反応のメカニズムを知るには遷移状態がどのような構造をしているのかが知りたくなる。しかし、遷移状態はエネルギー的に不安定なので、その状態に長くとどまることができない。そのため、遷移状態の分子数が少なく、立体構造を直接調べることはでない。そうなると使える方法は、遷移状態が反応速度に反映されることを利用して、「遷移状態を超える反応速度の測定値を量子力学計算」の助けを借りつつ、遷移状態を類推する」しかない。

　そのために、以下のような反応速度の測定法が使用される。

（1）**同位体効果**：基質や溶媒の元素の一部を同位体に置換して、律速段階の化学反応を推定する。トンネル効果の寄与なども、わかることがある。

（2）**pH 変化**：解離基が推定できる（**図 2-3，4，5** 参照）。

（3）解離の**エンタルピー変化**（*ΔH*）：解離基の推定ができる場合がある。

　測定結果を、計算機科学で理解するには、まず、起こり得ると思うことをモデルにして量子力学計算を試みる。モデルの計算と実験結果が一致すれば、モデルの説明になり得る可能性がある。しかし、そのモデルが正しいかどうかは、（1）計算機科学でそのモデルによる新たな実験結果を予測した後に、（2）実験によって確認し、予測通りの結果が得られた段階になってようやく、そのモデルの妥当性が判断できるようになる。

　アミノ基転移酵素の場合、前定常状態の反応解析と立体構造解析の結果を組み合わせ

ることによって、**図 5-13 A** に示すように、五つの分子種（四つの安定な中間体と、遷移状態）の存在が実験で確認でき、そのうち四つの安定な分子種については、立体構造情報も得られる。**図 5-13 B** のエネルギー図は以下のようにして、前定常状態の反応速度解析の結果から得られる[4]。

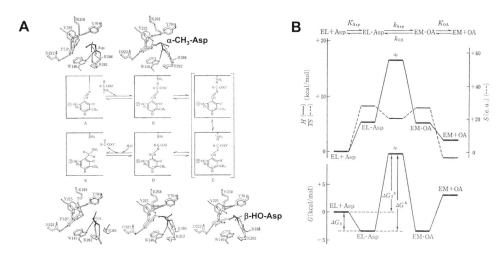

図 5-13 実験的にわかったことは、酵素反応過程のごく一部分！
A 酵素反応速度の解析などから同定された中間体、および、その立体構造
α-CH$_3$-Asp や β-HO-Asp は、ステップ A からスタートして、その状態で
反応が停止する基質類似物質
B 反応のエネルギー図

速い結合解離の過程 E＋S $\rightleftharpoons$ ES の自由エネルギー変化(ΔG)は $\Delta G_s = -RT\ln(1/K_s)$ であるが、そのエンタルピー変化(ΔH)は、$\log(1/K_s)$ を $1/T$ に対してプロット（van't Hoff plot）した傾斜($-\Delta H/(2.303R)$）から求める。またエントロピー変化(ΔS または $T\Delta S$)は、$\Delta G = \Delta H - T\Delta S$ から求める。

律速過程(ES→)の自由エネルギー変化($\Delta G^{\ddagger}$)も**図 4-1** に示すように $\Delta G^{\ddagger} = -RT(\ln(k_2h/(k_BT))$ であるが、そのエンタルピー変化($\Delta H^{\ddagger}$)は、$\log(1/k_2)$ を $1/T$ に対してプロット（Arrhenius plot）した傾斜($-\Delta E/(2.303R)$)から活性化エネルギー(ΔE)求めた後、$\Delta H^{\ddagger} = \Delta E - RT$ より求める。またエントロピー変化($\Delta S^{\ddagger}$ または $T\Delta S^{\ddagger}$)は $\Delta G^{\ddagger} = \Delta H^{\ddagger} - T\Delta S^{\ddagger}$ から求める。

そのようにしてわかったエントロピー変化（ΔS）をみると、基質が結合する過程（EL＋Asp → EL・Asp や EM＋OA → EM・OA）では大きく変化しているが、分子内での反応過程（EL・Asp $\rightleftharpoons$ EM・OA）ではほとんど変化していない。その解釈として、結合時には、酵素の活性部位や基質と弱く結合している水分子が離れて、動きが大きくなるためと考えられている。一方、エンタルピー変化(ΔH)が分子内での反応過程（EL・Asp $\rightleftharpoons$ EM・OA）で大きく変化するのは、原子間の結合を切断していると解釈して、**図 5-13 A** のように

4）自由エネルギー変化（ΔG）については、**図 4-1** を簡略化して表現されている。

中間体の立体構造を置いた。また、ΔH がいずれの基質結合時にも増加しているが、酵素の活性部位や基質から水分子が離れる際に弱い結合が切られていると解釈すれば、矛盾は無いように思われる。

　この酵素の場合には、**図 5-13 A** の B → C の過程で基質アミノ酸 Cα の H が触媒基の Lys258 の ε-NH$_2$ によって引き抜かれるので、その H をメチル基 –CH$_3$ に置換したアスパラギン酸基質の類似化合物 $^-$OOC–CH$_2$–C(CH$_3$)(NH$_3^+$)–COO$^-$ を反応させると、**図 5-13 A** の反応段階 B で反応が止まった状態の立体構造がわかる。

　このように、エネルギー図と立体構造情報を利用して、**図 5-13** を作成する。

3.2.3　触媒基周辺のアミノ酸残基の役割

　予想される酵素反応の素過程（**図 5-9**）を思い浮かべながら、活性部位の立体構造を眺めるとともに（**図 5-7, 14 A**）、多くの生物の酵素に保存されていて重要と思われるアミノ酸を置換して、定常状態の活性（**表 5-1** の $k_{cat,f}/K_m$ に相当）を測定するとともに、置換したアミノ酸残基周辺に大きな立体構造変化がないことを X 線結晶解析で確認すると（**図 5-14 B**）、基質アミノ酸の α-H を引き抜く Lys258 を Ala、Met、Glu に置換した時に活性が消失することが確認された。Asp222 は、Ala や Asn に置換すると活性が消失するが、Glu だと 30%の活性を保持しているので、Asp222 の側鎖の –COO$^-$ が重要だとわかる。Asp222 の隣の His143 は置換しても活性に影響はないが、多くの生物で保存されているので、何らかの役割を果たしている可能性があるが、その理由は不明である。

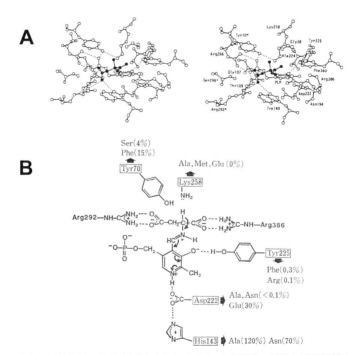

図 5-14　酵素の活性部位の構造（立体図）（A）とアミノ酸側鎖の置換と酵素活性との関係（B）

また、二つの Tyr のうち、Tyr70 は Phe や Ser に置換しても約 10% の活性を保持していたので、それほど大きな役割を担っていないようだが、Tyr225 は Phe や Arg に置換すると活性がほとんど無くなったので、非常に重要な役割を担っている。

ここで、「野生型の約 10% の活性になった」は、変化として大きいのか、それとも、小さいのかについて考えておこう。酵素反応速度（この場合、$k_{cat,f}/K_m$）で考えると、1/10 になったのだから、「とても小さくなった」という考え方もできる。一方で、その反応速度をエネルギー差（$\Delta G^{\ddagger}$）に変換して考えてみる。一般の酵素（表 4-1）や、この酵素（表 5-1）の $k_{cat,f}/K_m$ は $10^{5\sim8}$ なので、$\Delta G^{\ddagger} = 45 \sim 27$ kJ mol^{-1}（$7 \sim 11$ kcal mol^{-1}）に相当する。そのため、反応速度が 1/10 になっても、エネルギー差は、5.7 kJ mol^{-1}（1.36 kcal mol^{-1}）（表 3-2（p.84）も参照）で、活性化エネルギーの一部分が大きくなるだけである。そのように考えると、反応速度が 1/10 に変化しても、「それほど変わっていない」と言うこともできるので、反応速度の差を比較する目的によって、これらの表現を使い分けることができる。

コラム 5-2. 「温度差があった Tyr225 についての共同研究」

Tyr225 を Phe にすると活性がほとんど無くなったが、その理由として 2 通りの理由が考えられた。(1)一つは、図のような Tyr の −OH と補酵素との水素結合が重要なことがわかった、という考え方。(2)もう一つは、Tyr を Phe に置換したことによって周辺の立体構造が変化し、活性が無くなったので、Tyr の −OH と補酵素との水素結合は重要でない、という考え方である。

そこで、X 線結晶構造解析の共同研究を行うと、もとの（野生型）酵素の Tyr225 と、変異型酵素の Phe225 のベンゼン環部分がほとんど重なっていた。これによって、Tyr の −OH と補酵素との水素結合の重要性が確認できた。しかし、この共同研究で、活性測定などの分子機能解析を行った研究者はとても喜んだが、結晶解析を行った研究者は、幾分、元気がなかった。そこでそれを機に、分子機能解析を行う研究者が自ら、変異体酵素の立体構造解析を行うように心がけるようになった。

3.2.4 変異型酵素と基質類似物質との組み合わせでわかる反応機構

酵素反応の素過程（図 5-9）の反応速度や立体構造変化はどのようになっているのだろうか。その謎のヒントが、基質アナログを使って得られる場合がある。AspAT の場合も、野生型の PLP 型酵素（吸収極大 360 nm）が本来の基質であるアスパラギン酸（aspartate（Asp））と反応すると、反応が最後まで進行して PMP 型（吸収極大 330 nm）の酵素とオキサロ酢酸（OA）になる。しかし、Asp の α-位の H を CH$_3$ に置換した 2-CH$_3$-Asp や、Asp の β-位の H を OH に置換した HO-Asp の場合には、図 5-13 A の β-HO-Asp で示した段階で反応が停止し、図 5-15 の 1 段目（野生型）のようなスペクトルを与える。

Lys258 を Ala に置換して活性が無くなった変異型酵素 K258A（この略号は、Lys258 を Ala に置換した変異酵素を表す）に、これらの基質や基質類似物質を加えてみると、図

5-15 の 2 行目のように、すべて 2-CH₃-Asp の場合と同じスペクトルになり、図 5-15 A の 2-CH₃-Asp で示した段階で反応が停止していることがわかる。すなわち、Lys258 はその段階（参考図 5-14 B）の反応を助けているのである。

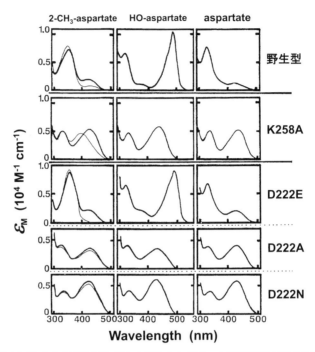

図 5-15　変異型酵素と基質類似物質との組み合わせで、反応機構はどこまでわかるか？
左列(2-CH₃-Asp)のスペクトルの細い線は、各酵素のみのスペクトル。

　Asp222 の場合には、活性のあった変異型酵素 D222E は野生型と同じスペクトルになったが、活性が無かった D222A や D222N は K258A と同じスペクトルになったので、Asp222 は Lys258 が基質アミノ酸から α-H を引き抜く反応を助けているのであろう。
　この例のように、変異型酵素と基質類似物質との組み合わせで、ある程度のことがわかる。それを手掛かりにして、反応機構をさらに詳細に理解するためには、基質アミノ酸の α-H を重水素に置換した基質を合成し、反応速度が遅くなる（一次）同位体効果を観測する手法などもある。

3.2.5　酸性基質と相互作用するアミノ酸残基の役割
　AspAT は酸性アミノ酸基質に対する特異性が高いが、それは、側鎖の ω-COO⁻ が Arg292 と静電的相互作用をするためである（図 5-7, 14）。Arg292 を Lys に置換すると、結合前（E＋S）と遷移状態（ES‡）とのエネルギー差（$\Delta G_T^‡$）（図 5-13）は、5 〜 6 kcal mol⁻¹ 増加した（図 5-16）。さらに 292 位を、電荷を持たない残基（Val、Phe、Tyr、Gly）に置換すると、$\Delta G_T^‡$ が Lys 置換体よりも 1 〜 2 kcal mol⁻¹ 増加した。基質の α-COO⁻ と結合

する Arg386 の場合にも同様の結果が得られた。

　X 線結晶解析の結果、R292V、R292K、R386F 各変異型酵素の立体構造は野生型酵素とほとんど同じであった。さらに、R292K の Lys 側鎖の正電荷は、野生型酵素 Arg292 側鎖の正電荷とほとんど同じ位置に存在した。

　以上の結果から、基質 COO⁻ の認識には、Lys の正電荷だけでは不十分で，Arg のような 2 本の水素結合の形成が必要なのであろう。他の蛋白質でも同様の結果が得られているので、一般に「COO⁻ の認識には Arg が必須であり、同じ正電荷をもつ Lys では代用できない」と考えてよさそうである。

　$\Delta G_T^{\ddagger}$ の値は，Arg を Lys に置換することによって約 5 kcal・mol⁻¹ 増加したが，基質結合による自由エネルギー変化（$\Delta G_s = RT \cdot \ln K_d$）は 2 〜 3kcal・mol⁻¹ しか増加しなかった。図 5-14 のような Arg 残基と COO⁻ との間の 2 本の水素結合は、遷移状態になって初めて形成されるのかもしれない。このように、遷移状態で関与するアミノ酸残基の例は，他の酵素でも数多く見出されている。遷移状態における動きが一般に必要ならば、触媒活性をもつ抗体の作製などに際しても、そのことを考慮に入れる必要があろう。

　後に述べる中性基質用のポケットと同様に、酸性基質側鎖の結合部位も疎水性であることが種々の変異型酵素を使って求めた実効誘電率から明らかになっている。この結果は、一般に活性部位は疎水性であるという事実とも一致する。

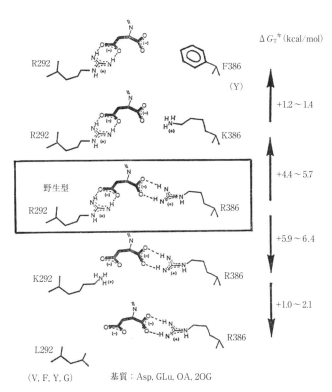

図 5-16　アルギニン残基の役割

3.3 さらに多くの反応過程を探索する試み

3.3.1 時分割ラウエ法

　時分割ラウエ法という方法を使って、タンパク質結晶中で酵素反応過程を追跡する試みがなされたことがある。その方法は、（1）反応が遅い基質や（2）強い光で外れる保護基を付けたような基質（caged 化合物と総称で呼ぶ）を使い、X 線結晶解析法を利用して、タンパク質結晶中で酵素反応過程を追跡するというものである。図 4-1 からも予想されるように、この方法では反応過程を刻々と追跡することはできなかったが、遷移状態の両側にある安定な分子種の立体構造だけは、知ることができた（Hadju *et al.* (1987) *EMBO J.* **6**, 539–546; Schlichting *et al.* (1989) *Proc. Natl. Acad. Sci. USA* **86**, 7687–7690）。しかし、(a) 酵素の結晶化や、(b) 酵素と基質のよい組み合わせを探し出す成功率を考えると、すべての酵素にこの時分割ラウエ法を適用するのは難しい。

3.3.2 caged 化合物を利用する方法

　アミノ基転移酵素の反応過程には多くの状態が存在するはずだが（図 5-9）、ストップトフロー法を利用して 1/100 秒間で反応を測定しても、実験で観測できた状態（図 5-10, 13）は、4 種類すべての基質について図 5-17 A, B のみであった。すなわち、半反応（図 5-12 A）の大きなエネルギー障壁は一つだけで、その半反応をいずれの方向から測定しても図 5-17 A のように見えて、ES に存在するはずの数種類の分子種（図 5-9）は、区別できなかったことがわかる。

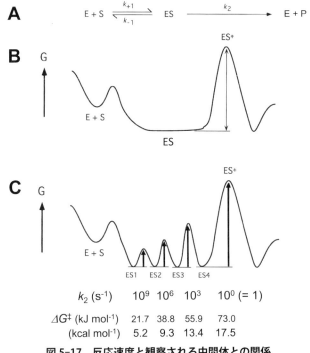

図 5-17　反応速度と観察される中間体との関係

ストップトフロー法よりも速く、$1/10^5$ 秒間で酵素反応が追跡できれば、**図5-17 C** の ES$_4$ が ES$_1$ ～ ES$_3$ の混合物から分離できると同時に、ES$_3$ から ES4 へ向かう反応速度（$\Delta G^{\ddagger}$ に相当）もわかることになる。このように、E＋S から見て、手前の $\Delta G^{\ddagger}$ が低い関係になっていて、短時間で測定する方法があれば、反応中間体の情報を得ることが可能である。しかしながら、**図5-17 C** の右側から反応が進行する場合には、ES$_1$ ～ ES$_4$ の分子種を分離して観察することは、原理的に不可能である。

　では実際に、どこまで短時間で酵素反応を測定できるのだろうか？　**緩和法**という方法が知られていて、$1/10^9$ 秒近くまで短時間で測定できる。この方法は、ストップトフロー法のように2種類の液を混合するのではなく、(1) あらかじめ混合して平衡状態にしておき、(2) 圧力や温度を急激に変化させた直後に、(3) 元の平衡状態へ戻ろうとする速度を測定する方法である。この方法の長所は、速い反応速度が測定できることや、同じ溶液で何度でも測定できることである。そこでこの方法を使って、アミノ基転移酵素の半反応（**図5-9**）の測定に挑んだ研究者がいた。しかし、平衡状態で存在している分子種が多かったためか、得られたデータが複雑で、その解釈は難しかった。

　たとえ緩和法を使うことができても、**図5-17 C** の ES$_1$ のような分子種を検出することは難しいであろう。その理由は、酵素が基質に結合する段階が律速になる可能性があるためである。

　それならば、酵素が基質に結合する過程を考えなくてもよい測定方法はあるのだろうか？　まず、基質の一部を化学的に保護しておき、「酵素に結合はするが反応は進まない状態」にしておく。次に、光を照射すると同時に、基質の保護が除かれて酵素との反応が開始するというアイデアである。そのように保護された化合物を **caged 化合物**と呼んでいる。

　アミノ基転移酵素の基質となるグルタミン酸の caged 化合物の例が**図5-18 A** である。このニトロベンジル誘導体に光を照射すると、アシニトロ中間体を経て、アミノ酸が放出される。

　予備実験として、0.1 mM の caged グルタミン酸を入れた標準石英セル（10 x 10 x 45 mm^3）に、254 nm、0.04 J cm^{-2} の紫外線を連続照射すると、酸性（pH 3.8）では**図5-18 B** のような経時変化が見られた。反応が進行しても吸光度は変化しない等吸収点が、250 nm と 330 nm 近傍に見られたので、光分解反応によって二つの状態間（**図5-18 A** 矢印の前後の2状態）で反応が進行し、副反応は生じないようだった。

　次に、**図5-18 C** のように、5 mM caged グルタミン酸（pH 6.0）を 2 x 2 x 5 mm^3 の石英セルに入れ、2 x 5 mm^2 の方向から 266 nm の YAG レーザーを短時間照射した後、分解反応を 2 x 2 mm^2 の方向の窓から 400 nm の光吸収変化で追跡して、分解反応の速度定数（k）を求めた（**図3-22**（p.85）参照）。

　図5-18 C の光分解速度（k）の pH 変化を調べたのが**図5-18 D** である。ストップトフロー法で測定できるのが $k = 10^3$ s^{-1}（log k ＝ 3）近くまでなので、この caged 化合物を使った測定法で、それ以上の速度を達成しようとすると、pH 4 以下で測定する必要がある。

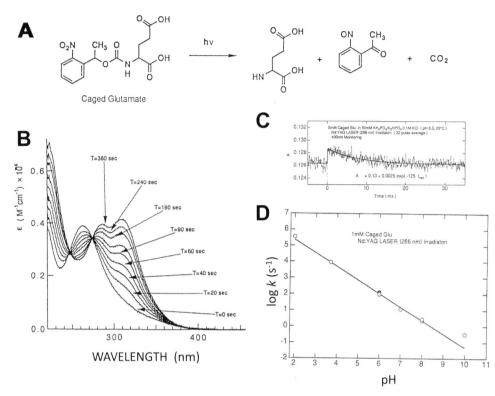

図 5-18　caged 化合物：光を照射すると基質ができる！

　これらの結果から、caged 化合物を使用して新たな反応中間体を発見するためには、以下のような課題が見えてきた。以下に示す。

1)　理想的な caged 化合物
（1）光分解される前は光をよく吸収して（モル吸光係数が大きく）
（2）速く分解され
（3）光分解後は光を吸収しない

　ここで用いたようなニトロベンジル誘導体の caged 化合物は、光を効率よく吸収させるためにモル吸光係数が大きい。すると、光分解後に残った基質以外の部分が、多くの光を吸収するため（モル吸光係数が大きいため）、光分解後の酵素反応を十分な基質濃度で測定することができなくなる。光分解後は測定波長領域で光を吸収しないのが理想的である。

　また、図 5-18 で使用した caged 化合物は、pH 6 以上の光分解反応で図 5-18 B のような等吸収点が見られなくなり、副反応を生じていることがわかった。そのため、光分解反応の副反応が少なく、中性の pH 領域でもより速く光分解されるような、新たな caged 化合物の合成が必要となる。

2) 理想的な酵素

caged 化合物やその光分解で生じたものが、そこで、1 mM 以下の基質濃度で測定する必要があるので、その濃度でも十分酵素に結合しているためには、基質の解離定数が pH 4 以下においても 0.1 mM 以下であることが期待される。そのため、(1) pH 4 以下でも安定な酵素であること、(2) 酵素と光分解後に生じた基質との親和性が高いこと、さらに、(3) caged 化合物の光分解によって生じた産物が、酵素反応を測定するための波長となるべく重ならないような「酵素-基質の組み合わせ」を備えた理想的酵素を探す必要がある。

そのためには、**第 5 章**のような好熱菌の安定な酵素群の中から、最適なものを選ぶのが近道であろう。

3.4 酵素分子の基質認識の謎

酵素分子と基質分子の結合・解離にも、多くの謎が残されている。それらの謎には、新たな創薬方法に役立ちそうなものも含まれている。

3.4.1 新たな創薬方法の原理が発見できる可能性

医療に使われる創薬の方法は飛躍的な発展を遂げつつあるが、その一つの方法である fragment-based drug design（FBDD）は、(1) まず、標的とするタンパク質に結合する小分子を、多くの化合物ライブラリーからロボットを使用して選択し、それらが結合する部位を、立体構造解析で明らかにしておく。この段階の小分子は、疎水性相互作用で結合していることが多い。(2) そして、同じ活性部位に結合する分子群の体積を合わせたより大きな分子を設計する。この段階で、タンパク質表面に固定した水分子がある場所は、なるべく避ける。(3) 次に、タンパク質と結合した時に、水素結合が形成できるように、化合物を改変する。水素結合が形成されると、ΔH が負になるので $\Delta G = \Delta G - T\Delta S$ がより負になって化合物の親和性が大きくなる。(2) のステップで、タンパク質表面に固定した水分子が少ない部分を選ぶ方がよいのは、化合物の結合時にタンパク質表面の水を排除する必要があるが、それにともなう $\Delta H > 0$ を減らすためである。（総説など：長門石，津本 (2017) 熱測定 44, 164-170；津本 (2009-)「相互作用の王道」GE Healthcare Japan の HP）

新たな創薬方法のヒント？

酵素の活性部位の形をグラフィックスで眺めて、阻害剤をデザインし、創薬を行うドラッグデザインが行われて医療に役立っているが、自然は人間が思いもつかないような戦略で、ドラッグデザインに相当する作業を行っている可能性がある。

そのヒントは、AspAT の基質特異性の変換を目指していた実験から得られた。図 5-6, 7 右図（p.154）の AspAT は、R-CH$_2$-CH(NH$_3^+$)-COO$^-$を基質とするが、β 位に CH$_3$ をもつバリンやイソロイシンなどのような R-CH(CH$_3$)-CH(NH$_3^+$)-COO$^-$は基質にできな

い。その理由は、基質のβ位近傍にタンパク質のアミノ酸残基が存在し、しかもその近傍は触媒基の Lys258 に近いために固い構造をしていて、融通が利かないためである。バリンやイソロイシンに作用できるように酵素分子の基質結合部位を改造するためには、基質のβ位近傍に位置するタンパク質のアミノ酸残基側鎖を小さくすればよいように思われた。

そこで、directed evolution という試験管内突然変異法を用いて、酵素分子にランダムな変異を導入し、バリンやロイシンに作用できる酵素が出現した場合にだけ選択されるような実験系を作った。その結果得られた変異酵素は、β位に CH_3 をもつバリンに対する触媒効率が 100 万倍も上昇していた。しかし、予想に反して、17 残基ものアミノ酸が変異しており、しかも、基質に直接接触する第 1 層目のアミノ酸残基群ではなく、その一層外側のアミノ酸群であった（Yano *et al.*, 1998; Oue *et al.*, 1999; Shimotohno *et al.*, 2001）。そのことがわかりやすいように、変異したアミノ酸残基を van der Waals 表示で示すと図 5-19 A ～ C の立体図のようになり、基質の周辺に隙間が見られる。酵素分子の原子は最密充填状態であるので、基質（図 5-19 では、立体構造解析に使用されたバリンの基質類似物質を示す）近傍のアミノ酸残基が置換されていれば、図 5-19 の基質周辺には隙間はないはずである。

なぜ、基質β位近傍のアミノ酸だけを置換する戦略をとらず、その周辺の 17 残基ものアミノ酸を置換したのだろうか？　その理由はまったく不明であるが、自然は人類の行っているドラッグデザインと異なる戦略を利用して、酵素の基質特異性を変えていることがわかった。

同様の戦略が、我々ヒトの抗体産生 B 細胞が、抗原に対する親和性を上げて行く自然過程（affinity maturation）でも利用されている。我々ヒトの身体は、体内へ侵入する敵（抗原）から身を守るためにタンパク質でできた抗体分子を作って戦っているが、その抗体分子が敵（抗原）の表面にぴったりと適合できるように、B 細胞中で抗体分子に変異を導入しながら抗体分子の改良を行っている。その際に導入される変異もまた、抗原分子と直接接触するアミノ酸残基ではなく、その一層外側の多数のアミノ酸残基であることが知られている。図 5-20 A, B の例では、9 アミノ酸残基の変異により、抗原に対する親和性が 10^4 倍上昇したが、抗原と直接相互作用する変異残基はなかった（Patten, 1996）。

この抗体分子の場合も、なぜ自然がこのような戦略をとっているのかはまったく不明であるが、次に述べるタンパク質分子の揺らぎ（ダイナミックス）に関係しているのかもしれない。

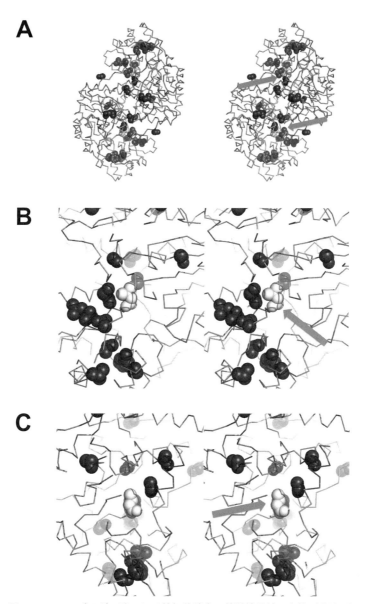

図 5-19　アスパラギン酸アミノ基転移酵素の基質特異性の変換（立体図）
自然に変異したアミノ酸側鎖を濃い球で、基質を白色の球と矢印で示した。
A：二量体全体　　B：基質の近傍を A と同じ方向から見た図　　C：B を右側から見た図

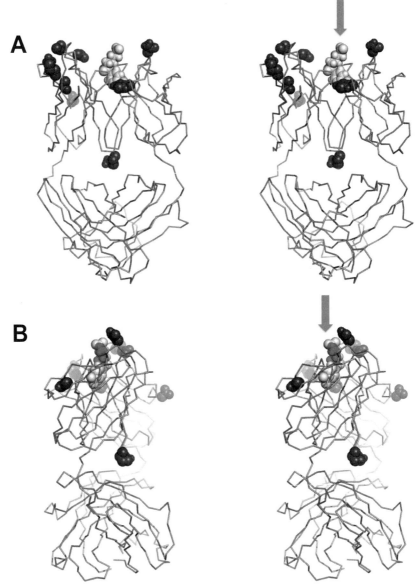

図 5-20 ヒト抗体産生 B 細胞の自然進化と類似（立体図）
自然に変異したアミノ酸側鎖を濃い球で、基質を矢印と白球で示した。
A：正面　　B：右側から見た図

3.4.2　ドメイン間の動きのエネルギー：疎水性相互作用の利用

　　酵素分子が基質と結合する時には、図 5-6（p.154）のように、基質をドメイン間に挟み込むようにして結合することが知られている。基質分子が近づいてきて、酵素のドメイン間が閉じるのは、基質分子がどこまで酵素分子に近づいた瞬間なのだろうか？　魚が餌をとる瞬間のように、ドメイン間がパクッと閉じるのだろうか、それともジワジワと閉じるのだろうか？　ドメイン間の動きには、どれ位のエネルギーが必要なのだろう

か？　そのようなことを考え始めると、基質分子が結合する際のドメインの動きにも多くの謎がありそうだ。

　その謎の中で、ドメイン間の動きのエネルギーについては、意外な偶然からわかった。利用したのは、AspAT および芳香族アミノ酸アミノ基転位酵素（AroAT）という一組の酵素である（**図 5-3** 参照）。両酵素の酸性基質に対する活性は同程度だが、疎水性の基質に対する活性は AroAT の方が圧倒的に高い。にもかかわらず、これらの酵素の基質結合ポケットで、直接基質に結合するアミノ酸残基は同じである。そこで、疎水性基質への活性が異なる謎を解くために、両酵素の遺伝子を途中で入れ替えて、さまざまなキメラ酵素を作り、得られたキメラ酵素の活性を調べてみると、**第 5 章「3.1 基質との結合の謎」**と類似の結果が得られた（Miyazawa *et al.*, 1994）。

　なお、得られたキメラ酵素の種類が少なかったのは、一般に、酵素タンパク質の内部では、原子が最密充填の状態になっているので（**第 2 章**）、ドメイン内でポリペプチド鎖を入れ替えたキメラタンパク質を作るのは難しかったためであろう。

　AspAT と AroAT の疎水性基質に対する活性の違いを、20 種類のアミノ酸（**図 2-3**）だけで解析するのは難しいので、一連の直鎖状の側鎖をもつ疎水性 α-アミノ酸基質（**図 5-21**）を合成した。それらを用いて、酵素活性を**図 5-10** のように測定して、E＋S と ES‡ とのエネルギー差 $\Delta G_{\mathrm{T}}^{\ddagger}$（**図 4-1**）を基質の炭素数に対してプロットしてみた（**図 5-22**）。それと同時に、AspAT と基質との複合体の X 線結晶構造解析を行ってみた（**図 5-23**）。すると、以下のように、偶然にも、基質結合時に酵素のドメインが動くエネルギーが推定できたように思われる（**図 5-24**（Ishijima *et al.*, 2000））。

　立体構造解析（**図 5-23**）によると、炭素鎖が 3 個（**図 2-3** のアラニン（C3））や 4 個のアミノ酸の場合には、Arg292 側鎖の動き（**図 5-8**）やドメイン間の動きは見られなかった。しかし意外なことに、炭素鎖が五つ以上になると、側鎖に –COO⁻をもつ酸性基質（類似物質）の場合と同様に、**図 5-6, 7** の右端図のようなドメインや側鎖の動きが見られ、**図 5-8「『一酵素-二基質』の酵素のからくり」**の説明と矛盾するような結果が得られた。

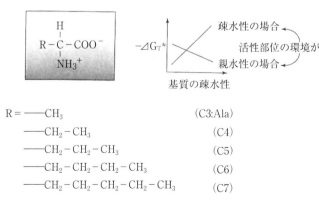

図 5-21　一連の直鎖状 α- アミノ酸基質

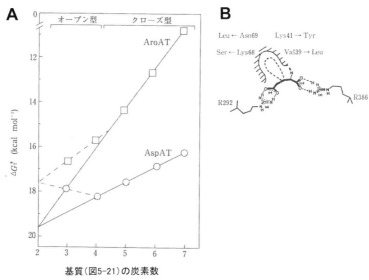

図5-22　A 基質の炭素数と $\Delta G_T^{\ddagger}$ との関係
　　　　B AspAT から AroAT へ置換していた疎水性基質結合部位のアミノ酸残基

　このように、疎水性基質の炭素鎖が長くなったときに、酵素のドメインや側鎖が動く理由は謎のまま残されたが、図5-22の炭素鎖4（C4）以下と5（C5）以上で異なる現象が起きていることだけはわかった。そこでAspATとAroATのそれぞれについて、2本の直線を描いてみた。ここで、AspATのC4はC3と同様に、ドメインや側鎖Arg292が動かなかったので点線で結び、C5以上の基質は実線で結んだ。すると、両酵素の直線はいずれもC2の縦軸で交わった。これは、何を意味しているのだろうか？

　解釈の一つが図5-24である。図5-22 Aの点線は、酵素のドメインや側鎖が動かない状態（open型）で基質が結合して遷移状態になるまでのエネルギーを反映し、実戦は、ドメインや側鎖が動いた状態（closed型）を反映しているという考え方である。（註：$G_T^{\ddagger}$に含まれる k_{cat} と K_m とを分ければ、他の考え方も可能になる。しかし、まずは最も単純な場合を想定し、それで説明できなければ、より複雑な場合を想定する。）

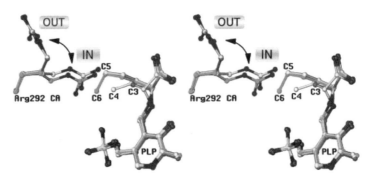

図5-23　一連の直鎖 α-アミノ酸基質との複合体の立体図

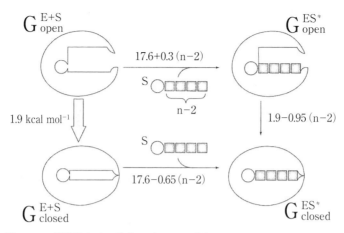

図 5-24　基質結合時に酵素のドメインが動くことを表す熱力学サイクル

　ここで、図 5-22 の縦軸 $\Delta G_\mathrm{T}^{\ddagger}$ は E+S と ES‡ とのエネルギー差なので（図 4-1 参照）、E+S ⇌ ES（K_m に相当）と ES ⇌ ES‡（k_cat に相当）に分けることはできていない。しかし、上のように解釈すると、ドメイン間の動きは、基質が存在していない場合でも起こっていることになる。さらに、図 5-6 のようにドメイン間が動くためには 2 kcal/mol のエネルギーが必要であり、ドメイン間が開いている分子数（1 分子に注目すれば、時間）と閉じている分子数（時間）との割合は 30 対 1 であることなども示唆された。この結果は、原子間力顕微鏡を利用して他のタンパク質で測定された結果（図 5-25（Radmacher *et al.*, 1994））とも矛盾しない。

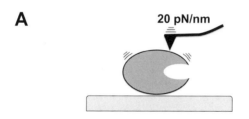

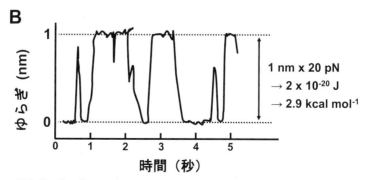

図 5-25　酵素分子（リゾチーム）のドメインの動きを、原子間力顕微鏡（A）で測定した例（B）

3.4.3 分子の揺らぎ

　分子の揺らぎ（ダイナミックス）については、謎が多い。酵素タンパク質は「活性部位の必要な部分は柔らかく、触媒基近傍は固く」と、揺らぎを使い分けているようだが、タンパク質工学的にタンパク質の一部を柔らかくしようと試みると、分子全体が柔らかくなってしまい、希望する部位だけを柔らかくすることが難しい。温度を変化させたり、変性剤の濃度を変化させたりしてみて、酵素分子のダイナミックな動きを変えてみても、基質特異性の変化は見られない。

　実験をしていると、さまざまな局面で分子の揺らぎが影響しているように感じるが、分子機能との関連性を実験的に証明することは、きわめて難しいのが現状である。タンパク質の揺らぎに関して「予め実験結果を計算機科学で予測し、その後に実験で確認する」という手順で研究ができるようになれば、「分子の揺らぎが理解できるようになった」と言える時代の到来であろう。

3.5　タンパク質工学による酵素反応解析法の限界

　いずれの酵素にも、**活性部位**に**基質結合部位**と**触媒基**とがある。1980年代から使われるようになったアミノ酸置換法を含む**タンパク質工学**がどこまで役立つか、限界はどこにあるかを、このアミノ基転移酵素を使って調べてみると、タンパク質工学の利点と限界は、いずれのタンパク質でもほぼ同じであることがわかる。

　タンパク質工学と言われる方法は、多くの場合、遺伝子を変換して（遺伝子操作）、その遺伝子情報から作られる新たなタンパク質を作り出すことを指す。そのタンパク質作りには、大腸菌がよく用いられるが、目的に応じて、他の生物やその培養細胞も利用されている。タンパク質工学の方法は、化学試薬と反応させてタンパク質の活性変化を調べるために古くから利用されている化学修飾と、原理的には同じである。しかし、タンパク質工学の方法には副反応が無いという長所がある。一方、アミノ酸置換法の欠点は、置換するアミノ酸を19種類の中からしか選べないことだが、それを補う *in vitro* 転写翻訳系もある。

　作製した変異型酵素を利用して、反応中間体の推定する試みを進めていくと、「変異型酵素で捕捉した中間体は、本来の野生型酵素に存在した反応中間体なのか、それとも変異型酵素に特有の中間体なのかが不明」という壁に当たることが多い。

　変異酵素や基質類似物質を利用すると、反応中間体の立体構造はある程度明らかになるが、肝心の反応機構は、本来の基質と少し異なるために不明なままである。このような研究方法を例えるなら、地球外からやって来た宇宙人カメラマンが、地球上のワールドサッカーを取材にやってきて、「ラグビーボールでサッカーをしている様子をビデオに収録し、自分の星に帰って『これが、地球でのサッカーというものらしい』と報告する」ことに相当する。同様に、基質や生成物が結合していない酵素タンパク質の立体構造を決めることは、「サッカーボールも選手も観客もいないグランドをビデオに収録し、『地球では、このような場所でサッカーというものをするらしい』と自分の星に帰って報告

する」ことに相当するようなものである。反応中間体を理解するには、本来の野生型酵素の反応過程を測定するしかない。そのため、前述のような caged 化合物を利用した測定方法が求められるわけである。

　変異酵素を利用した研究をする際に重要なことは、たとえ一つのアミノ酸を置換しただけでも「別のタンパク質になった」という意識をもっておくことである。そのため、必要に応じて、変異酵素の立体構造は確認しておくべきである。

　第3章で紹介したように、まったく新規な活性を示す酵素をタンパク質工学の方法で作ろうとした、涙ぐましい努力がある（図 3-15（p.72））。実験の初期は順調に活性が上昇し、k_{cat}/K_m が約 3×10^3 $M^{-1}cm^{-1}$ まで到達した。しかし、この活性の強さは、自然界で進化した酵素の活性 $k_{cat}/K_m = 10^7 \sim 10^8$ $M^{-1}cm^{-1}$（表 4-1（p.112-113））と比べると、1 万倍以上低かった。それ以降も努力が継続されたが、酵素の活性は上昇せず、ついに、「なぜ、活性が上がらないのか」ということを考えた論文が出されて、その研究は足踏みしている。

　やはり人類の知恵は、まだ自然のレベルに到達していないらしい。それなら、栄養要求性、薬剤耐性、耐熱性などように、タンパク質を試験管内で進化させる時に利用する自然の方法を活用して、（1）まず、活性の高い酵素分子が自然選択できる "Directed Evolution"（指向性進化）の実験系を確立しておき、（2）次に、その系を利用して活性の高い酵素を得るのが得策であろう。それができるかどうかは、（1）にかかっている。

4. 不思議な活性を示す酵素の例

4.1 k_{cat} と K_m との関係が不思議な RecJ 酵素

　上述のように一つのアミノ基転移酵素についても、まだまだわからない不思議な現象が残されている。たとえ一つの酵素でも、不思議な現象の「からくり」がわかれば、「他の酵素タンパク質にも適用できる一般法則」が増える可能性がある。将来の「一般法則」が増えることを期待しつつ、謎が大きい酵素を、2 例だけ紹介しておく。

　一つめは、RecJ 様酵素（nanoRNase）という DNA や RNA を分解する酵素で、RecJ（図 5-26）の Domain I＋II に相当する立体構造をしており、表のような活性を示した（Wakamatsu *et al.,* 2010; 2011; Uemura *et al.,* 2013）。不思議なのは、基質の長さが短くなっても親和性（K_m）はほとんど変化しないが、1 秒間に働く回数（k_{cat}）が増大したことである。短い基質に対する k_{cat}/K_m が 10^6 $M^{-1}s^{-1}$ 以上なので、これらの短い RNA や DNA がこの酵素の本来の基質であることは、間違いなさそうである（表 4-1 参照）。しかし、その不思議な活性がどのような仕組みで達成されているのかは、まったく不明である。

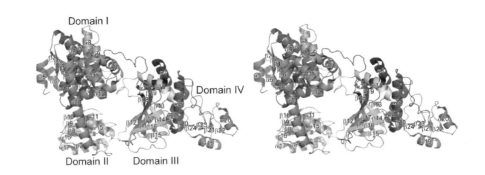

DNA基質	K_m(μM)	k_{cat}(s⁻¹)	k_{cat}/K_m(s⁻¹M⁻¹)	RNA基質	K_m(μM)	k_{cat}(s⁻¹)	k_{cat}/K_m(s⁻¹M⁻¹)
3 mer ssDNA	65	200	3,100,000	3 mer ssRNA	280	280	1,000,000
6 mer ssDNA	120	6.3	53,000	6 mer ssRNA	270	6.2	23,000
11 mer ssDNA	68	0.025	370	11 mer ssRNA	450	2.5	5,600
21 mer ss DNA	78	0.0047	60	21 mer ssRNA	470	0.097	210
				pAp	18	95	5,300,000

pH 7.5, 37℃, 5 mM Mn²⁺

図 5-26　不思議な酵素：RecJ（立体図）、および、RecJ 様酵素の活性

4.2　ウイルス感染に対抗するために不思議な機能を備えた dNTPase 酵素

　とても不思議な酵素のもう一つ例は、dNTP の分解活性を有する dNTPase である（Kondo *et al.*, 2004; 2007; 2008）。この酵素は**図 5-27 A** のような 6 量体構造をしている。この酵素は、DNA 合成などの材料となる dNTP（N＝G, A, T, U, C）の三つのリン酸基を一度に切り離すことができる。細胞内に存在する濃度では、各基質に対する酵素活性は低い（**図 5-27 B** の「-」記号）。しかし、不思議なことに、複数の基質が共存すると、その活性が高くなる。なぜ、そのような活性が発揮できるかを知るために、基質の種類や組み合わせ、そして濃度を変えて、定常状態の酵素反応を解析してみた（その例が**図 5-27 C**）。その結果、ヒントが少しだけ得られたが、その分子メカニズムは不明である。

　たとえ分子メカニズムは不明でも、私たちはこのような酵素の恩恵にあずかっている可能性がある（Goldstone *et al.*, 2011; Ji *et al.*, 2013; Ji *et al.*, 2014 など）。身体にウイルスが侵入すると、私たちの身体にも存在するこのような酵素が、DNA 合成の材料を枯渇させることになる。そうなると、私たちの細胞自身も DNA 合成ができなくなって困るのだが、それ以上に、「活発に DNA を合成して、増えたい」と思っているウイルスは、もっと困ることになる。そして、感染したウイルスがヒトの細胞から撤退すると、細胞はその分解酵素の活性を正常な状態にまで減少させて、再び DNA 合成や修復を続けるように、調節されているのかもしれない。

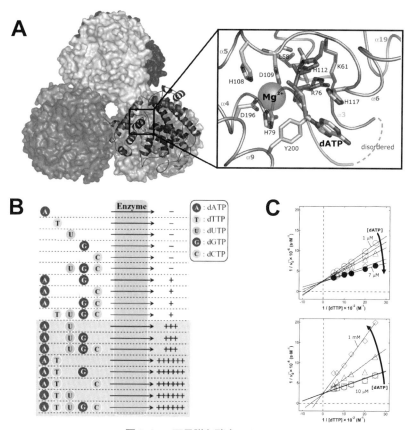

図 5-27　不思議な酵素：dNTPase

　これらの不思議な酵素は、機能未知と考えられていた酵素を研究している過程で我々が遭遇した酵素であるが、これらを含めて、酵素の謎を解きたいと思った時には、高度好熱菌 *T. thermophilus* HB8 のタンパク質を大腸菌に作らせるためのプラスミド DNA は公的な機関から配布されており、それを利用してタンパク質を発現・精製する方法もホームページで公開されているので、すぐに実験が始めることが可能である。それらの試料や情報の入手方法は、**第 6 章**で紹介する。

　以上、タンパク質の立体構造をもとにして機能解析を行う研究の謎を中心にして紹介してきた。現存するタンパク質が、自然の進化によっていかに巧妙に作られていることに驚嘆させられる。この**第 5 章**でおもに紹介した一つの酵素（アミノ基転移酵素）だけでも、一般法則につながる多くの現象に遭遇した。

　生物には多くのタンパク質が存在しており、その種類は、ヒトでは約 2 万種類、イネは約 3 万、酵母は約 6 千、大腸菌は約 4 千、温泉で生息する好熱菌は約 2 千種類が存在し、これらの生物はウイルスのように寄生をせずに、自分で食物を摂取しながら活動している。これら生物の遺伝子から作られる各タンパク質に、わからないことがまだまだ多く残されている。そして、それらの各論研究から一般法則を発見することも、生命現

象を理解するためには重要であろう。しかし、このような方法を積み上げて行って、個々の生物全体を理解しようとすると、とても長い時間を要することになるであろう。

　一方で、**第6章**では述べたような原子レベル分解能で、細胞全体の生命現象を理解しようとする試みを紹介する。その際に利用する法則は「一般に、遺伝子数が少ない生物の遺伝子は、より多くの遺伝子をもっている生物のものと共通のことが多い」というもので、生物としては、温泉で生息し、生命の起源に近いとも考えられている高度好熱菌である。

参考文献

（★★★，★★，★の記号は、演習用の論文・書籍として適していると思われる参考指標）

Ishijima, J. *et al.*（2000）"Free energy requirement for domain movement of an enzyme", *J. Biol. Chem.* **275**, 18939–18945 ★

　結合する基質周辺のアミノ酸側鎖は同じで、酸性基質に対する活性は同じでも、疎水性基質への活性が異なる酵素の謎は解けていないが、その疎水性基質に対する活性から、酵素のドメイン間が動くエネルギーは約 2 kcal mol^{-1} であることが推定できた。

Kondo, N. *et al.*（2004）"Biochemical characterization of TT1383 from *Thermus thermophilus* identifies a novel dNTP tyriphosphohydrolase activity stimulated by ATP and dTTP", *J. Biochem.* **136**, 221–231

　多種類の基質が存在する場合に高い活性を示す特異な酵素を発見し、定常状態の酵素反応を解析した。その X 線結晶解析が、Kondo, N. *et al.*（2007）"Structure of dNTP-inducible dNTP triphosphohydrolase: insight into broad specificity for dNTPs and triphosphohydrolase-type hydrolysis", *Acta Cryst.* **D63**, 230–239

　この酵素の金属要求性を調べる目的で、細胞内の金属濃度を全濃度と結合していない（freeの）濃度の両方について調べた論文が、Kondo, N. *et al.*（2008）"Insights into different dependence of dNTP triphosphohydrolase on metal ion species from intracellular ion concentrations *in Thermus thermophilus*", *Extremophiles* **12**, 217–223

　この酵素の不思議な活性がどのような仕組みで発揮されるのかは、大きな謎だが、この酵素は我々にも存在して、ウイルス感染の防御に役立っているらしいことなどが、Goldstone *et al.*（2011）*Nature* **480**, 379–382; Ji *et al.*（2013）*Nat. Struct. Mol. Biol.* 20, 1304–1309; Ji *et al.*（2014）*Proc. Natl. Acad. Sci. USA* **29**, E4305–4314 で示唆されるようになってきた。

Kuramitsu, S. *et al.*（1990）"Pre-steady state kinetics of *Escherichia coli* aspartate aminotransferase catalyzed reactions and thermodynamic aspects of its substrate specificity", *Biochemistry* **29**, 5469–5476

　二基質酵素の前定常状態（遷移相）の反応を解析した論文。具体的な実験結果は省かれているが、その詳細が和文の総説（倉光，1990）に記載されている。

タンパク質濃度を分光学的に決定するためのモル吸光係数（ε_M）の計算方法も、記載がある。

Miyazawa, K. *et al.* (1994) "Construction of aminotransferase chimeras and analysis of their substrate specificity", *J. Biochem.* **115**, 568-577

　タンパク質の各部分の機能を推定するために、キメラのタンパク質を作って、タンパク質の一部分を入れ替えることがよく行われている。多くの場合はドメイン間で入れ替えてドメイン単位の機能を調べるが、ドメイン内で入れ替えると、その成功率はあまり高くないことが明らかになった。

Nakai, T. *et al.* (1999) "Structure of *Thermus thermophilus* HB8 aspartate aminotransferase and its complex with maleate", *Biochemistry* **38**, 2413-2424

　生物種は異なるが同じ活性を持つ酵素間の比較をしてみると、基質の結合様式に自由度があることや、わずか16％のアミノ酸が同一でもフォールドの構造が同じになること、さらには、基質の結合する際の酵素分子のドメイン間を閉じる動きが好熱菌酵素では小さいことなど、一般法則の手がかりとなる現象に遭遇できた。

Patten, P.A. *et al.* (1996) "The immunological evolution of catalysis", *Science* **271**, 1086-1091 ★

　抗体分子が自然に突然変異を行って抗原との親和性を増強する過程を追跡すると、抗原と直接接触するタンパク質側鎖ではなく、その周囲の少し離れたアミノ酸側鎖を置換していた。Yano（1998）と類似した現象であり、人類の創薬（drug design）と異なる方法を使用して、自然は親和性を上げているようだが、その原理は不明である。

Radmacher, M. *et al.* (1994) "Direct observation of enzyme activity with the atomic force microscope", *Science* **265**, 1557-1579

　酵素分子のドメイン間の動きを原子間力顕微鏡（AFM）で調べた。さらに、基質によってどのような影響を受けるかも調べた論文。ドメイン間の動きのエネルギーを推定した Ishijima *et al.* (2000) の結果と、ほぼ一致している。

Ura, H. *et al.* (2001) "Temperature dependence of the enzyme-substrate recognition mechanism", *J. Biochem.* **129**, 173-178

　生物の生息温度が高いほど、基質の結合時に生じる酵素分子のドメイン間を閉じる動きが小さいことがわかった。

Velick, S. F. and Vavra, J. (1962) "A kinetic and equilibrium analysis of the glutamic oxaloacetate transaminase mechanism", *J. Biol. Chem.* **237**, 2109-2122 ★★

　二基質酵素の定常状態の反応を解析する際に、とても参考になる論文。

Wakamatsu, T. *et al.* (2011) "Role of RecJ-like protein with 5'-3' exonuclease activity in oligo (deoxy) nucleotide degradation", *J. Biol. Chem.* **286**, 2807-2816

　DNA や RNA を 5' 末端側から加水分解する酵素が、図 5-26 のような不思議な活性をもつことを明らかにした論文。その酵素の立体構造情報も含む論文が、Wakamatsu, T. *et al.* (2010)

"Structure of RecJ exonuclease defines its specificity for single-stranded DNA", *J. Biol. Chem.* **285**, 9762-9769。さらに、基質類似物質との結合様式が、Uemura, Y. *et al.* (2013) "Crystal structure of the ligand-binding gorm of nanoRNase from *Bacteroides fragilis*, a member of the DHH/DHHA1 phosphoesterase family of proteins", *FEBS Lett.* **587**, 2669-2674。

Yano, T. *et al.* (1998) "Directed evolution of an aspartate aminotransferase with new substrate specificity", *Proc. Natl. Acad. Sci. USA* **95**, 5511-5515 ★★

　　自然の突然変異によって酵素の基質特異性を変換する過程を追跡すると、基質と直接接触するタンパク質側鎖ではなく、その周囲から少し離れたアミノ酸側鎖17か所が置換されていて、人工のアミノ酸置換とまったく異なる方法を使っていたことがわかってきた。Patten (1996) の抗体の親和性増強（affinity maturation）と類似した現象であり、人類の創薬（drug design）と異なる方法を自然は利用しているようだが、その原理は依然として不明である。

　　その立体構造解析が、Oue, S. *et al.* (1999) "Redesigning the substrate specificity of an enzyme by cumulative effects of the mutations of non-active site residues", *J. Biol. Chem.* **274**, 2344-23498 ★★

　　変異酵素の17か所の変異について、基質特異性への役割について解析した論文が、Shimotohno, A. *et al.* (2001) "Demonstration of the importance and usefulness of manipulating non-active-site residues in protein design", *J. Biohem.* **129**, 943-948 ★

倉光成紀（1990）"細菌トランスアミナーゼの構造と触媒機構 "、ビタミン **64**, 633-652
岡本明弘（1992）"アミノ基転移酵素の蛋白質工学的アプローチ（I）：アミノ基転移酵素およびその変異型酵素のX線結晶解析 "、*蛋白質核酸酵素* **37**, 2231-2242
倉光成紀（1992）"アミノ基転移酵素の蛋白質工学的アプローチ（II）：アミノ基転移酵素の反応機構の解析 "、*蛋白質核酸酵素* **37**, 2243-2256

　　蛋白質工学以前の、分子機能解析と立体構造解析の他に、アミノ酸置換などの蛋白質工学的方法も利用して、酵素分子の機能を明らかにできる限界に挑もうとした研究の途中経過。

本章に関連した研究テーマの例

1. 酵素と基質の結合・解離

　　酵素が基質に結合した後の反応過程を調べるために、光照射によって基質が生じる **caged 化合物**（図 5-18）の利用が試みられた。しかし、酵素反応を定量的に解析しようとすると、本文中で紹介したように、caged 化合物を改良する必要がある。どのようにすればよいのだろうか？

2. タンパク質工学のテーマ

・酵素の基質特異性の変換：制限酵素

　　遺伝子操作に利用されている制限酵素（タイプ II 型）の DNA 切断か所は、たとえば制限酵素の EcoRI なら DNA 塩基配列の 5'-G/AATTC-3'、BamHI なら 5'-G/

GATCC-3'のように、基質特異性が厳密であることが知られている。制限酵素の活性部位のアミノ酸残基を変換して、基質特異性を変換する多くの試みがなされたが、結果は基質特性が低くなるだけで、まだ誰も成功していない。制限酵素の基質特異性を変換するには、どのようにすればよいのだろうか？　基質特異性が自由に変換できるようになれば、生命科学に大きく貢献できるのだが。

- **人工酵素の作製**

　新たな酵素の作製（図 3-15）や、酵素活性をもつ抗体触媒の作製が試みられてきた。しかし一般に、基質に対する親和性（$1/K_m$）を上げることができても、律速段階の反応速度（k_{cat}）は上げることが難しい。どのようすれば、k_{cat} を上げることができるのだろうか？

3. 酵素分子の不思議な諸現象（本文中で紹介した例）

- 基質が結合する際のドメイン間の動きは、耐熱性生物の酵素ほど小さい（図 5-6）。
- 二刀流の転移酵素の仕組み（例：図 5-8）を、他のタンパク質に移植する方法は？
- 自然選択によって基質特異性を変換してみると、現在の創薬の方法と異なる新たな方法があることがわかってきたが（図 5-19, 20）、その原理は？（ヌクレオチド一リン酸（NMP）キナーゼの一つの ttUK の特異な活性（Tanaka, W. *et al.* (2016) *Biophys. Physicobiol.* **13**, 77-84）も、同様の現象？）
- 酵素と疎水性基質との反応で、E+S と ES‡ のエネルギー差（$G_T^{\ddagger}$）が、疎水性基質の単素数に比例して、基質結合部位が「均一な疎水性環境」のような挙動」を示したが（図 5-22）、立体構造解析をしてみると均一ではなく、さまざまな原子種が存在していた。なぜ、「疎水性基質の単素数に比例」するような現象がみられたのだろうか？
- DNA や RNA を分解する酵素（RecJ）で、基質の長さが短くなるほど、K_m は変化せずに、k_{cat} が大きくなる（図 5-26）のはなぜ？
- DNA の合成に必要な dNTP を分解してしまう酵素（dNTPase）は、単独の基質に対する活性は弱いが、複数の種類が混在すると活性が増大する（図 5-27）という不思議な活性がある。そのような活性を発揮できるメカニズムは？

4. 膜透過

　放線菌などが作る抗生物質は、ターゲットとなる生物に対して抗菌作用を示す。そのためには、抗生物質を膜透過させる必要があるが、抗生物質にはその性質が備わっている。膜透過のためにはどのような性質が必要なのだろうか。

第6章

基本的生命現象の系統的解明

1. 生物に共通な基本的生命現象の系統的解明

　我々ヒトの身体は、第3〜5章で述べたような巧妙な仕組みをもった3万種類以上のタンパク質の他、核酸、糖、脂質、その他多数の生体分子からできており、増殖機能や修復機能までも備えた驚異的に複雑な装置である。多数の生体分子からなる装置は、DNAに書き込まれた遺伝情報を読み取るステップから始まっている。したがって、その人の遺伝情報がわかって、その人が過ごす環境が予想できれば、その人の将来の健康状態などもある程度予想できてもよさそうである。そこで将来は、この世に生まれるやいなや、各人のゲノム解析をして遺伝情報をすべて読み取り、「あなたが将来こういう環境で過ごせば……、糖尿病になる確率は40才で20%、50才で30%、……、心臓病になる確率は……」などと書かれたデータファイルを受け取る時代が来るかもしれない。そのような時代になった時、生命現象が詳細に理解できていれば、病気になるのを避けたり、治療することも、今よりはるかに容易にできるようになるであろう。

　多くの生物でゲノム解析が可能になったおかげで、生命科学研究は、それまでの断片的な各論研究の時代から、各生物について全体（全身）を考えた研究が可能な時代になった。この変革期は、「地球が平坦と思っていた時代から、地球が丸いと気づいた時代への大変革」（図6-1）に例えられるかも知れない。

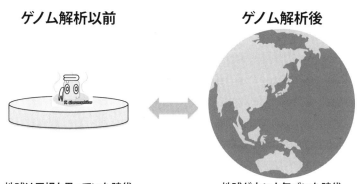

ゲノム解析以前　　　　　　　　ゲノム解析後

地球は平坦と思っていた時代　　　地球が丸いと気づいた時代

図 6-1　生物のゲノム解析以前と、ゲノム解析後との違いの比喩

著者らは、立体構造解析や分子機能解析に適したモデル生物を選び、存在する低分子・高分子すべての生体分子の機能を立体構造にもとづいて解析することを目的に研究を始めた。

　そして、その対象として高度好熱菌を選び、原子レベルで化学的に理解することを目標としたのが、「高度好熱菌丸ごと一匹の研究」である。この成果は、一つの細胞の生命現象をシミュレーションで**予測する**という可能性へ近づくとともに、複数の細胞からなる生命体を理解するための基盤となりうる。

　ヒトのゲノム解析も 2003 年春に一応完了した。さらに、その DNA から作られる mRNA の塩基配列の解読も進んだ。その次は、タンパク質全体を研究する基盤作りが重要なステップになるだろう。各タンパク質は存在する環境に応じて、本来タンパク質が備えている機能のうちの一部を発揮して**細胞内機能**を果たしているので、**図 4-9**（p.127）のように、タンパク質の**細胞内機能**を調べて、実際の細胞内でどのような働きをしているのかを理解するとともに、**分子機能**（立体構造にもとづく分子機能）を調べて、「どのような立体構造をして、どのような分子機能を備えていれば、実際の細胞内でどのような役割を果たすことができるのか」を理解していくというのが一つのアプローチ（方向性）である。

　そのような研究方法を組み合わせて、できることなら、約 3 万個の遺伝子からなるヒト個体全体について、タンパク質を含めた全生体分子の立体構造を解明し、それらの立体構造にもとづいて分子機能を解析して、最終的にはヒトの全生命現象を、分子レベルだけではなく、原子レベルの分解能で理解できればよいのだが――。もしそれが可能になれば、医療を含む生命科学研究に大いに役立つ。そこで、まずは iPS 細胞を利用して細胞レベルの研究を行い、組織、器官、個体へと研究を発展させていく方法も、考えられる。しかし 1990 年頃に、原子レベルの分解能でヒト全体を理解しようとすると、安定性が低いタンパク質が比較的多いことと、タンパク質の種類が多いために、あまりに複雑で難しいと思われた。そのため、とりあえず生物一般の基本的現象が進化の過程で濃縮された高度好熱菌について、研究に着手することを試みた。

2.　高度好熱菌丸ごと一匹の化学的研究

　ヒトのタンパク質には不安定なものが多いが、その中には環境変化に対して短時間に適応するために、瞬時に細胞内から消し去る必要のあるタンパク質も存在する。そのようなタンパク質については、**図 4-9** のような分子機能解析は難しいが、現時点でできることもある。

　ヒトの遺伝子約 3 万個の中で、あらゆる生物に存在し、基本的生命現象に関与する重要な遺伝子は約 1,500 個である。それほど重要な基本的遺伝子はすでに研究が完了していてもよさそうだが、その中の約 300 個の遺伝子は、まだ研究がほとんど成されておらず、機能未知のままである。一般に、生物は進化の過程で無駄な遺伝子は捨てて、重要な遺伝子だけを保持していることが多い。そのため、全体を研究する研究過程で、300

個の遺伝子のうち一つでも機能が解明できれば、大発見につながりそうである。

　生物全体の基本的生命現象を研究するために理想的な生物種を、以下の4点を考慮しつつ、地球上に一億種類以上存在する生物の中から選ぶことにした。

（1）ヒトを含めた多くの生物に共通で重要な遺伝子約1,500個だけをもっている。
（2）生命現象を理解するために不可欠な"遺伝子操作系"が存在する。
（3）タンパク質が立体構造解析や分子機能解析に必要な"耐熱性"を備えている。
（4）知的所有権を含めた煩雑な手続きは必要なく、自由な研究が可能である。

　（1）〜（4）を考慮しつつ生物の系統図（図6-2）を見ると、各生物名の右側の至適生育温度からわかるように、系統樹の根元にある共通祖先は、温泉のような高温で生育することが多い。その中で研究対象として理想に近い生物種が、後述のように、1990年代には高度好熱菌 *Thermus thermophilus* HB8（図6-3）であった。この高度好熱菌は、日本の伊豆半島南側の河津町・峰温泉で、大島泰郎博士らによって発見された大きさ約5ミクロンの真正細菌で、85℃の高温でも生育することができる（Ohshima and Imahori, 1974；大島泰郎，1974）。

第6章

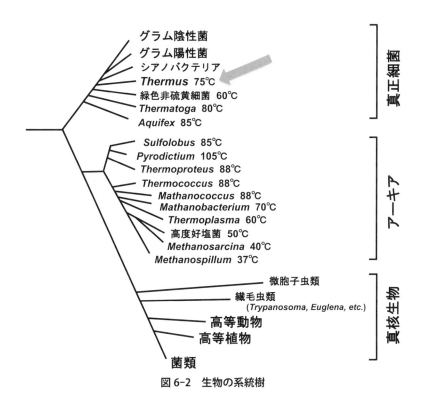

図 6-2　生物の系統樹

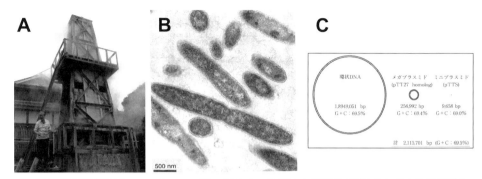

図 6-3　高度好熱菌 *Thermus thermophilus* HB8 を、河津町の峰温泉で採取される大島泰郎博士（再現風景）(**A**)。高度好熱菌の透過電子顕微鏡像(**B**)とゲノム構成（2000 年当時）(**C**)。

3. 細胞モデルとして適した高度好熱菌

　かつて、世界中の分子生物学者が、研究対象のモデル生物として大腸菌 K-12 株を選び、その大腸菌に感染するウイルス（ファージ[2]）として λ や T4 を選ぶことを世界的に決めて集中した研究を行い、大きな成果を収めた。本研究の生物材料として高度好熱菌（*T. thermophilus* HB8）(**図 6-3**)を選んだ理由は、以下の 5 点である。まず 3 点を挙げよう。

(1) 遺伝子操作系が確立した生物の中で、もっとも高温で棲息する。
(2) 遺伝子操作に必要な薬剤耐性遺伝子（カナマイシン耐性遺伝子）については、DNA シャッフリング法を利用して耐熱化し、85℃でも使用可能な遺伝子を作製した。
(3) タンパク質の安定性が高く、立体構造解析や機能解析に適している。

ゲノムサイズは約 2 Mbp（bp は塩基対 base pair の略）と小さく、細胞の生命活動に必須な遺伝子を進化の過程で保持してきたと考えられるが、最少培地で生育するために必要な遺伝子は一揃いもっている（**図 6-3, 4, 5**）。
　たとえば、**図 6-5** のように、細胞に有毒な活性酸素種を無毒化する各反応過程四つ（①〜④）について、同じ活性をもつ酵素（アイソザイム）の数を、ヒト、植物のシロイヌナズナ、酵母、大腸菌、高度好熱菌で比較すると、高等生物になるほど多くの酵素をもっているが、高度好熱菌はそれぞれ一つずつであることがわかる。そのため、このモデル生物を利用すれば、「酵素が触媒する反応過程が、生物に果たす役割」をより簡単に理解できる。ほか 2 点は以下の通りである。

(4) 大腸菌と共通点が多いため、大腸菌で確立された遺伝子操作系も使用可能である。
(5) 細胞にとって基本的で重要な酵素タンパク質（たとえば、**第 1 章**で述べた DNA 修復系酵素群など）は、ヒトなどの高等動物とも類似性が高く、その立体構造や

機能発現機構はほとんど同じである。したがって、この高度好熱菌で解明された基本的な生命現象のほとんどは、ヒトを含めたあらゆる生物に共通である。

　生物にとって基本的なタンパク質であるにもかかわらず、機能未知が 1/3 も残る現状には、約百年前の周期律表に希ガスの元素が無い状況（**図 6-4 C**）と似た点があるように思われる。周期律表に希ガスが無く、化学結合の理解や化学反応の予測が難しかった時代のように、現時点では生命現象の予測が難しい。

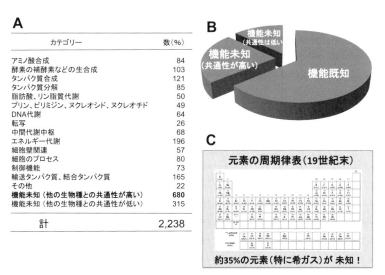

A

カテゴリー	数（%）
アミノ酸合成	84
酵素の補酵素などの生合成	103
タンパク質合成	121
タンパク質分解	85
脂肪酸、リン脂質代謝	50
プリン、ピリミジン、ヌクレオシド、ヌクレオチド	49
DNA代謝	64
転写	26
中間代謝中枢	68
エネルギー代謝	196
細胞壁関連	57
細胞のプロセス	80
制御機能	73
輸送タンパク質、結合タンパク質	165
その他	22
機能未知（他の生物種との共通性が高い）	**680**
機能未知（他の生物種との共通性が低い）	315
計	2,238

B
機能既知
機能未知（共通性が高い）
機能未知（共通性が低い）

C

元素の周期律表（19世紀末）

約35%の元素（特に希ガス）が 未知！

図 6-4　ゲノム解析の結果、多くの生物に共通で機能未知の遺伝子（タンパク質）が、全体の 1/3 も残っていることがわかった（A, B）！　その状況には、約百年前の周期律表（C）と類似している点がある。

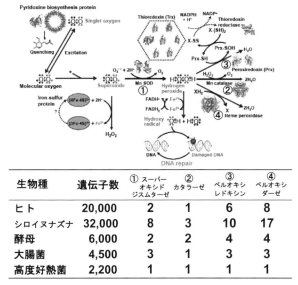

生物種	遺伝子数	①スーパーオキシドジスムターゼ	②カタラーゼ	③ペルオキシレドキシン	④ペルオキシダーゼ
ヒト	20,000	2	1	6	8
シロイヌナズナ	32,000	8	3	10	17
酵母	6,000	2	2	4	4
大腸菌	4,500	3	1	3	3
高度好熱菌	2,200	1	1	1	1

図 6-5　進化の起源に近い小さな生物は、必要最小限の遺伝子だけを持っている

4. 研究の進行手順

「丸ごと一匹」の研究は、図6-6の第1〜3段階が、ほぼ同時並行で進行する。

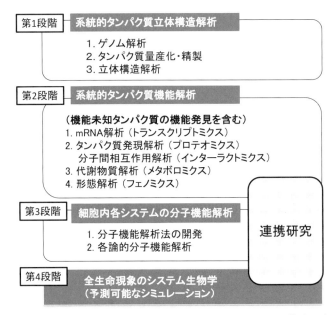

図6-6 「高度好熱菌丸ごと一匹」を原子分解能で理解することを目指す研究ステップ

第1段階は、ゲノムワイドに、タンパク質の立体構造を解析するステップである。まず、ゲノム解析を行い、その情報をもとにしつつ、タンパク質の量産化・精製を行う。複数のサブユニットからなるタンパク質の場合には、共発現させる。次に、得られた精製タンパク質の活性を確認するとともに、クライオ電子顕微鏡の他に、高分解能でのX線結晶解析や、動的情報も得られるNMRなどを利用して、立体構造を調べる（図4-9参照）。

第2段階は、第4章（図4-9）の後半で述べた各タンパク質の細胞内機能を、細胞全体に広げた解析であり、タンパク質以外の生体分子も含まれる。第1段階のタンパク質の立体構造情報も、機能に関する多くの情報を与えてくれるので、大いに活用する。その他に、(a) 細胞の培養条件を変化させたり、(b) 遺伝子破壊株を作製したりして、遺伝子の働き方を変えた場合のmRNAの増減（トランスクリプトーム解析（transcriptomics））、タンパク質の増減（プロテオーム解析（proteomics））、低分子代謝物質の増減（メタボローム解析（metabolomics））、分子間相互作用（インターラクトーム解析（interactomics））、などを調べてデータベース化する。このデータベースには、各タンパク質（遺伝子）の細胞機能に関する情報が多く含まれていので、次の第3段階で、各タンパク質（遺伝子）機能を解析（発見）する際にも役立つ。

第3段階には、ゲノムワイドな研究が始まる遥か以前から行われてきた、第4〜5章のような"各論的"分子機能解析が含まれている。この段階では、新規な分子機能解析法を開発しつつ、第4段階に必要なデータを系統的に収集することも必要となる。さらに、この第3段階では、タンパク質のみならず、高分子や低分子の代謝物質を含めて、なるべく多くの生体成分の物性を解析し、それら生体分子が「どこに」「どれだけの分子数」「どういう状態で」存在するかを調べるとともに、それらの時間依存性も調べる。

第4段階は、第3段階までの情報を統合し、細胞全体を化学反応として原子レベルで理解するために、シミュレーションの結果と比較しつつ研究を進める（システム生物学）。そのためには、たとえば、高濃度で不均一な細胞内生体分子の状態（molecular crowding）を理解する学問領域のように、新たな学問基盤の確立が必要となる。

ヒトなどの場合には、さらに、器官レベル、組織レベル、個体レベルでの理解が必要となる。そのシミュレーションが、生命現象の単なる説明ではなく、生命現象を予測できる段階に達すれば、「我々人類は生命現象を理解した」と言える時代にいよいよ入ることになる。そのような原子レベル分解能の生物学（原子生物学）が確立すれば、生命科学は大きく様変わりすると期待される。

5. これまでの進行状況

タンパク質の立体構造予測の精度を上げるためのボランティア的な世界的協調プログラムが実施されたことと（第3章）、電子顕微鏡の性能向上などによって、図6-6の第1段階はこれまでに大きく進展した。その過程で、第2-3段階の研究に役立つ公共の研究資源（リソース）も少し蓄積できたので、第1段階の研究過程とともに紹介する。第2段階については、いくつかの試みに着手したので、それらの一端を紹介する。第3段階については、第4〜5章で紹介した数少ない研究例から、「各タンパク質の研究には多くの時間を要する現状」を理解した上で、いかにして第4段階の「細胞全体の生命現象を化学反応として予測する」ための情報を効率よく収集するかを考えることにする。

5.1 第1段階：系統的なタンパク質の調製および立体構造解析
5.1.1 全ゲノムの塩基配列決定

本高度好熱菌DNAはGC含量が70％と高いため、以前は塩基配列の決定が困難であったが、技術的進歩によって可能となった。このGC含量の高さは、タンパク質の情報をもつ遺伝子領域（open reading frame（ORF））を推定する際に役立った。

ゲノム解析により、2004年には、遺伝情報がいずれも環状の1,849 kbp（kbpは1,000塩基対 kilobase pairの略号）、257 kbp（pTT27）、10 kbp（pTT8）の3種類のDNAに存在することがわかった（https://www.ncbi.nlm.nih.gov/nuccore/AP008226（図6-3 C））。その後さらに、81 kbp（pVV8）の環状プラスミドも存在することが明らかになった（Ohtani *et al.*, 2013）。

DNAの情報をもとにして、各タンパク質のアミノ酸配列がどの生物種のタンパク質と似ているかを調べてみると（図6-4）、アミノ酸代謝を始めとする全生物に共通のタンパク質群が確認され、「高度好熱菌は、地球がまだ熱かった頃に出現した生物の起原に近い」（図6-2）という考えと矛盾しない。

　これまでの研究によってタンパク質の機能がわかっているものの他に、機能未知タンパク質が当時約40%も存在した。その機能未知タンパク質の内訳は、他の生物種と共通であるにもかかわらず、いずれの生物種でも機能が不明のものが約25%、他の生物種のタンパク質と相同性をみいだすことができなかったものが約15%であった。ヒトの場合も似たような状況にあり、全タンパク質約2万種類のうち、約半分の機能が未知のままで残されている。

　このように機能未知タンパク質が残されている状況では、この生物の全生命現象を理解することは難しいことがわかった。しかし、考え方を変えると、この生物を利用して「多くの生物に共通で、基本的生命現象に関与するタンパク質（遺伝子）の機能を発見できる」チャンスが数多く残されていることになる（イメージ図が図6-7）。そこでまず、「多くの生物に共通で基本的なタンパク質群が、進化の過程で濃縮されている」高度好熱菌のような生物を利用して、皆が協力すれば、機能未知のタンパク質の機能が発見できるであろう（図6-7）（倉光，河口，1996；倉光，2008）。

図6-7　皆の協力で、機能未知タンパク質（遺伝子）の機能を発見できるチャンスが到来！
（倉光，河口，1996）

5.1.2　各タンパク質の量産化

　タンパク質の調製から立体構造解析までの過程を、図6-8にまとめた。精製の段階では、タンパク質の安定性が高いという好熱菌タンパク質の特徴を活かして、熱処理を利用した効率的な精製ができるとともに、室温でのタンパク質精製が可能であった。さらに、高度好熱菌のタンパク質は結晶化しやすい性質があったので（Iino *et al.*, 2008）、X線結晶解析法を利用した立体構造解析を着実に進めることができた。

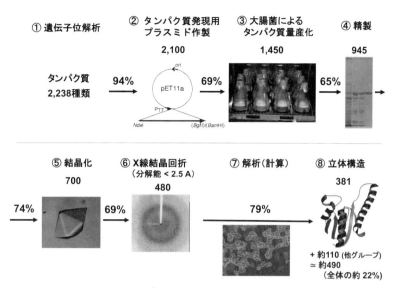

図6-8　タンパク質の調製から立体構造解析まで

　タンパク質調製のためにまず、タンパク質の量産化を行う。全タンパク質約2,200種類のうち、90%以上のタンパク質の量産化プラスミドが作製され、自由に入手できる仕組みも構築されている（リソースの公開（図6-10））。それらのプラスミドは、図6-9 Aのように作製した。まず、遺伝子のクローニングのために、ゲノム解析の情報を利用して、発現させたいタンパク質の遺伝子（ORF）をPCRで増幅した後、TAクローニング法で高コピーベクターへクローニングして、目的の塩基配列が正確に増幅されたことを確認した。次に、タンパク質を量産化するためのプラスミドpET-11a（Merck, Novagen社）へ目的遺伝子断片を移した。後述のように、このプラスミドは入手可能であり、タンパク質のN末端側やC末端側にtagは付いていないが、必要に応じて付加することができる。このプラスミドを大腸菌に導入して、高度好熱菌タンパク質を量産化した。[1]

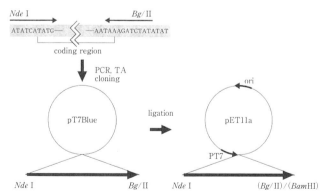

図6-9 A　タンパク質を大腸菌に作らせる方法：（1）発現プラスミドの作製

1）複数のサブユニットからなるタンパク質の発現には、複数のサブユニットを共発現する方法を利用した。

発現効率についての詳細は省くが、IPTG（isopropyl-β-D-thiogalactopyranoside）で誘導しなくても、大腸菌 BL21（DE3）株を用いれば 60％のタンパク質を発現させることができた。IPTG で誘導すると、発現の成功率を 2％上昇させることができた。pET プラスミドの発現系を利用する際には、グルコース（ブドウ糖）を加えておくと発現を抑えることができ、IPTG を加えるとタンパク質を発現させることができた（倉光, 2011）。

　IPTG を加えても発現しない場合には、大腸菌を B 株の BL21（DE3）株から、K 株の HMS174（DE3）株へと変更すると、発現成功率をさらに 4％上昇させることができた。

　意外なことに、大腸菌の培養に用いる酵母エキスの製造会社を変えるだけで、タンパク質の発現成功率を 8％も上昇させることができた。その他、tRNA を補充すると（CodonPlus）、発現成功率が 1％上昇した（倉光, 2011）。最終的に、合計の発現成功率は約 75％に達した。

　それでもタンパク質発現に成功しない場合には、タンパク質の N 末端から数残基分の塩基配列を変えたり、N 末端や C 末端に tag を付加したり、さらに *in vitro* のタンパク質発現系を用いたりすることによって、膜タンパク質を含めて、多くのタンパク質を発現させることが可能であった（図 6-9 B）。対象タンパク質が膜タンパク質であるかどうかはアミノ酸配列からほぼ予測でき、高度好熱菌のタンパク質の約 30％は膜タンパク質に属すると予測された。それらの膜タンパク質については、N 末端側に Mistic（<u>m</u>embrane-<u>i</u>ntegrating <u>s</u>equence for <u>t</u>ranslation of <u>i</u>ntegral membrane protein <u>c</u>onstructs）と称される枯草菌 *Bacillus subtilis* 由来の膜タンパク質の約 110 のアミノ酸残基からなるドメインを付加することで、試みた 14 種類のうちの 9 種類で発現させることができた。

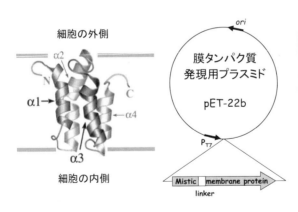

細胞の外側

細胞の内側

S: 水溶液に可溶性の画分
M: 界面活性剤（lauryl dimethylamine oxide）存在下で可溶化した画分
P: 界面活性剤でも不溶性の画分

例えば、6TM は 6 回膜貫通型の膜タンパク質を表す。

図 6-9 B　タンパク質を大腸菌に作らせる方法：(2)膜タンパク質用の発現プラスミドの利用

5.1.3 タンパク質の精製、および、分子機能の確認

　高度好熱菌のタンパク質は His-tag のようなアフィニティタグを付けなくても、熱処理をするだけで、タグ付きのタンパク質をアフィニティ精製した場合とほぼ同程度まで精製できるという利点があった。そこで、タンパク質精製の段階では、まずタンパク質を発現した大腸菌を超音波で破砕し、熱処理した後に、不溶物を遠心で除いた。

　次のクロマトグラフィーでは、まず疎水性クロマトグラフィーを使用した。これは、DNA やヌクレオチドなども除去できるからである。ただし、使用する樹脂の官能基の種類によって、タンパク質の吸着力がブチル基＞フェニル基＞エーテル基などのように異なるので、予め少量の試料溶液とカラム樹脂とを使って、

　（1）タンパク質が樹脂に吸着する硫酸アンモニウム濃度と、

　（2）硫酸アンモニウムの濃度を下げた時に、確かにカラムから溶出することを、予備実験によって確認した。具体的には、1.5 ml の遠心チューブ中の約 0.1 ml の疎水性クロマトグラフィーの樹脂に、0.5 〜 1 ml のタンパク質溶液を加え、種々の硫酸アンモニウム濃度でタンパク質が樹脂に吸着する条件や溶出する条件を調べた。

　疎水性カラムでタンパク質を分離した後は、イオン交換カラム、ヒドロキシアパタイトカラム、親和性を利用した種々のカラムによって精製純度を上げて行き、最後にゲル濾過カラムを通して、タンパク質を精製した。

　精製したタンパク質が予定していたものと一致することを、質量分析による分子質量分析や、分子機能で確認した（**図 4-9**（p.127）参照）。

5.1.4 リソースの公開

　このような精製に必要な、**タンパク質発現用プラスミド**（図 6-10 A, B）、大腸菌によるタンパク質の量産化や精製の方法（**図 6-10 C, D**）、さらに後述のタンパク質機能の推定に利用する**遺伝子破壊用プラスミド**（図 6-10 A）などに関する情報は、https://dna.brc.riken.jp/ja/thermus から自由に入手できる（**図 6-10**）。

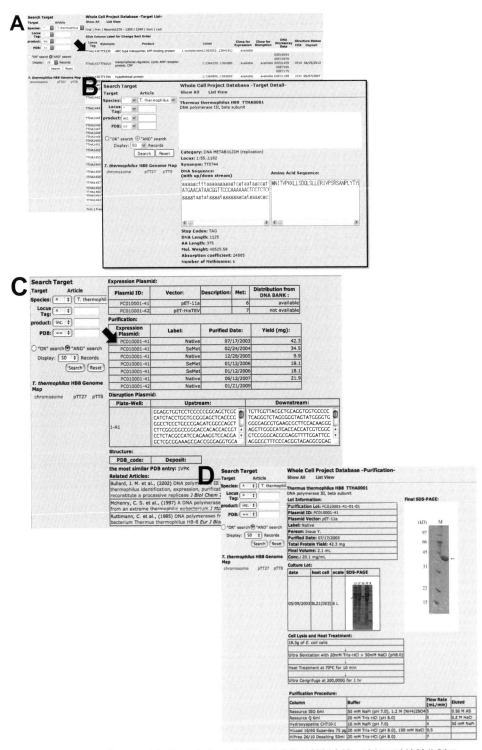

図6-10　発現プラスミドを利用したタンパク質の量産化や精製方法、遺伝子破壊株作製用
プラスミドなどを記したデータベース

5.1.5 タンパク質の立体構造解析

プロジェクトの初期は、SPring-8 などの施設を利用して X 線結晶解析法による立体構造解析を行い、400 個近いタンパク質の立体構造を決定した（図6-11）。この成果は、世界的な「立体構造予測のためのデータベース構築」（第3章参照）にも大きく貢献した。

今後の立体構造解析は、第3章で述べたように、以下のような順序で進めることになると考えられる。

1. データベースを活用して、立体構造予測を試みる。
2. クライオ電子顕微鏡による解析を行う。高精度のデータが必要な場合には、X 線結晶解析を利用する。
3. 核磁気共鳴法（NMR）で各原子の動きの情報も収得する。

また、プローブ顕微鏡などで大きな分子全体の動きを見る。

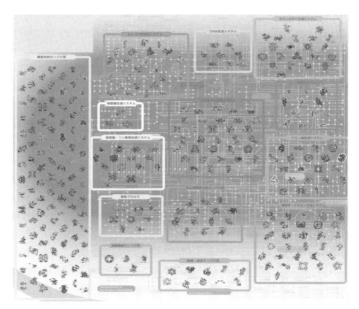

図 6-11　高度好熱菌 *T. thermophilus* HB8 のタンパク質の立体構造（一部）

5.2　第 2 段階：系統的なタンパク質（遺伝子）の機能解析の試み

第 2 段階では、遺伝子やその遺伝情報から作られる mRNA、さらにタンパク質、そしてそれらや低分子の働きがどのように調節されているかを、細胞全体で情報収集することをめざした。それらの情報は、遺伝子（タンパク質）の細胞機能を細胞全体で理解する際に役立つだけでなく、機能未知タンパク質の機能推定のためのヒントも含んでおり、第3段階（図6-6）で各論的な分子機能解析を行って機能を発見する際にも威力を発揮した。

第4章後半で述べたように、一般に、個々のタンパク質の原子レベル分解能での**分子**

機能は、タンパク質を単離精製してその物性を調べることによって理解することできる。しかし、細胞内に存在するタンパク質は、細胞内環境に応じて、**分子機能**のうちの一部の**細胞内機能**を発揮しているので、単離・精製されたタンパク質の**分子機能**から**細胞内機能**を理解することが難しいこともある。ゲノムワイドの**分子機能**解析法は、その点で不可欠な方法であり、機能未知タンパク質の機能を推定する際にも無くてはならないものとなった。

さらにタンパク質の機能に関するヒントを得るために、高度好熱菌の野生株の他に、遺伝子破壊株を作製し、上記の解析法により、それらをさまざまな環境で比較した。その際、遺伝子破壊株を作製する際に必要な薬剤耐性遺伝子が存在しなかったので、**第3章**で紹介した試験管内突然変異法（**図3-31（p.95）**（Hoseki *et al.*, 1999; Hoseki *et al.*, 2003））を用いてカナマイシンヌクレオチジルトランスフェラーゼ（KTN）を耐熱化した。そのKNT を利用して高度好熱菌の遺伝子破壊株を作製する方法も確立した（**図6-12**；Hashimoto *et al.*, 2001）。

なお、各遺伝子破壊株を作製するためのプラスミドは全遺伝子の約半分について作製しており、耐熱化 KNT 遺伝子のプラスミドとともに、https://dna.brc.riken.jp/ja/thermus から自由に入手できる。そのプラスミドを高度好熱菌の培養液に添加するだけで、簡単に遺伝子破壊株が作製できる。（お願い：もし、破壊株作製用プラスミドを新規に作製された場合には、理研 BRC のバンクへ寄贈していただけると次世代へのバンクを充実させることが可能になりますので、ご協力をお願いします。）

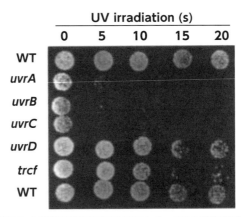

図6-12　耐熱化した薬剤耐性遺伝子を利用した、DNA 修復系酵素群の解析例

5.2.1　系統的なタンパク質（遺伝子）の細胞内機能の解析

実際の**第2段階**では、機能推定には立体構造情報がもっとも役立つことが経験的にわかった。しかし同時に、生物全体から分子までの形態（フェノミクス）、mRNA の発現（トランスクリプミクス）、タンパク質の発現（プロテオミクス）、分子間相互作用（イン

ターラクトミクス）、代謝物質の存在量（メタボロミクス）などを種々の環境下で測定した。それらの結果を集約したデータベースも機能推定に役立った。設定する環境としては、温度、栄養源、pH、圧力、紫外線照射、——その他100以上の項目が考えられるが、まずは、**第3段階で研究対象とするサブシステムを念頭においた項目**について試みた。

ここでは、上記のオミックス解析法のうち、四つの方法について概説する（**図6-13**）。

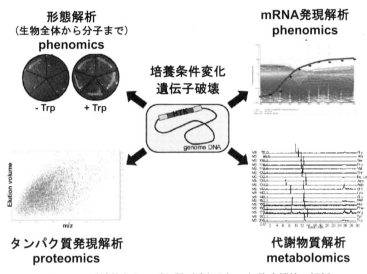

図6-13　系統的なタンパク質（遺伝子）の細胞内機能の解析

1）　形態の解析

図6-13の形の情報には、第3章で述べたような分子の立体構造から細胞全体の形、そして、細胞集合体のプレート上のコロニーの形状・色・香り、さらに培養液の色や香りと、さまざまなレベルの情報がある。

2）　mRNAの解析

図6-13のmRNAについて、近年はmRNAの配列を決めると同時に定量もできるようになった。しかし、2000年頃にはそのような方法が身近に存在しなかったので、mRNAの定量には、生物の顕微鏡観察をする際に使用するスライドグラスほどの大きさのチップ（DNAチップ、DNAマイクロアレイ）（**図6-14**）を利用した。そのチップには一辺が約1/100 mmの区画が約23万か所あり、各区画には25-merのDNAが化学合成されている。25-merのDNAは、約2,300個の遺伝子それぞれから10か所を選ぶとともに、遺伝子間についても数か所を選ぶように設計した。その25-merのDNAに、相補性が高いmRNAが結合することを利用して、mRNAを半定量的に測定した。さらに、特定のmRNAについては、PCRで増幅させて定量的な確認を行なった。

これらの解析によって得られた結果の一部は、論文として発表し（Shinkai *et al.*, 2007a; 2007b; Sakamoto *et al.*, 2008)、データベース（GEO accession no. GPL9209）にも登録済みである。これらのデータベースは、**第3段階のサブシステム**を理解するためのテストケースとして作製されたものだが、視点を変えると、その目的以外の多くの情報も含まれているので、他のサブシステムの**第3段階**の研究にも役立つ可能性がある。

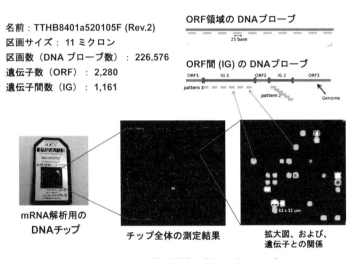

図6-14　mRNA量の測定に利用したチップ

3)　タンパク質の解析

　タンパク質はmRNAから作られるが、mRNAとタンパク質の存在比はタンパク質ごとに異なるので、細胞内に存在するタンパク質量を直接測定した。

　まず、細胞全体のタンパク質を二次元電気泳動によって分離した（図6-15は、pH4～7の例）（Kim *et al.*, 2012)。各スポットが個々のタンパク質に相当し、縦方向の上側は分子量が大きく、横方向の右側は等電点が高い。次に、各スポットのタンパク質を同定するために、各スポットのゲルを切り出し、タンパク質をトリプシン（ArgとLysのC末側を切断）やLys-C（LysのC末側を切断）などのタンパク質分解酵素でペプチド断片にした。微量液体クロマトグラフィー（nLC）を接続した質量分析装置で図6-17のように分析することによって、図6-16のように各ペプチドのアミノ酸配列を決定した。そのアミノ酸配列をデータベースで検索して、タンパク質を同定した。

　この方法で同定できた図6-15のタンパク質のスポット数は約300個であったが、タンパク質の種類は約250種類であった。これらの数の違いは、おもに翻訳修飾のためであった。たとえば、横方向に規則正しい間隔で並ぶ特徴的なスポットは、リン酸化による翻訳後修飾である。

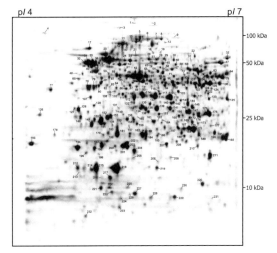

図 6-15　細胞全体のタンパク質の二次元電気泳動（例）

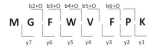

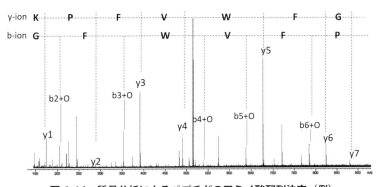

図 6-16　質量分析によるペプチドのアミノ酸配列決定（例）

　図 6-15 の二次元電気泳動では、おもなタンパク質の相対量を知ることができた。た
とえば、この方法を用いて、コールドショック（cold shock）に伴うタンパク質発現量の
変動を観察することにより、機能未知のコールドショックタンパク質の機能を推測でき
た。しかし、この方法で同定できたのは全タンパク質の約 15 % であった。そこで、さら
に多くの種類のタンパク質の同定とともに、生育環境の違いや遺伝子破壊によるタンパ
ク質の量的変化の解析を可能にする方法として、質量分析法を利用した。

　その方法を利用するために、まず、細胞内のタンパク質をトリプシンなどのタンパク
質分解酵素で断片化する。次に、得られたペプチド混合物を、図 6-17 に示すように、
nLC で分離し、溶出液を高精度質量分析装置（FT-ICR MS）に導入して分析すると、図

6-18のような結果が得られた。図6-18は、横軸がnLCから溶出された時間（体積）を表し、縦軸がペプチドの質量／電荷（m/z）を表している。各ペプチドのアミノ酸配列の同定は、（1）あらかじめ、nLCの各溶出時間のペプチドについて、図6-16のような解析（MS/MS解析）を行って、溶出時間と分子質量とのデータベース作成しておき、（2）精密質量測定（FT-ICR MS）の結果（図6-18）を解析した。（なお、理想的には、図6-18の点で表されている各ペプチドについて、図6-16のようなMS/MS解析を行いたい。しかし、高精度の質量分析が可能なFT-ICR MSは、短時間に多くペプチドのMS/MS解析をおこなうことが難しいため、（1）（2）の2段階の操作が必要となった。）

　その結果、ゲノム配列から136,640種類と予測された（アミノ酸4残基以上）のペプチドのうち、36％の48,960種類が観測され、それによって同定されたタンパク質は1,942種類であった。これは、高度好熱菌全タンパク質2,238種類の87％にあたる。このことから、高度好熱菌ゲノムにコードされるタンパク質のほとんどすべてを作っていることがわかった。

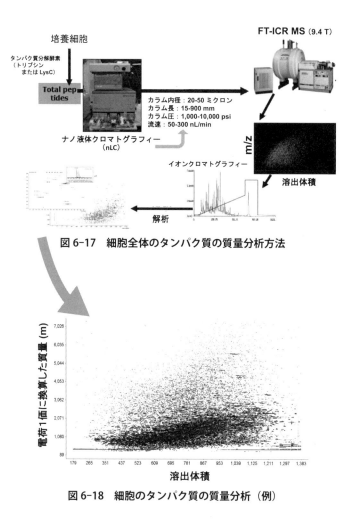

図6-17　細胞全体のタンパク質の質量分析方法

図6-18　細胞のタンパク質の質量分析（例）

ただ、質量分析法では、各ペプチドの検出強度と存在量の間には比例関係が無い。そこで、トリプシンによってペプチドのC末端の二つの酸素原子が溶媒の水と交換される性質（図6-19）を利用して、異なる環境間でのタンパク質群の増減を比較した。図6-19のトリプシン（HO-trypsin）のOHは、触媒基のSer195を表している（図5-1（p.149）参照）。

　まず、図6-20に示すように、ある培養条件（1）のタンパク質群は軽水（$H_2{}^{16}O$）中でトリプシン分解を行い、もう一つの培養条件（2）のタンパク質群は重水（$H_2{}^{18}O$）中でトリプシン分解を行った。それらを1：1の割合で混合した後、図6-17と同様の方法で分析した。質量が＋4.0085Daだけ異なる同じアミノ酸配列のペプチド量を図AやBのように比較することで、タンパク質の増減を解析した（図6-20）。なお、これらの図A, Bは、図4-10（p.130）を上から見た図に相当する。

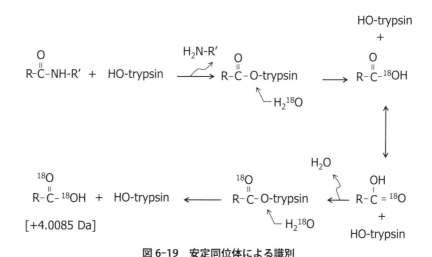

図6-19　安定同位体による識別

　図の例では、図6-20Aの四角で囲まれたペプチドは変化していないが、図6-20Bは減少していることがわかる。これらの図は異なるタンパク質A, B由来のペプチドの増減を示しているが、一つのタンパク質から得られる複数のペプチドの増減比はいずれも同じはずなので、各タンパク質由来のペプチドの結果を集計して、一つのタンパク質の増減を調べることができる。

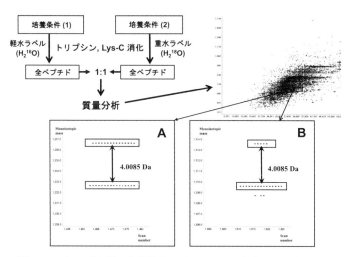

図 6-20　タンパク質の変化量を、図 5-19 の同位体ラベル法で解析

4)　低分子（代謝）物質の解析

　mRNA やタンパク質などの生体高分子の発現量に変化が見られない場合でも、代謝物質である低分子について濃度の増減が見られる可能性がある。そのような代謝物質も質量分析によって解析することができる。ここでは、ある機能未知遺伝子から作られるタンパク質の機能の発見を例に（Ooga *et al.*, 2009）、質量分析による代謝物質濃度の解析（metabolomics）について説明する（図 6-21）。

　まず、細胞内から低分子混合物を抽出し、微量液体クロマトグラフィーで分離した物質を質量分析で刻々測定し、分子質量ごとの溶出時間を示したのが図 6-21 A である。物質を同定するためには、前もって、MS/MS 分析を行い、構造既知の物質と一致することを確認しておくことが必要である。図の横軸は、一定の流速の液体クロマトグラフィーから溶出した時間を表しているので、溶出体積と同じ意味である。一方、この図の縦軸は質量分析した際の電流値で、物質の濃度に対応しているが、濃度が同じでも物質によって電流値はまったく異なるので、各代謝物質を定量するために、濃度が既知の試料と比較した。

　この方法を利用して、高度好熱菌の野生株と対象遺伝子の破壊株の主要な代謝物質の濃度を比較したところ、ヌクレオチド誘導体の一つ（guanosine 3',5'-bispyrophosphate（ppGpp））の濃度に違いがみられた（図 6-21 B）。そこで、その機能未知タンパク質を単離精製して活性を調べたところ、ppGpp を加水分解する酵素であることがわかり、さらなる解析によって細胞が活発に活動するか冬眠状態になるかを制御する酵素であることを明らかにできた（図 6-21 C）。

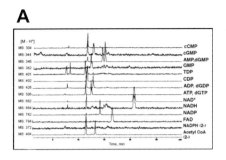
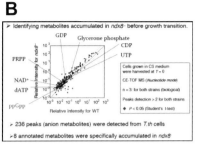
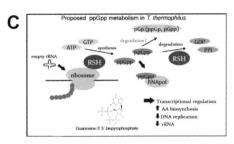

図 6-21　代謝物質の増減を質量分析して、タンパク質機能を発見した例

第6章

コラム 6-1.「低分子（代謝）物質の解析法の課題」

　質量分析による代謝物質濃度の解析（metabolomics）には、まだ多くの改良点が残されている。

　短時間での反応停止：mRNA やタンパク質よりも、細胞内の代謝物質は短時間に変化することが知られているので、少なくとも 10 秒以内を目標にして、細胞内の代謝反応を止める必要がある。もし、集菌操作に 30 秒以上をかけると、分析結果が変わってしまうことが知られている。そのため、遠心機を利用した集菌法は、時間を要するので使用できない。短時間で代謝反応を止めるために使われている方法として、（1）少量の培地を直接、液体窒素に投入して代謝反応を止めた後に、集菌する方法や、（2）フィルターを使用して、短時間で培地を除去した後、集菌したそのフィルターをただちに**クロロホルム / メタノール**に投入して代謝を止めるなど、さまざまな工夫がなされている。

　定量分析が可能な代謝物質：電荷が ＋、－、ゼロ、によって、質量分析する以前の分離法を使い分けて、1 万種類以上の代謝物質を同定することができる。しかし、それらの定量分析をするためには、濃度が既知の溶液が必要なため、実際に、細胞内濃度が分析できる代謝物質の種類は全体の 10％にも満たない。

　なお、代謝物質の約半分は、ペプチドだったという報告がある。ひょっとすると、そのペプチドの中に、ホルモンのような働きをするペプチドが含まれているのかも知れない。

---

5)　今後の課題

　第 2 段階の「細胞全体でのタンパク質の機能解析」は、DNA や RNA の塩基配列決定法や質量分析法などの改良に伴って大きく進展したが、まだまだ多くの改良を必要としている。

この**第2段階**を進める際に、もっとも大きな課題は、機能未知のタンパク質（遺伝子）が約1/3も残されていることである（図6-4）。それが障害となって、細胞全体を理解するにはほど遠い状況が依然として続いている。生物間で共通性が高い約200種の機能未知タンパク質ですらも、機能発見研究はほとんど手付かずの状態が続いている。それには、**現代のプロジェクト研究**としては難しい二つの理由があるように思われる。第一に、機能発見の「成果が得られるまでの期間」が予想できないことが挙げられる。第二に、あまりにも重要なタンパク質なので、遺伝子が欠損するとこの世に生まれて来ることが難しくなる。そのため、ヒトの場合には、医療の対象となる患者さんがほとんど存在せず、「役に立たない研究」と思われているのかも知れない。

　ここまで述べてきたような利用可能な方法を組み合わせて、**第3段階**として細胞全体で機能未知のタンパク質（遺伝子）の機能推定をある程度行った。その結果として機能推定が可能になったタンパク質については、次の**第3段階**として、実際に発現・精製を行って、その分子機能を解析することを試みた。

5.3　第3段階：各サブシステムの分子機能解析の試み

　第4〜5章のような詳細な研究の情報を、各タンパク質のみならず、DNA、mRNA、代謝物質について収集した上で、細胞全体の生命現象を理解しようとしても、時間的に難しい。そこで、各研究者が手分けをして得意な研究分野に取り組み、10〜20個程度のタンパク質からなるサブシステムの研究を行うことが現実的と思われる。その際に、そのサブシステムに関連するかも知れない機能未知タンパク質（遺伝子）を、なるべく含めるようにすれば、多くの新しい機能が発見される可能も高くなる。

　そして将来、細胞全体で約100〜200種類存在するサブシステムの研究が統合できれば、**第4段階**の「予測可能なシミュレーション」につなぐことができる。

　サブシステムが利用されているのは、物質生産の分野である。物質を工業的に量産化するためには、遺伝子を変換した微生物を利用する研究や、微生物の培養条件を物質生産用に最適化する研究が進められている。この物質生産のように、生物内のサブシステムの理解度が深まるにしたがって、その利用範囲もより広がるようになる。そのようなことも期待しつつ、サブシステムの研究に着手した例を、以下に紹介する。

5.3.1　mRNAの分解系サブシステム

　細胞内のRNA濃度は、合成系と分解系のバランスによって調節されている。RNA合成系の"転写"についての研究は、RNA合成が転写因子によって比較的厳密に調節されていることや、RNAの分析技術が進歩したことなどによって、飛躍的な発展を遂げてきた。しかし、RNA分解系については、RNA分子の種類が多いにもかかわらず、RNA分解酵素の種類が少ないことから予想されるように、各RNA分解酵素の基質特異性は低く、細胞全体での役割を研究することは難しく、研究が進んでいない。

そこで、mRNA の分解系サブシステムについて研究に着手した例を、**図6-22** と**表6-1**に示す。この実験ではまず、mRNA 分解酵素であることがわかっている遺伝子と、機能未知だが mRNA 分解酵素の可能性がある遺伝子の合計 12 種類について、まず、遺伝子を一つずつ欠損させた遺伝子破壊株を作製した。次に、それらの各破壊株を同じ条件で培養した後、**図6-14** のマイクロアレイを使用して、全遺伝子の mRNA の増減を野生株と比較した（**図6-22**）。図の横軸方向は野生株と 12 種類の遺伝子破壊株を表し、各菌株間の遺伝子発現の相関も図の上部に示した。図の縦軸方向は、約 2,200 種類の遺伝子すべてについて野生株と比較した mRNA の増減を示す。このような実験を、細胞内の環境が大きく異なることが知られている**対数増殖期**（log phase）と**定常期**（stationary phase）で行い、mRNA が増加した遺伝子と減少した遺伝子の数をまとめたのが**表6-1** である。ここで、ある遺伝子を破壊することによって mRNA が減少すれば、破壊した遺伝子はもともと（正常な野生型の場合には）、mRNA を増加させる働きをしていたことになる。**図6-22** や**表6-1** のような結果だけからでも、RNA 分解酵素の基質特異性がいくつかのグループに大別できることや、各遺伝子の特徴が少しわかる（詳細は、オープンアクセスの原著論文 Ohyama *et al.* (2104) *BMC Genomics* **15**, 386 参照）。

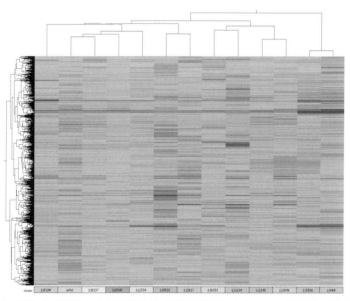

図6-22　RNA 分解酵素および関連酵素の遺伝子破壊による mRNA 発現量の増減（例）

表 6-1　遺伝子破壊によって mRNA が増減した遺伝子数

名前	（ORF 番号）	対数増殖期		定常期	
		増加	減少	増加	減少
RNase Y	（TTHA1817）	37	35	0	0
RNase II	（TTHA1534）	0	0	0	0
RNase R	（TTHA0910）	3	11	76	115
PNPase	（TTHA1139）	19	26	66	88
RNase HI	（TTHA1556）	116	200	97	137
RNase HII	（TTHA0198）	74	199	0	0
Agronaute	（TTHB068）	31	121	110	194
β-CASP family protein	（TTHA0252）	108	99	38	39
Ybe Y	（TTHA1045）	76	69	85	103
Pho H	（TTHA1046）	0	0	88	125
L-PSP	（TTHA0137）	0	0	0	0
PIN-domain protein	（TTHA0540）	0	0	0	0

　上述のように、これまでの多くの研究は、mRNA の合成系に注目されているが、mRNA 分解系との関係はあまり考えられてこなかった。それは、mRNA の分解系サブシステム全体を理解しようとすると、少なくとも以下のような多くの過程があるためである。そこでこの研究をさらに発展させようとすると、以下のような操作が考えられる。

① **サブシステムを構成するタンパク質分子の選択**：mRNA を分解する酵素の他に、機能未知タンパク質の中からその候補を追加する。

② **細胞内機能の解析**：サブシステムのタンパク質分子群に注目しつつ、**図 6-6 の第 2 段階の細胞内機能の情報**を収集する（**図 6-13**）。この段階では、すでに公開されている情報も活用できる。

③ **タンパク質の調製**：それぞれの RNA 分解酵素を単離精製する。タンパク質が翻訳後修飾を受けている場合には、*in vitro* 転写-翻訳系を利用する。

④ **酵素分子の各論的研究**：第 4 〜 5 章でのべた酵素のように、各酵素の基質特異性を、さまざまな基質を準備した上で解析する。その際に、触媒基を含めた酵素反応機構を調べておくと、なぜ、細胞中に 10 種類近い RNA 分解酵素が存在するのか、さらに、なぜヒトに RNA 分解酵素が多数存在するのか、などの理解も深まるであろう。

④' **基質 RNA 分子の研究**：RNA 分解酵素の場合には、基質である RNA の解析も不可欠である。RNA 分子は、立体構造を溶液中でダイナミックに変化させており、その分子機能も多才である。その中には、酵素のような機能を発揮する RNA（**リボザイム**）や、遺伝情報の発現を調節する RNA も含まれている。そのため、RNA についても、酵素分子と同様の**分子機能解析**が必要になる。

⑤ これらの研究段階を経て、**図 6-22** の「環境によって各 RNA 分解酵素の役割が異

なる理由」を説明できるようになれば、ようやく RNA 分解系サブシステムが理解できたことになる。そして、新たな実験条件での結果が予測できるようになれば、**第 4 段階**の「予測可能なシミュレーション」へ向けて、**RNA 分解系のサブシステム研究**が完成に近づいたことになる。

⑥　さらに、当然のこととして、この RNA 分解系サブシステムは RNA 合成系サブシステムやその他のサブシステムとも関連している。そうなると次は、サブシステム間の研究へと展開して行くことになる。

　そのように考えると、RNA 分解系サブシステムの理解だけでも、一つの細胞全体の調節機構を理解するまでには、長時間を要する。しかし、細胞は日々、その複雑な環境適応反応が達成できているので、我々がその仕組みを理解できる日も到来するであろう。その結果や研究過程で利用した解析方法は、ヒトを含めた高等動植物の理解にも役立つであろう。

5.3.2　翻訳語修飾：リン酸化サブシステム

　質量分析装置の性能が向上したことによって、タンパク質の翻訳後修飾が 500 種類以上存在することがわかってきた（http://www.unimod.org/）。その中でも、Tyr、Ser、Thr の水酸基(–OH)の**リン酸化／脱リン酸化**は、ヒトのがん化や概日リズムなどを始めとして細胞の多くのシグナル伝達に関係しているため、健康・医療にとっても重要であることが知られている。

　ヒトの場合には、リン酸化されるタンパク質は少なくとも 1 万種類、それらのタンパク質をリン酸化する酵素が 500 種類以上、脱リン酸化する酵素が約 150 種類存在することが知られている。そのヒト全体のリン酸化による環境適応を定量的に理解しようとすると、(1) 各タンパク質が、どの酵素でリン酸化され、どの酵素で脱リン酸化されているかを調べた後に、(2) 各タンパク質を基質とする、リン酸化酵素や脱リン酸化酵素との反応を**第 4 ～ 5 章**のように定量的に調べることになるだろうが、途方もない時間を要する。

　そこでタンパク質の種類が少ない高度好熱菌について、Ser, Thr, Tyr のリン酸化を調べてみると（**図 6-15 ～ 18**）、少なくとも約 50 種類のタンパク質がリン酸化されていた。そのタンパク質の中には、リン酸化によって活性を調節している酵素タンパク質や、活性部位から遠い表面の残基が修飾されているタンパク質があった（Wu *et al.*, 2013; Masui *et al.*, 2014）。リン酸化されたタンパク質の多くが、ヌクレオチド代謝系酵素群に属していた（Takahata *et al.*, 2012）。

　このリン酸化サブシステムの研究を発展させる際にも、RNA 合成・分解系サブシステムと同様の方法が考えられる。タンパク質をリン酸化する可能性のある酵素は 5 種類、脱リン酸化をする可能性がある酵素は 4 種類存在すると思われる（**図 5-23**）。そこで、次はリン酸化された各タンパク質が、いずれのリン酸化酵素や脱リン酸化酵素の基質となるかを調べる分子機能（molecular function）を調べ、実際に細胞内で果たしている細胞内機能（cellular function）を調べると、分子機能の役割が理解できるようになると期

待される。

　なお、Ser や Thr がリン酸化されたタンパク質の分子機能を解析するために、それらを遺伝子操作で Glu や Asp に置換すると、リン酸化による効果が推定できる結果が得られた。しかし、厳密にリン酸化による分子機能への影響を理解するためには、in vitro 転写翻訳系を利用して修飾タンパク質を調製するか、もし特定の残基のみをリン酸化する酵素が入手可能な場合には、その酵素を利用して修飾タンパク質を調製する。

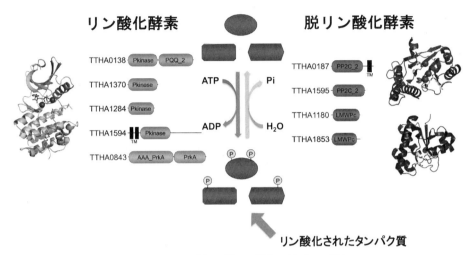

図 6-23　リン酸化・脱リン酸化のサブシステム

5.3.3　翻訳語修飾：アシル化サブシステム

　リシン残基（Lys）は $pK_a = 10 \pm 3$ なので、中性（pH 7）では電荷が＋になって（第2章参照）、タンパク質表面に存在している。その Lys はさまざまなアシル化による翻訳後修飾を受けるので（図6-24）、アシル化を受けるタンパク質や、アシル化する酵素、脱アシル化する酵素が関係するサブシステム全体を理解するために、上記の**リン酸化サブシステム**と類似した解析を行うことができる。

　Lys がアセチル化やプロピオニル化を受けて＋の電荷が消失すると、近傍の環境が大きく変化する可能性がある。高度好熱菌では、アセチル化は約 200 か所、アセチル基よりもメチレン（CH_2）が一つ長いプロピオニル化は約 360 か所あり、エネルギー産生系の酵素が多く含まれていた（Okanishi *et al.*, 2013; Okanishi *et al.*, 2014; 岡西, Kim, 2015）。また、側鎖の電荷がもとの正から負に大きく変わる、Lys のスクシニル化も存在した。

　リジンのアシル化修飾については、解糖系や TCA サイクルの酵素群が修飾されることが多かったが、リン酸化の場合と同様に、活性部位とそれ以外の表面残基のアシル化修飾も観察された。これら表面残基の翻訳後修飾には、非特異的な修飾が含まれている可能性も指摘されているが、**弱い代謝酵素集合体**の形成（Miura *et al.*, 2013; Jin *et al.*, 2017）

に積極的な関与をしている可能性もある。

　Lys のアシル化は、生物種によって異なるものの、多くの生物種で見られる（Okanishi *et al.*, 2017a; Okanishi *et al.*, 2017b；岡西，2018）。

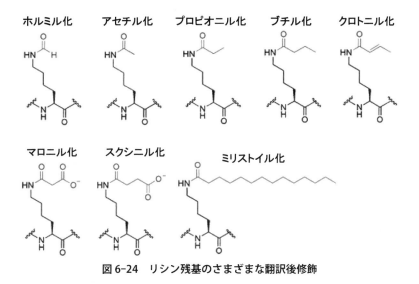

図 6-24　リシン残基のさまざまな翻訳後修飾

5.3.4　DNA 修復系サブシステム

　生物の DNA にはさまざまな傷害が生じるが、その傷害を修復するための **DNA 修復系**（**図 1-6**）は、高度好熱菌を含めて多くの生物に共通に備わっている。その DNA 修復系サブシステムには、ミスマッチ DNA 修復系、塩基除去修復系、ヌクレオチド修復系、組換え修復系、その他の修復系が知られており、各修復系サブシステムには平均約十種類のタンパク質が関与している（Morita *et al.*, 2010）。

　その例として、DNA 複製（**図 1-3, 4**）の途中で生じたミスマッチを修復するミスマッチ DNA 修復系サブシステム（**図 1-6**）を見ると、修復に関与するほとんどのタンパク質の立体構造が決まっていることがわかる。他の DNA 修復サブシステムについても、関与するタンパク質の立体構造がわかってきたので、**第 4 〜 5 章**のような分子機能解析も可能な時代になってきた。

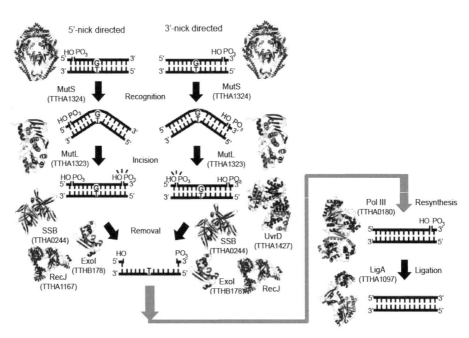

図6-25　ミスマッチ DNA 修復系サブシステムによる修復過程

5.3.5　第3段階のサブシステム解析結果の利用例

　各論的研究からは、思いがけない現象（RecJ（図5-26（p.186））、dNTPase（図5-27
（p.187）））や、利用価値のあるタンパク質にも、数多く遭遇する。その一例を紹介する
と、遺伝子増幅で使われる PCR 用の酵素（DNA ポリメラーゼ）は、最初に高度好熱菌
T. thermphilus のものが利用された。

　また、DNA 修復系サブシステムの中で、ミスマッチ DNA を認識する MutS タンパク
質（図6-25）を単離精製して、遺伝子増幅の PCR 用溶液に添加してみると、増幅遺伝
子の正確性が格段に向上した（図6-26 A）（Fukui *et al.*, 2013a; 2013b）。これは、PCR 反
応で DNA を増幅中に、相補的でない DNA 間の結合が生じると、MutS タンパク質が結
合して DNA ポリメラーゼの反応を阻害するためだろう（図6-26 B）。MutS タンパク質
が存在すると、狙った長さの DNA 断片（約500 bp）がおもに増幅されるが（図6-26 A
の＋*Tth* MutS）、MutS タンパク質が存在しないと（図6-26 A の-*Tth* MutS）、約1,500 bp
の不要な DNA 断片も増幅される。このように、PCR 反応に MutS を添加すると、より正
確な DNA 増幅が可能になる。

　MutS タンパク質が存在する「ミスマッチ DNA 修復系サブシステム」は、数個のタン
パク質群で構成されているが、その反応過程の初発タンパク質 MutS を添加しただけで
も大きな効果があった。さらに、ミスマッチ DNA 修復系全体を再構成すれば、ミスマッ
チ DNA 修復の正確度が上がる可能性がある。さらに、ミスマッチ DNA 修復系以外の修
復系も追加すれば、さらに PCR の正確度が高まりそうである。

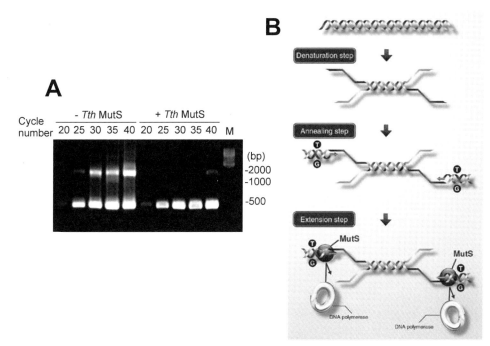

図 6-26　タンパク質の利用例

5.4　第4段階—予測可能なシミュレーション—

　　第4段階では、第3段階までの膨大な情報を統合し、細胞全体を原子レベルで理解するために、予測可能なシミュレーションを目指すことになる。たとえタンパク質群が十種類から構成される場合ですら、実験的な証明は容易でない。しかし自然は、細胞全体で、再現性よく環境適応を成し遂げているので、そこには必然性があるはずである。

　　多細胞生物のヒトなどの場合には、さらに、組織レベル、個体レベルでの理解が必要となるが、細胞レベルの学問基盤が確立すれば、ヒトの病気の治療や予防などにも様変わりすることが期待される。

6.　今後の課題

　　第1段階の「立体構造解析を行うステップ」は、構造ゲノム科学（構造プロテオミックス）のボランティア的研究により（**第3章**）、アミノ酸配列からポリペプチド主鎖の立体構造予測の成功率が上昇した（**図 3-14**（**p.71**））。さらに、最近出現した高分解能の電子顕微鏡にさらなる改良が加えられつつあるので、2A 分解能くらいまでならタンパク質を結晶化することなく、立体構造を決定できるようになりつつある。今後は、常温での動的情報も多く得られる**核磁気共鳴法**（**NMR**）の利用される機会が、予測可能な**計算機科学**とともに、増えるであろう。

第6章

第2段階の「機能解析を行うステップ」でも、多くの課題が残されている。たとえば、トランスクリプトーム解析に使用する次世代シーケンサーの解析精度をいかにして上げるかが課題である。プロテオーム解析についても、親水性ペプチドをいかにして分析するか、さらにそれを含めて、分析の感度や定量的精度をいかにして上げるかが、翻訳後修飾を定量的に理解するためにも大きな課題である。さらに、メタボローム解析に際しても、現在、定量的解析が可能な代謝物質の種類をいかにして増やすかが課題である。

　第3段階「サブシステムの各論的分子機能解析」から第4段階「予測可能なシミュレーション」にかけては、生体分子の部品としての構造・機能だけでなく、より高次の複合体としての構造・機能の解析が必要となる。そのためには、直接観測になるべく近い方法論の開発が有効であろう。

　生体分子が密集している細胞内の現象（molecular crowding）を理解するための理想的実験系の確立も望まれる。細胞内の分子機能を理解するためには、各分子の濃度だけでなく、活動度（活量）を知る必要がある。たとえば、酵素活性vを基質濃度[S]に対してプロットした図2-5（p.24）や図4-1（p.106）の基質濃度は、タンパク質などに結合していない基質の濃度（いわゆる「フリー（free）の濃度」）である。そのフリーの濃度[S]に活量係数 f の補正をして活量 f・[S]がわかると、ようやくシミュレーションができるレベルに達するので、いかにして、酵素や基質の活量を測定するかが課題である。

　さらに、細胞内の局所的によって、基質や酵素の濃度、そしてそれ以外の環境条件も異なっている。また、同じ酵素でも酵素分子ごとに反応速度が異なり、しかも、その反応速度は時間とともに刻々と変化することもわかっている。そのため、統計力学的モデルを作ろうとしても、パラメーターの数が膨大なものになり、本質が見えにくくなる可能性がある。解析のモデルを作る際には、バランスのとれた感覚を持ちつつ、細胞内の反応を非平衡の熱力学・統計力学で理解することが課題となろう。

　そのためには、「研究者間で共通した、一定の条件下のデータ」を一か所にまとめて共有できる仕組みを作ることも大きな課題である。

　このようなモデル生物研究としての「高度好熱菌丸ごと一匹の研究」が進展し、「単なる説明ではなく、予測可能なシステム生物学」の完成へ近づくと、生物学が分子生物学（分子分解能の生物学）から原子生物学（原子分解能の生物学）へと大きく様変わりすると思われる。そうなれば、「我々人類は、生命現象を理解できた」と言える時代に一歩近くことになる。ヒトなどの場合には、iPS細胞などを利用した細胞レベルから、組織レベル、個体レベルでの理解が必要となるが、高度好熱菌のような安定なタンパク質を利用した学問基盤の整備によって、ヒトの病気の治療や予防なども大きく様変わりすると期待される。

　なお、高度好熱菌の研究が夢に終わらず、実際にスタートできたのは、本高度好熱菌を発見された大島泰郎先生、そして横山茂之先生を始め多くの方々のおかげである。

参考文献

（★★★，★★，★の記号は、演習用の論文・書籍として適していると思われる参考指標）

Fukui, K. *et al.* (2013a) "Thermostable mismatch-recognizing protein MutS suppresses nonspecific amplification during PCR", *Int. J. Mol. Sci.* **14**, 6436-6453

遺伝子増幅の PCR に高度好熱菌の MutS を添加すると、より正確に遺伝子が増幅できた。さらに、遺伝子組み換えなどに関与する RecA タンパク質を添加すると、より正確に遺伝子増幅ができた論文が、Fukui, K. and Kuramitsu, S. (2013b) "Simultaneous use of MutS and RecA for suppression of nonspecific amplificatioin during PCR", *J. Nucleic Acids* **2013**, ID 823730

Hashimoto, Y. *et al.* (2001) "Disruption of *Thermus thermophilus* genes by homologous recombination using A thermostable kanamycin-resistant marker", *FEBS Lett.* **506**, 231-234 ★★

この耐熱性遺伝子や、この遺伝子を利用して作られた約 1,000 種類の遺伝子破壊株作製用プラスミドが、理研バイオリソース研究センター（RIKEN BRC）https://dna.brc.riken.jp/ja/thermus から、自由に入手できるようになっている。

Kim, K. *et al.* (2012) "Whole-cell proteome reference maps of an extreme thermophile, *Thermus thermophilus* HB8", *Proteomics* **12**, 3063-3068

高度好熱菌の細胞内で、濃度が高いタンパク質の二次元電気泳動および質量分析の結果をまとめた論文。細胞内濃度が高いタンパク質の種類とそれらの相対濃度がある程度わかる結果。

質量分析法の進歩によって、Kawaguchi, S. and Kuramitsu, S. (1995) "Separation of heat-stable proteins from *Thermus thermophilus* HB8 by two-dimensional electrophoresis", *Electophoresis* **16**, 1060-1066 の N 末端アミノ酸配列によるタンパク質同定法よりも感度が上昇し、より多くのタンパク質が同定できるようになった。

Iino, H. *et al.* (2008) "Crystallization screening test for the whole-cell project on *Thermus thermophilus* HB8", *Acta Cryst.* **F64**, 487-491

Miura, N *et al.* (2013) "Spatial reorganization of *Saccharomyces serevisiae* enolase to alter carbon metabolism under hypoxia", *Eukaryotic Cell* **12**, 1106-1119

細胞内の環境変化に応じて、代謝系酵素群が弱い集合体を形成したり、離脱したりすることを示した。その後、この集合体は、以下の論文（Jin, M. *et al.* (2017) "Glycolytic enzymes coalesce in G bodies under hypoxic stress", *Cell Reports* **20**, 895-908）によって G-body と呼ばれることが多くなった。

Morita, R. *et al.* (2010) "Molecular Mechanism of the Whole DNA Repair System: A Comparison of Bacterial and Eukaryotic Systems", *J. Nucl. Acids* **2010**, ID 179594, 32 pages

高度好熱菌 *Thermus thermophilus* HB8 を利用して、生物に共通で基本的な DNA 修復系サブシステムの研究を始めた経過報告。

第6章

Ohshima, T. and Imahori, K. (1974) "Description of *Thermus thermophilus*（Yoshida and Oshima）comb. nov., a nonsporulating thermophilic bacterium from a Japanese thermal spa", *Int. J. Syst. Bacteriol.* **24**, 102‒112

　　高度好熱菌 *Thermus thermophilus* の発見が記載された論文。この論文を含めた和文の総説が、大島泰郎（1974）"高度好熱菌 *Thermus thermophilus* の比較生化学的研究", **46**, 887‒907。

Ohtani, N. *et al.*（2013）"Identification of a replication initiation protein of the pVV8 plasmid from *Thermus thermophilus* HB8", *Extremophiles* **17**, 15‒28

　　T. thermophilus HB8 には、環状の大きな 約 2 Mbp のゲノム DNA の他に、二つののプラスミド DNA の存在が知られていたが、さらに小さな 約 80 kbp の pVV8 プラスミドが存在することを明らかにした。

Ohyama, H. *et al.*（2014）"The role of ribonucleases in regulating global mRNA levels in the model organism, *Thermus thermophilus* HB8", *BMC Genomics* **15**, 386

　　機能未知タンパク質の機能を推定するために、mRNA 分解系サブシステムに関与する可能性のあるタンパク質の遺伝子 15 種類を破壊して、細胞内全体の mRNA 濃度への影響を調べた。

Okanishi, H. *et al.*（2013）"Acetylome with structural mapping reveals the significance of lysine acetylation in *Thermus thermophilus*", *J. Proteome Res.* **12**, 3952‒3968

　　翻訳後修飾のうちで、Lys について調べてみると、Lys の +1 の電荷が 0 になるアセチル化（CH_3-CO-）が数多く存在することがわかった。その役割をタンパク質の立体構造にもとづいて解析してみた。

　　そのアセチル化の他に、CH_2 が増えただけのプロピオニル化（CH_3-CH_2-CO-）も数多く存在したが、細胞はそれらを使い分けているらしいことが、
Okanishi, H. *et al.*（2014）"Lysine propionylation is a prevalent post-translational modification in *Thermus thermophilus* HB8", *Mol. Cell. Proteomics* **13**, 2382‒2398 で、明らかになった。これらの総説が、岡西広樹、Kim Kwang（2015）"翻訳後修飾による酵素の多機能性を探る─質量分析技術", 生化学 **87**, 286‒291。

　　アセチル化やプロピオニル化の他に、Lys の +1 の電荷が -1 になるスクシニル化（-OOC-CH_2-CH_2-CO-）を含めた Lys の翻訳後修飾は、多くの生物種に存在した。

Okanishi, H. *et al.*（2017a）"Proteome-wide identification of lysine succinylation in thermophilic and mesophilic bacteria", *Biochim. Biophys. Acta – Proteins and Proteomics* **1865**, 232‒242
Okanishi, H. *et al.*（2017b）"Proteome-wide identification of lysine propionylation in thermophilic and mesophilic bacteria: *Geobacillus kaustophilus*, *Thermus thermophilus*, *Escherichia coli*, *Bacillus subtilis*, and *Rhodothermus marinus*", *Extremophiles* **21**, 283‒296

　　これらの和文総説が、岡西広樹 他（2018）"タンパク質立体構造情報を活用したアシル化プロテオーム解析", *Proteome Letters* **3**, 15‒22

Ooga, T. *et al.*（2009）"Degradation of ppGpp by nudix pyrophosphatase modulates the transition of growth phase in the bacterium *Thermus thermophilus*", *J. Biol. Chem.* **284**, 15449-15456 ★

多種類の代謝物質の濃度を、質量分析する metabolomics の方法などを利用して、機能未知タンパク質の機能を発見した。

Roosild, T.P. *et al.*（2005）"NMR structure of Mistic, a membrane-integrating protein for membrane protein expression", *Science* **307**, 1317-1321

膜タンパク質を大腸菌で発現させる方法。我々も、高度好熱菌の膜タンパク質14種類でこの方法を試してみたところ、9種類で成功した（成功率64%）。

Shinkai, A. *et al.*（2007a）"Transcription activation mediated by a cyclic AMP receptor protein from *Thermus thermophilus* HB8", *J. Bacteriol.* **189**, 3891-3901

DNA の遺伝情報をもとにして RNA を転写するのは RNA ポリメラーゼで、$\alpha_2\beta\beta'\omega$ のサブユニット群と、読み取る DNA 配列によって異なる σ サブユニットならなることが知られている。その σ サブユニットは転写因子と呼ばれるが、その中でも、数多くの遺伝子発現を一斉に調節する転写因子（global transcription factor）の cyclic AMP receptor protein を例にして、細胞全体における役割を調べるとともに、得られた結果が、機能未知の遺伝子（タンパク質）の機能推定にも役立つことを示した。本論文には、細胞全体の mRNA 解析（transcriptomics）を調べた結果のデータベース（GEO）利用法も記載されている。同様に、σ^E転写因子の結果が、Shinkai, A. *et al.*（2007b）"Identification of promoters recognized by RNA polymerase-sigmaE holoenzyme from *Thermus thermophilus* HB8", *J. Bacteriol.* **189**, 8758-8764。そして、その σ^E 転写因子と拮抗して、働きを調節する anti-σ^E タンパク質の結果が、Sakamoto, K. *et al.*（2008）"Functional identification of an anti-sigma（E）factor from *Thermus thermophilus* HB8", *Gene* **423**, 153-159

Takahata, Y. *et al.*（2012）"Close proximity of phosphorylation sites to ligand in the phosphoproteome of the extreme thermophile *Thermus thermophilus* HB8", *Proteomics* **12**, 1414-1430

翻訳後修飾のリン酸化について、原核生物にも真核生物と同様の現象が起こっていることを確認するとともに、リン酸化の役割をタンパク質の立体構造にもとづいて理解しようとした論文。その後、データが追加され、Wu, W.-L. *et al.*（2013）"Phosphoproteomic analysis reveals the effects of PilF phosphorylation on type IV pilus and biofilm formation in *Thermus thermophilus* HB27", *Mol. Cell. Proteomics* **12**, 2701-2713、その結果も、立体構造にもとづいて役割を解析し、まとめた論文が、Masui, R. *et al.*（2014）"Structural insights of post-translational modification Sites in the Proteome of *Thermus thermophilus*", *J. Struct. Funct. Genomics* **15**, 137-151

倉光成紀, 河口真一（1996）"バイオサイエンスとインダストリー". **54**, 644-646

細胞全体のタンパク質の二次元電気泳動（Kawaguchi and Kuramitsu（1995）*Electrophoresis* **16**, 1060-1066）を眺めつつ、描いた夢。「生命体全体の環境適応を、分子の「原子レベルの立体構造」にもとづいて、化学反応として理解できるような生命科学の基盤を、皆の協力で作りたいという積極的提案。

倉光成紀（2008）"アトモスフィア：多数の基本的生命現象発見のチャンス到来！", 生化学 **80**, 1075-1075

多くの生物に共通であるにもかかわらず、研究が行われていない機能未知タンパク質（遺伝子）の研究を呼びかけた学会誌の巻頭言。

倉光成紀（2011）"タンパク質は必ず発現させることができる！"
Quest Map, vol. 1, Merck（https://www.merckmillipore.com/JP/ja/life-science-research/jp-academicinfo/quest-map/3cGb.qB.oJ4AAAFGqdg3JDd2,nav）
　タンパク質の発現に関する総説

本章に関連した研究テーマの例

1. 細胞全体の環境適応を各分子の化学反応として理解し、予測できるようになるための近道は？

　現在、各タンパク質の構造・機能について得られている情報は、**第5章**で紹介したように限られている。そのため、細胞全体の生命現象を化学的に（原子分解能で）理解するのは難しいのが現状である。

　そこで、いくつかのサブシステムを選び、研究に着手した例を紹介した。この高度好熱菌にも、サブシステムは100種類以上存在するので、好みのサブシステムを選択し、容易に入手可能な「公開されたリソース（**図6-10**）」を利用すれば、短時間で研究に着手できる。

　どのように研究を進めれば、**各サブシステム**、そして、**細胞全体**を理解できるようになるのだろうか。

2. 細胞全体のタンパク質のN末端配列

　いずれの生物種でも、細胞全体のタンパク質のN末端が実験的に決まった生物は無い。全タンパク質のN末端を決定するには、どうすればよいだろうか？

3. 生物進化におけるアミノ酸残基と翻訳後修飾の関係

　第2章でも検討したように、20種類のアミノ酸残基がタンパク質に使われているが、翻訳後修飾は500種類以上存在する。これらは、進化の過程で関係していたのだろうか？

4. 細胞内の、"混み合った状態（molecular crowding）"

　細胞の中は分子の濃度が高いので、実効濃度が上り、分子間相互作用が増強される。細胞内の混み合った状態を再現するためには、どのような溶媒や溶質を使用すればよいだろうか？

5. 生命現象の予測

- ヒトの健康状態
- 動植物や微生物の環境適応
- ウィルス感染による宿主生物の変化
- 無農薬野菜の栽培
- 調理過程の分子変化

付 録

A1. 単位など

基本物理定数

ボルツマン定数 k_b 1.381×10^{-23} J K^{-1}

気体定数 R 8.3145 J K^{-1} mol^{-1}

プランク定数 h 6.626×10^{-34} J s

アボガドロ定数 N_A 6.022×10^{23} mol^{-1}

真空の誘電率 $4\pi\varepsilon_0$ 1.113×10^{-10} F m^{-1} ($\varepsilon_0 = 8.854 \times 10^{-12}$ F m^{-1})

$T = 298.15$ K（25℃）の時 $RT = 2.479$ kJ mol^{-1}

1 cal $= 4.184$ J

単位の接頭語

T	G	M	k	m	μ	n	p	f	a
テラ	ギガ	メガ	キロ	ミリ	マイクロ	ナノ	ピコ	フェムト	アト
10^{12}	10^{9}	10^{6}	10^{3}	10^{-3}	10^{-6}	10^{-9}	10^{-12}	10^{-15}	10^{-18}

ギリシャ数字

1	2	3	4	5	6	7	8	9	10
モノ	ジ	トリ	テトラ	ペンタ	ヘキサ	ヘプタ	オクタ	ナノ	デカ

ギリシャ文字

A, α	アルファ	I, ι	イオタ	P, ρ	ロー
B, β	ベータ	K, κ	カッパ	Σ, σ	シグマ
Γ, γ	ガンマ	Λ, λ	ラムダ	T, τ	タウ
Δ, δ	デルタ	M, μ	ミュー	Y, υ	ウプシロン
E, ε	イプシロン	N, ν	ニュー	Φ, φ	ファイ
Z, ζ	ゼータ	Ξ, ξ	グザイ	X, χ	カイ
H, η	イータ	O, o	オミクロン	Ψ, ψ	プサイ
Θ, θ	シータ	Π, π	パイ	Ω, ω	オメガ

A2. アミノ酸側鎖などの構造式を理解するために

原子の価数

A2-1 アミノ酸側鎖の構造（補足説明）
直線状の炭素鎖も、実はジグザグな構造！

　アミノ酸側鎖の構造式が覚えやすいように炭素鎖などを直線状に記載したが、実際には曲がっている。そのため、たとえば Val（V）は、下図のような構造が実際に近い。

$$\overset{|}{\underset{H_3C \qquad CH_3}{CH}}$$

電子の非局在化は、共鳴構造で表現されることがある！
（タンパク質中では、これらを区別して利用していることが多い。）

1. アスパラギン酸 Asp（D）やグルタミン酸 Glu（E）の解離型は、右図の構造が実際に近いが、その状態を以下の二つの状態の平衡として記載する場合や、片方だけ記載する場合がある。

$$\left[\quad \underset{O^{-} \quad O}{\overset{CH_2}{|}} \quad \rightleftharpoons \quad \underset{O \quad O^{-}}{\overset{CH_2}{|}} \quad \right] = \underset{O \cdots O^{-}}{\overset{CH_2}{|}}$$

2. Arg（R）の H^{+} が結合した構造（右図）は、左図の三つの構造の共鳴体、

$$\left[\quad \underset{H_2N \qquad NH_2^{\oplus}}{\overset{CH_2}{\underset{NH}{\overset{CH_2}{\underset{|}{CH_2}}}}} \quad \rightleftharpoons \quad \underset{{}^{\oplus}H_2N \qquad NH_2}{\overset{CH_2}{\underset{NH}{\overset{CH_2}{\underset{|}{CH_2}}}}} \quad \rightleftharpoons \quad \underset{H_2N \qquad NH_2}{\overset{CH_2}{\underset{{}^{\oplus}NH}{\overset{CH_2}{\underset{|}{CH_2}}}}} \quad \right] = \underset{H_2N \cdots {}^{\oplus} \cdots NH_2}{\overset{CH_2}{\underset{NH}{\overset{CH_2}{\underset{|}{CH_2}}}}}$$

H^+ が解離した構造（図 2-3 の右側）には、下図の三つの構造の共鳴体が共存する。

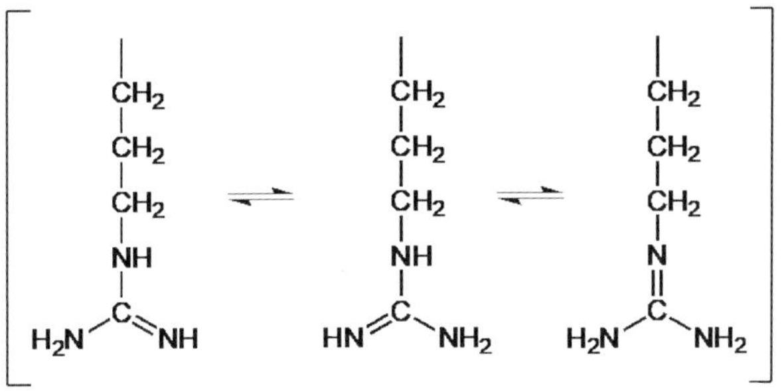

3. His(H)の H^+ が結合した構造（右図）は、左図のような二つの構造の共鳴体、

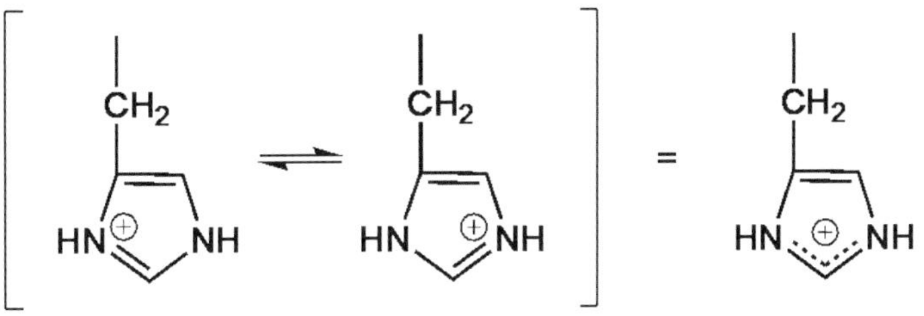

H^+ が解離した構造（図 2-3（p.18-19）の右側）は、下図の二つの構造の共鳴体が共存する。

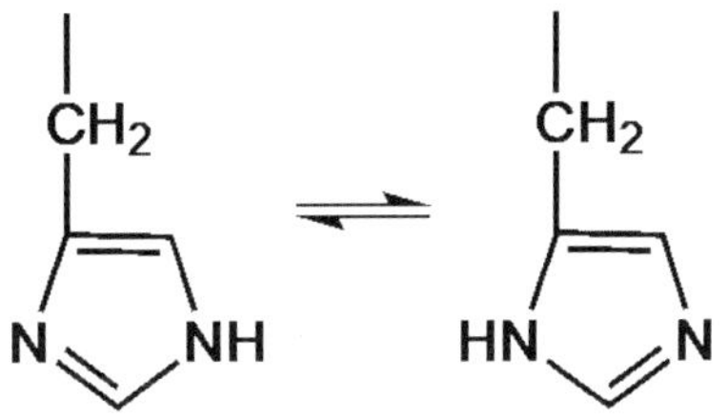

4. ベンゼン環などは共鳴構造（図中央）の一つを記載したが、リング状（右図）のように描くこともある。

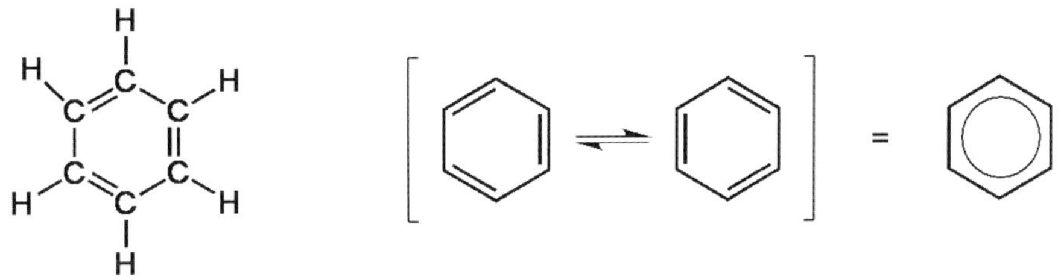

A3. タンパク質などの立体構造を見てみよう

図3-1 のような図を、以下のような手順で作成することができる。

A3-1　PyMOL のインストール

1. https://www.pymol.org にアクセスし、「Buy」をクリックする。
   もしくは、https://pymol.org/buy にアクセスする。

2. 「Student/Teacher」をクリックする。
   もしくは、https://pymol.org/edu/?q=educational にアクセスする。
   必要事項を記入し、「Continue」をクリックする。
   注意事項を読み、最後に表示される4文字を入力して、「I Agree」をクリックする。

3. PyMOL からのメール（PyMOL Educational Use Declaration for "name"）を開き、最後に記載されている「DOWNLOAD URL」のアドレスにアクセスする。

4. メールの最後に記載されている「USERNAME」と「PASSWORD」を入力し、「ログイン」をクリックする。

5. Windows (64 bit または 32 bit), Mac OS X, Linux 64 bit の中から、使用したいものをクリックして、インストーラーをダウンロードする[1]。

6. ダウンロードしたインストーラーを起動し、指示にしたがって PyMOL をインストールする。

A3-2　PyMOL の起動

1. Windows の場合
   スタートアップメニューから「すべてのプログラム」の中の「PyMOL」の中の「PyMOL」を選択する。
   もしくは、PyMOL フォルダーの中の「PyMOL.exe」をダブルクリックする。[2]

2. Macintosh の場合
   アプリケーションフォルダーの中にある「MacPyMOL」をダブルクリックする。[3]

A3-3　立体構造の座標データのダウンロード

世界中の研究者が決定したタンパク質・核酸の立体構造は Protein Data Bank に登録され、PDB ID と呼ばれる4文字の英数字で整理されている。これらのデータは誰でも閲

---

1) 使用している Windows が 32 bit 版であるか 64 bit 版であるかを調べるには、コントロールパネルを開き、「システムとセキュリティ」をクリックして「システム」をクリックする。コンピューターの基本的な情報の表示の中の、システム：システムの種類の項目に使用中のオペレーティングシステムが書かれている。

2) 標準的な構成・インストールでは、ローカルディスク（C:）の中の「Program Files」の中の「PyMOL」の中の「PyMOL」の中に保存されている。

3) インストールの際にアプリケーションフォルダー以外に MacPyMOL をコピーした場合は、そのフォルダー内の MacPyMOL をダブルクリックする。

覧することが可能であり、各原子の座標を含む PDB ファイルをダウンロードすることによりさまざまなタンパク質の立体構造をコンピューター上で見ることができる。

1. Protein Data Bank Japan（https://pdbj.org）にアクセスする。
2. 右上の「pdbj.org 全体を検索（日本語 OK）」と書かれている枠に、検索したいキーワードや PDB ID を入力して「🔍」をクリックする。今回は p53 の DNA 複合体の PDB ID "1TUP" を入力して検索する。
3. 1TUP のページが表示されたら、「ダウンロード」のタブをクリックする。
4. ファイル名「pdb1tup.ent」をクリックして、ファイルをダウンロードする。

A3-4 PyMOL による立体構造の表示

1. PyMOL を起動する（PyMOL の起動の項を参照）。
2. メニューの「File」から「Open」を選択し、ダウンロードした pdb1tup.ent を選択して「Open」をクリックする。[4]
3. Viewer 画面（初期設定では黒色の画面）に p53 や DNA などが lines モデルで表示される。マウスの左ドラッグで表示させたモデルの回転、右ドラッグでモデルの拡大・縮小、センタードラッグでモデルの移動、ホイールで深度の調整を行うことができる。
4. Viewer 画面の右側に表示されているオブジェクトパネルに読み込んだファイル名「pdb1tup」が表示されているので、その右横の「H」をクリックして、Hide：パネルを開き、「everything」をクリックする。この操作をすると表示されている lines モデルが消える。
5. オブジェクトパネルの「pdb1tup」の右横の「S」をクリックして Show：パネルを開き、「cartoon」をクリックする。この操作をするとタンパク質と DNA が cartoon モデルで表示される。
6. オブジェクトパネルの「pdb1tup」の右横の「C」をクリックして Color：パネルを開き、「by chain」の中の上から 3 番目の「by chain」をクリックする。この操作をすると分子ごとに色分けされ、3 分子の p53 が 1 本の 2 本鎖 DNA に結合しているのがわかる。
7. コマンドライン[5]に select chain A と入力し、enter を押す。Viewer 画面の右横のオブジェクトパネルに「(sele)」の行が追加される。「(sele)」の右横の「H」をクリック

4）ダウンロードした pdb1tup.ent の一般的に、ローカルディスク C：または Macintosh HD／ユーザー／"user name"／ダウンロードの中に保存されている。

5）Windows の場合は、Viewer 画面とは別の The PyMOL Molecular Graphics System と表示されているウインドウの一番下にある PyMOL＞に続く白色の入力スペースをクリックすると、コマンドを入力することができる。
　Macintosh の場合は Viewer 画面のすぐ上に表示される PyMOL＞に続く白色の入力スペースをクリックすると、コマンドを入力することができる。
　あるいは、Viewer 画面の一番下に PyMOL＞_ と表示されている部分をクリックで選択して、コマンドを入力する。

して Hide：パネルを開き、「cartoon」をクリックする。これらの操作でタンパク質3分子のうち、chain A が非表示になる。

8. コマンドラインに select chain C と入力し、enter を押す。「(sele)」の右横の「H」をクリックして Hide：パネルを開き、「cartoon」をクリックする。これらの操作でタンパク質2分子のうち、chain C が非表示になる。

9. コマンドラインに select chain B and resn zn と入力し、enter を押す。「(sele)」の右横の「S」をクリックして Show：パネルを開き、「sphere」をクリックする。「(sele)」の右横の「C」をクリックして Color：パネルを開き、「reds」の中の「red」をクリックする。これらの操作でタンパク質内に存在する亜鉛イオンが赤色の sphere モデルで表示される。

10. コマンドラインに select chain E or chain F と入力し、enter を押す。「(sele)」の右横の「H」をクリックして Hide：パネルを開き、「cartoon」をクリックする。「(sele)」の右横の「S」をクリックして Show：パネルを開き、「stick」をクリックする。「(sele)」の右横の「C」をクリックして Color：パネルを開き、「by element」の中の上から2番目の「CHNOS...」をクリックする。コマンドラインに set stick_radius, 0.3 と入力し、enter を押す。これらの操作で DNA が stick モデルで表示される。

11. コマンドラインに select（resi 175, 245, 248, 249, 274, 282）and chain B と入力し、enter を押す。「(sele)」の右横の「S」をクリックして Show：パネルを開き、「stick」をクリックする。「(sele)」の右横の「C」をクリックして Color：パネルを開き、「magentas」の中の「magenta」をクリックする。これらの操作でがん細胞の中で高頻度に変異が起こる残基が stick モデルで表示される。

12. メニューの「Display」から「Background」の「White」を選択する。

13. メニューの「Display」から「Stereo」の中の「Wall-Eye Stereo」を選択する。

14. マウスで分子の向きや大きさなどを調節する。

15. メニューの「File」から「Save Image As」の「PNG...」をクリックして、画像ファイルに名前をつけて保存する。

16. メニューの「File」から「Save Session As...」をクリックして、PyMOL のセッションファイルに名前をつけて保存する。再度 PyMOL を開くときにこのファイルを選択すると、これまでの操作が行われた状態で PyMOL を再開することができる。

A4. 酵素反応を測定して見てみよう

はじめて酵素反応の実験をする高校生や大学生のために、簡単な実験法を紹介する（**A4-1. 酵素活性の測定例**）。この例では、乳酸脱水素酵素（lactate dehydrogenase：略号 LDH）を対象にしているが、酵素活性測定の原理はどの酵素も似ているので、この測定法はさまざまな酵素に応用することができる。

さらに、酵素や基質、そして測定条件（pH，温度，塩濃度，その他）や測定方法を換えて自主研究を行なえば、高校生でも発見できる実験テーマが数多く残されていることを紹介する（**A4-5. 発展研究の例**）。

（理解しにくい箇所は、一度、実験をしてみた後で、再度、読んでみることをお勧めする。）

A4-1 酵素活性の測定例（実験の目的など）

本実験で用いる乳酸脱水素酵素（LDH）は、NADH/NAD$^+$ を補酵素として、補酵素ピルビン酸（pyruvate）還元、あるいは乳酸（lactate）の酸化を可逆的に触媒する（**図 A-1**）。その立体構造は、サブユニットの分子量が約 35,000 の 4 量体からなる酵素であり、

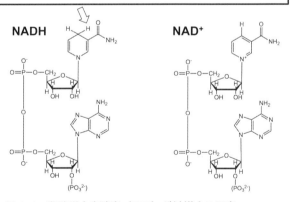

$$CH_3\text{-}CO\text{-}COO^- + NADH + H^+ \rightleftharpoons CH_3\text{-}CH\text{-}COO^- + NAD^+$$
$$OH$$

NADH　　　　　　　**NAD$^+$**

図 A-1　乳酸脱水素酵素（LDH）が触媒する反応
図 A-2 に示すように、ピルビン酸の CO の C に、補酵素（NADH）の H が付加され、CO の O に、プロトン化したヒスチジン（H）の H$^+$ が付加されて、乳酸が生成する。

図 A-1 の右方向の反応が進む場合には、左辺の 3 種類を一分子ずつ使って、右辺の 2 種類が一分子ずつ生成される。その酵素反応を追跡するには、5 種類の分子種のいずれか一つについて、濃度の増加か減少を測定すればよい。

どれを酵素活性の測定に用いるか？　同じことなら、なるべく楽をして、定量的にも正確に、測定したい。

そこで、本実習では、補酵素 NADH が NAD$^+$ に変化する際に 340 nm の吸光度が減少すること（図 A-3）を利用する。

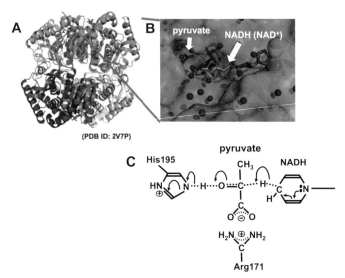

図 A-2　乳酸脱水素酵素の構造
四量体の立体構造(A)、および、その活性部位に、基質のピルビン酸（類似物質）と補酵素の NADH が結合した構造(B)と、遷移状態の模式図(C)。

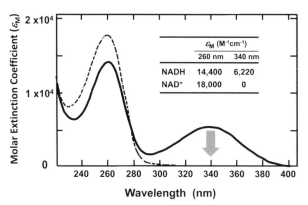

図 A-3　補酵素の NADH と NAD$^+$ の吸収スペクトル
還元型(NADH)から酸化型(NAD$^+$)への変換で、340 nm の吸光度が大きく減少する。

A4-2　実験方法など

活性測定の準備：原液調製

乳酸脱水素酵素（LDH）の希釈溶液：5 mM リン酸（カリウム[6]）（pH 7.0）

KH_2PO_4（MW 136.09）と K_2HPO_4（MW 174.18）の比率を調整すると（図2-5参照）、5 mM リン酸カリウム溶液が調製できる。（リン酸の pK_a は濃度によって変化するが、5 mM リン酸の pK_a は約7.0）

"M" は濃度の単位で、モル／リットル（mol/L または mol L^{-1}）を表すので、mM は mmol/L を表す。なお、単位については付録 A1.（p.227）を参照。

酵素は、さまざまな生物種の LDH が市販されている。市販の哺乳類の LDH は、ジチオスレイトール（DTT）などの還元剤存在下でも、希釈後 1 日間で 10％以上失活するので、2〜3 時間毎に同じ基質濃度で活性を測定して、失活の時間補正をする必要がある。

一方、高度好熱菌 *Thermus thermophilus* HB8 の酵素は、室温で失活しないため、時間的補正は不要である。しかも冷凍庫で数年間保存できるため、便利である。入手方法は、阪大理学テクノリサーチ http://www.handairigaku-techno.or.jp に問い合わせてみて下さい。

リン酸緩衝液：0.5 M リン酸（カリウム）、1 M KCl（10 倍希釈時に、25℃で pH 7.0）

KCl（MW 74.55）（緩衝液に、カリウムイオン（K^+）を使用し、KCl 濃度を 100 mM にする目的は、(1) 細胞内のイオン強度（濃度）に近づけるためと、(2) 基質の濃度を 20 mM 程度まで変化させても、イオン強度変化の影響がほとんど出ないようにするためである。

基質原液：100 mM ピルビン酸ナトリウム $CH_3COCOONa$（MW 110.04）（pH 7.0）

これは一例である。この原液を希釈して 10 mM や 1 mM などの溶液を調製し、低基質濃度の活性測定をする。

NADH 溶液：3 mM NADH（1 mM NaOH に溶解）

NADH（$2Na^+$ 塩は MW 709.4）

340 nm におけるモル吸光係数 $\varepsilon_M = 6{,}220$ M^{-1} cm^{-1}

なお、還元型の NADH は弱アルカリで安定だが酸性では不安定なため（酸化型の NAD^+ はその逆）、溶液の長期保存はできない。

---

6) 酵素活性は、カリウム塩でもナトリウム塩でも同じ場合が多い。しかし、超好熱性古細菌の酵素には、活性に違いがあることも知られている。

活性測定：反応初速度の測定

標準的な温度の25℃で測定する場合、四つの溶液を25℃の恒温槽に立てておく。次に、以下に示す液量をセルに入れる（最近は、240 nm の短波長まで測定可能なプラスチックセルが市販されている）。

（終濃度）

a. 0.5 M リン酸緩衝液、1 M KCl　　0.2 ml　　（50 mM リン酸、100 mM KCl）

b. 3 mM NADH　　　　　　　　　0.1 ml　　（0.15 mM）
   濃度は、酵素を添加する前（図 A-4 の「酵素無し」）の吸光度で確認できる。

c. 10 mM ピルビン酸ナトリウム　　0.2 ml　　（1.0 mM）
   哺乳類の酵素は、基質阻害を避けるために 1 mM よりも低基質濃度で測定し、
   高度好熱菌 *T. thermophilus* の酵素は、より高濃度で測定（図 A-5）する。

d. 水　　　　　　　　　　　　　　1.4 ml

セルを分光光度計のセルホルダーに入れ、放置してセル内の溶液が25℃になるのを待つ。その間に酵素を入れない時の時間変化を記録する（図 A-4 の「酵素無し」の領域）。理想的には、この時に、セル中の溶液の温度をリアルタイムに測定して温度が一定になったことを確認する。

次に、酵素（LDH）を専用の希釈用溶液で希釈し、あらかじめ 25℃にしておき、e 液を加える。

e. 希釈用溶液で希釈した LDH 溶液　0.1 ml　　（原液 x（1/20）M）（合計　**2.0 ml**）

加えたら、パラフィルムでセルの口を押さえ、すばやく数回反転してよく混合し、セル上部を拭いたのち、直ちに分光器のセルホルダーに挿入し、340 nm の吸光度変化を記録させて、反応を追跡する。酵素濃度が高いと、混合中に反応が終わってしまうこともあるので、酵素を加えたら、なるべく早く測定を開始する。

図 A-4 の例では、時間とともに接線の傾斜が少なくなっているので、初速度を測定することが比較的難しいが、直線部分が長い酵素反応の場合には、1 分間当たりの吸光度変化が 0.1 ~ 0.3 位になるような酵素濃度を決める。

活性が酵素濃度に比例することを確認

酵素を混合して測定開始までに反応が進行してしまうために（図 A-4 参照）、正確な初速度を測定するためには、(1) なるべく短時間に混合するか、(2) 酵素濃度を下げて、混合中に進む反応を少なくするか、を実験者ごとに決める必要がある。

そこで、酵素活性測定で最も高い基質濃度に固定して、酵素濃度を数点変えて測定を行い、「初速度と酵素濃度とが比例する濃度領域」を調べておく。そして、その濃度領域の中で、酵素濃度を一定にして酵素活性を測定する。

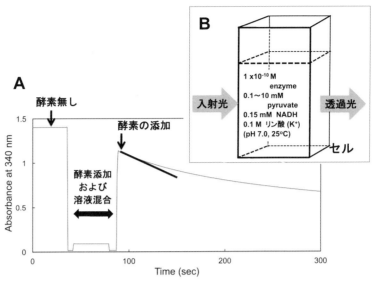

図 A-4　酵素反応の初速度を測定する方法
乳酸脱水素酵素の場合には、基質と反応する補酵素の NADH が NAD^+ に変わると、340 nm の
光の吸収が減少すること（**図A-3 A**）を利用し、その初速度からセル中の酵素活性を測定する。

　なお、(a) 複数のサブユニットからなる酵素の場合、希釈し過ぎるとサブユニットが
分離して活性が低下する場合や、(b) 溶液を操作するさまざまな過程で、酵素分子が容
器の器壁に吸着して、最終的な測定セル中の酵素濃度が下がり、期待した活性よりも低
くなることがある。その場合に、ウシの血清アルブミン（bovine serum albumin（BSA））
などを添加して、吸着を少なくすることもある。
　(a) (b) いずれの場合にも、1/1,000 秒の高速で溶液を混合し、その後の反応を追跡
できる "ストップトフロー装置" を利用する方法もある。

再現性の確認

　同じ基質濃度で 2 回以上測定し、再現性を確認する。これによって、自分のデータの
精度（測定値の有効数字）がわかる。

溶液の pH の確認

　もっとも基質濃度が高い溶液の反応を測定した後に、反応溶液の pH を測定温度（た
とえば、25℃）で測定して、期待する pH とのずれを確認しておく。

A4-3 実験の結果と考察など

反応動力学定数（反応速度論的パラメータ）k_{cat}, K_m を求めてみよう

定常状態の速度式にもとづいて、基質であるピルビン酸に対する速度パラメータ（反応動力学的定数）を実験的に決定する。

（1）各基質濃度における反応初速度の測定

種々の基質（ピルビン酸）濃度で（K_m を挟んで、少なくとも 7 点の濃度）初速度を測定する（図 A-4 参照）。

酵素濃度を溶液の基質濃度は、ピルビン酸と水の量を適当に変えて調整する（図 A-5）。

実験中に重要なことは、一つの初速度測定の直後にグラフにプロットし、誤差が大きい測定値については直ちに再実験を行っておくことである。その際のグラフの縦軸は、「1 分間あたりの傾き」などの相対値で十分である。

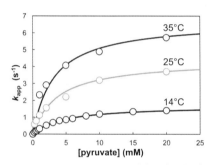

$$k_{app} = k_{cat} \frac{[S]}{K_m + [S]}$$

	14℃	25℃	35℃
k_{cat} (s⁻¹)	1.7	4.4	6.7
K_m (mM)	4.6	3.7	3.2

図 A-5　酵素反応の初速度の基質濃度変化

さらに、温度を変えて測定することによって、$E+S \rightleftharpoons ES \rightarrow E+P$ の反応過程の熱力学的パラメーターが得られた（Furuya, S. *et al.*（2017）"Thermodynamic Analysis of Enzyme Reaction: Lactate dehydrogenase", *Protein Sci.* **26**, S1, 92–92）。

（2）理論値（理論曲線）との比較しつつ、反応動力学定数（k_{cat} と K_m）を求める

（1）の測定結果をもとに、Michaelis-Menten の式（$v = V_{max}[S]/([S]+K_m)$）から、$V_{max}(=k_{cat}[E]_0)$ と K_m とを求める。

この縦軸 $v = k_{app}[E]_0$ は、たとえ同じ酵素でも、測定する時の酵素濃度によって変わるので、その違いを無くすために、$v = V_{max}[S]/([S]+K_m)$ の両辺を酵素の総濃度（$[E]_0$）で割って、$k_{app} = k_{cat}[S]/([S]+K_m)$ の形に変形しておく。

さらに、後ほど k_{cat} や K_m をエネルギーの値に変換するために、各基質濃度の実験値 k_{app} を、秒当たりの単位（s⁻¹）に変換しておく（図 A-5）。

k_{cat} と K_m とを求めるために、測定した各基質濃度での初速度の理論値を実測値のグラフに重ねてプロットし比較する。このように、式を変形しなくても k_{cat} と K_m とを求める

ことができるが、両辺を逆数にした「両逆数プロット $1/k_{app} = (K_m/k_{cat})(1/[S]) + 1/k_{cat}$」を利用して、縦軸を $1/k_{app}$、横軸を $1/[S]$ にすると、測定点が直線状に並ぶ。そして、縦軸の切片から $1/k_{max}$、横軸の切片から $-1/K_m$ が求まる。また、その直線の傾きは K_m/k_{cat} になる。これらを利用して、k_{cat} と K_m を求める。

そして、これらの k_{cat} と K_m を用いて $k_{app} = k_{cat}[S]/([S] + K_m)$ の**理論曲線**を作成する（**図 A-5**）。

理論曲線を描いて、実験点と比較する目的は、「理論曲線を作成する際に考えた反応モデル $E+S \rightleftharpoons ES \rightarrow E+P$ が、正しいか否かを判定すること」であるので、実測値と理論値のプロットが大きくずれている場合は、求めた k_{cat} と K_m を調整するか、反応モデルそのものを改良する必要がある。

なお、複雑な反応過程についての一般的な解析法は、
(1) まず、なるべく単純な反応モデルで説明することを心掛けるが、
(2) (1)ではどうしても説明できない場合には、もう一つ反応過程を増やす。
(3) そのようにして定常状態の反応を解析した後、その反応過程の一部分を、前定常状態（遷移相）の反応解析法などの測定方法で確認する。

(3) 反応動力学定数（k_{cat} と K_m）から、エネルギー図を作成する

(2) でわかった k_{cat} と K_m を利用して、エネルギー図（**図 A-6 B** や**図 A-7 B**）を作成し、反応過程を熱力学的に考えてみよう。

まず、$E+S \rightleftharpoons ES \rightarrow E+P$ のうちの酵素-基質結合過程（$E+S \rightleftharpoons ES$）については、解離定数の K_m を逆数（$1/K_m$）にして、自由エネルギー $\Delta G = -RT \ln(1/K_m)$ を求めることができる。ここで、気体定数 $R = 8.314 \, JK^{-1} \, mol^{-1}$、絶対温度は T は 25℃なら $273.15 + 25 = 298.15$ K、したがって $RT = 2.479 \, kJ \, mol^{-1}$ なので、25℃における $K_m = 3.7 \, mM = 0.0037$ M（**図 A-5**）を使って、$\Delta G = -RT \ln(1/K_m) = -2.479 \ln(1/0.0037) = -13.9 \, kJ \, mol^{-1}$（ln は、底が e(2.71828)の対数なので、$\ln(e) = 1$）。

結合定数（$1/K_m$）の対数を、温度の逆数に対してプロットすると、**図 A-6** の van't Hoff plot が得られ、その傾きから $E+S \rightleftharpoons ES$ のエンタルピー変化（ΔH）、すなわち、反応に伴う熱の出入りがわかる。**図 A-6** の場合には、$\Delta H = 12.7 \, kJ \, mol^{-1}$ であった。$\Delta G = \Delta H - T\Delta S$ なので、$\Delta G = -13.9 \, kJ \, mol^{-1}$ と $\Delta H = 12.7 \, kJ \, mol^{-1}$ を使って、$T\Delta S = 26.6 \, kJ \, mol^{-1}$ であることがわかった。

これらの熱力学的な数値は、実験で一義的に決まるが、その解釈は研究者ごとに異なる。そのうちの一つの考え方は、$E+S \rightleftharpoons ES$ のように 2 分子が結合する場合、通常の解釈なら、結合することによって熱が放出されるため $\Delta H < 0$ となり、結合によって二つの分子が一つになるため $T\Delta S < 0$ になると予想されるが、実験結果はその逆で、$\Delta H > 0$、$T\Delta S > 0$ となっていた（**図 A-6 A**）。なぜだろうか？

実はこのようなことが、水溶液中の反応で頻繁に見られる。その解釈の一つは、**図 A-6 B** に示すように、酵素（E）と基質（S）が結合する際に、周辺に弱く結合していた水分子が解放されて、$\Delta H > 0$、$T\Delta S > 0$ に寄与すると考えられている。

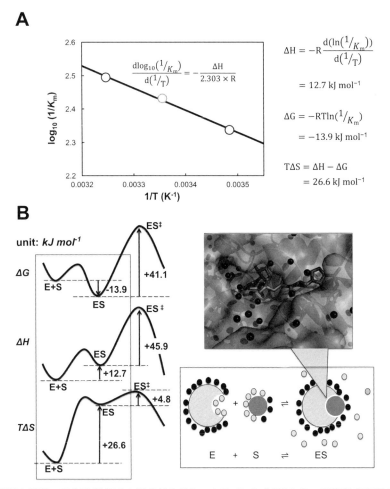

A

$$\frac{d\log_{10}(^1/_{K_m})}{d(^1/_T)} = -\frac{\Delta H}{2.303 \times R}$$

$$\Delta H = -R\frac{d(\ln(^1/_{K_m}))}{d(^1/_T)}$$

$$= 12.7 \text{ kJ mol}^{-1}$$

$$\Delta G = -RT\ln(^1/_{K_m})$$

$$= -13.9 \text{ kJ mol}^{-1}$$

$$T\Delta S = \Delta H - \Delta G$$

$$= 26.6 \text{ kJ mol}^{-1}$$

B

unit: *kJ mol⁻¹*

図 A-6　酵素と基質の結合過程（K_m）の温度依存性（van't Hoff plot）（A）から、基質結合過程の熱力学的情報（B）が得られる
結合過程（$E + S \rightleftarrows ES$）の K_m は、**図 A-5** の値を利用して、25℃のエネルギー変化を計算した。
（Furuya. *et al.,* 2017）

　次に、$ES \rightarrow ES^{\ddagger}$ の速度定数（k_{cat}）から、遷移状態理論を使って自由エネルギーを計算すると、$\Delta G^{\ddagger} = -RT\ln(k_{cat}(h/(k_bT)) = 41.1$ kJ mol^{-1}（ここで、h はプランク定数（6.626 x 10^{-34} J s）、k_b はボルツマン定数（1.381 x 10^{-23} J K^{-1}））。

　さらに、k_{cat} の対数を、温度の逆数に対してプロットすると（**図 A-7** の Arrhenius plot）、その傾きから $ES \rightarrow ES^{\ddagger}$ の活性化エネルギー E = 48.4 kJ mol^{-1} が得られ、さらに $\Delta H^{\ddagger} =$ E-RT の関係式を利用して、エンタルピー変化 $\Delta H^{\ddagger} = 45.9$ kJ mol^{-1} が得られる。

　さらに、$\Delta G^{\ddagger} = \Delta H^{\ddagger} - T\Delta S^{\ddagger}$ の関係式を使えば、$T\Delta S^{\ddagger} = 4.8$ kJ mol^{-1} となる。

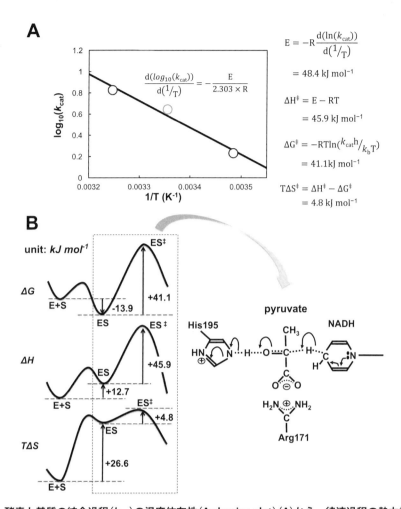

A

$$E = -R \frac{d(\ln(k_{cat}))}{d(^1/_T)}$$

$$= 48.4 \text{ kJ mol}^{-1}$$

$$\frac{d(log_{10}(k_{cat}))}{d(^1/_T)} = -\frac{E}{2.303 \times R}$$

$$\Delta H^{\ddagger} = E - RT$$

$$= 45.9 \text{ kJ mol}^{-1}$$

$$\Delta G^{\ddagger} = -RT\ln(^{k_{cat}h}/_{k_bT})$$

$$= 41.1 \text{ kJ mol}^{-1}$$

$$T\Delta S^{\ddagger} = \Delta H^{\ddagger} - \Delta G^{\ddagger}$$

$$= 4.8 \text{ kJ mol}^{-1}$$

B

unit: $kJ\ mol^{-1}$

ΔG — E+S, ES −13.9, ES‡ +41.1

ΔH — E+S, ES +12.7, ES‡ +45.9

$T\Delta S$ — E+S, ES +26.6, ES‡ +4.8

pyruvate

His195 NADH

Arg171

図 A-7 酵素と基質の結合過程(k_{cat})の温度依存性(Arrhenius plot)(A)から、律速過程の熱力学的情報 (B)が得られる
律速過程(ES → ES‡)の k_{cat} は、図 A-5 の値を利用して、25℃のエネルギー変化を計算した。
(Furuya. *et al.*, 2017)

　これらのエネルギー変化の考察としては、ES → ES‡ の過程で、基質が結合した酵素の中で、基質などの原子間の結合が切れたり、つながったりする反応が進行するため、「乱雑さ」のエントロピー項 $T\Delta S^{\ddagger}$ はあまり変化せず、結合を切断するためのエネルギー $\Delta H^{\ddagger}$ が大きくなったのであろうと考えれば、矛盾はない。

　酵素反応実験の解釈は、このような熱力学的解釈で十分だが、もし、その考え方を支持する結果が欲しい場合には、統計力学的なモデルを作って計算機で計算し、グラフィック表示をしてみればよいであろう。その計算によって実験結果がある程度説明できれば、モデルを作る際の考え方は、正しかった可能性がある(ただし、それが真実かどうかは、判定できない)。計算結果がまったく異なれば、別のモデルを作って計算してみることになろう。

付録

A4-4 クイズ

これまでの実験を補うためのクイズに、挑戦してみよう。（回答例は巻末）

クイズ1　初速度の計算（回答例は発展研究の頁）

図A-4の初速度を表す接線の傾きが、1分間で、340 nmの吸光度変化が0.25であったとする。その時の酵素濃度が20 nMであったとすると、その時に酵素分子が1秒間に触媒する回数 $k_{app}(s^{-1})$ はいくらか？

クイズ2　酵素反応の定常状態、初速度、平衡状態

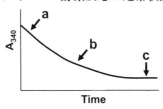

LDHとピルビン酸との反応を測定し、340 nmの吸光度の減少を経時的に追跡すると、次のような結果が得られた。

(1) a, b, c は、それぞれどのような状態か？
(2) 酵素濃度を2倍にすると、グラフはどうなるか？
(3) このグラフとMichaelis-Mentenの式との関係は？

クイズ3　Michaelis-Menten の反応機構

Michaelis-Mentenの反応機構とは何か？　定常状態とは何か？　K_m, $V_{max}(k_{cat})$とは何か？

クイズ4　酵素の失活

ある日に実験すると、図のような結果が得られた。同じ実験を1週間後にやり直してみると、LDHのうち半分が失活していることがわかった。

そのときの実験結果はどのようなグラフになるか。

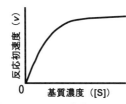 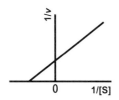

クイズ5　$[S] \gg K_m$ または $[S] \ll K_m$ における関係式

基質濃度一定で活性測定した場合、次のようになることを示せ。

基質濃度が K_m よりもはるかに高ければ　　$v = V_{max}$
基質濃度が K_m よりもはるかに低いときは　$v = (V_{max}/K_m)[S]$

クイズ6　教科書の不思議

酵素の反応が、下記の二つの図を使って説明されている本がありました。これらの矛盾点を指摘して、左右のいずれかが正しいとすれば、もう一方をどのように変更すればよいかを考えよ。

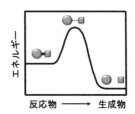 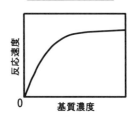

A4-5 発展研究の例

　　温度の影響（図 A-5 〜 7 で紹介）

　　阻害剤の影響（基質類似物質（たとえば、ピルビン酸に類似したオキサム酸 NH_2-CO-COO^-）による阻害実験。）

　　活性化剤の影響（生物種によっては、フルクトース-1,6-ビスリン酸（fructose 1,6-bisphosphate）が酵素反応を活性化する。）

　　逆反応の解析（基質として、乳酸と NAD^+ を用いる。）

　　平衡反応の解析（酵素は、「反応の平衡を変えず、基質と生成物との間の反応速度を上げる」ことを確認してみる。）

以下の実験は、結果の解釈が複雑になるかもしれません。

　　pH の影響

　　温度による変性

　　有機溶媒の影響（たとえば、エタノールの影響を調べてみる。）

　　塩濃度の影響（NaCl などの塩濃度の影響を調べてみる。）

クイズの回答例

クイズ1

$(0.15/6{,}220)/60/(2 \times 10^{-8}) = 2.0 \ \text{s}^{-1}$

光路長 1 cm のセルの中で、1 M(mol/L) の NADH($\varepsilon_{340} = 6{,}220 \ \text{M}^{-1} \text{cm}^{-1}$)が、酵素反応によって NAD($\varepsilon_{340} = 0 \ \text{M}^{-1} \text{cm}^{-1}$)になると、340 nm における吸光度変化($\Delta \text{A}_{340}$)は 6,220 になると計算される。

酵素反応によって、340 nm の吸光度が 1 分間に変化した ΔA_{340} は 0.25 だったので、その濃度変化は $0.15/6{,}220$(M min^{-1})、1 秒間当たりの濃度変化は $(0.15/6{,}220)/60$(M s^{-1})、さらにその変化は、酵素原液が 1/20 に希釈された 20 nM(2×10^{-8} M)の酵素濃度によるものなので $(0.15/6{,}220)/60/(2 \times 10^{-8}) = 2.0 \ \text{s}^{-1}$、

すなわち、1 秒間に 2 回働く。(参考：この活性上昇は、ブドウ糖が代謝される過程でできる fructose-1,6-bisphosphate で活性化され、重要な代謝調節機構になっている。)

クイズ2

(1) a は、E + S ⇌ ES → E + P の酵素 -基質複合体の濃度([ES])がほぼ一定の定常状態。

  c は、E + S ⇌ ES ⇌ EP ⇌ E + P の反応全体が平衡の状態(反応停止ではない)。

  b は、a から c の状態へ向かう途中の状態。

(2) a の傾きが 2 倍になるが、平衡状態(c)のレベルは同じ。

(3) Michaelis-Menten の式は、初速度の基質濃度依存性。

  (図の各時間ごとの反応速度(傾斜)だけから、k_{cat} と K_{m} を求める試みは、上手く行かないことが理論的にわかっている。)

クイズ3

Michaelis-Menten の反応機構とは、酵素反応の過程で、E + S ⇌ ES → E + P のような酵素基質複合体(ES)ができる反応機構のことを言う。タンパク質の立体構造までわかっている現代では、当然のことと思われるが、100 年以上前の、酵素反応の過程で複合体ができていることに気付いた(Michaelis, L. and Menten, M. L. (1913) *Biochem. Z.* **49**, 336-369(この原著論文はドイツ語で書かれているが、100 周年を記念した英語訳が Johnson, K. A. and Goody, R. S. (2011) *Biochemistry* **50**, 8264-8369)

定常状態とは、ES の濃度がほぼ一定の状態。クイズ 2 の(a)の状態。

K_{m} は、E + S ⇌ ES → E + P のように単純な反応過程の場合には、E + S ⇌ ES の解離定数($K_{\text{m}} = [\text{E}][\text{S}]/[\text{ES}]$ で、単位は M)に相当し、k_{cat} は ES → E + P の反応速度定数で、1 秒間に ES が生成物(P)になる回数(分子回転数などとも呼び、単位は s^{-1})。

クイズ4

左図の反応式 $v = k_{\text{cat}}[\text{E}]_0([\text{S}]/([\text{S}] + K_{\text{m}}))$ は、$[\text{E}]_0$ が 1/2 なので、左図の縦軸の値が 1/2 になる。

右図は、両逆数プロット $1/v = 1/(k_{cat}[E]_0)(1 + K_m/[S])$ の直線と横軸$(1/v = 0)$との交点は同じだが、縦軸の値は 2 倍になる。

クイズ 5

一般式の $v = k_{cat}[E]_0([S]/([S] + K_m))$ で

$[S] \gg K_m$ なら $v = k_{cat}[E]_0 = V_{max}(= k_{cat}[E]_0)$

$[S] \ll K_m$ なら $v = (k_{cat}[E]_0/K_m)[S]$

（参考 ： $v = k_{cat}[ES] = k_{cat}((E)[S]/K_m) = (k_{cat}/K_m)[E][S]$（式(1)） は、$v = k_{cat}[E]_0([S]/([S] + K_m))$（式(2)）と同様に$[S]$の全濃度領域で適用できるが、式の形が異なっている。とくに、式(1)では、$[E]$や$[S]$の濃度に比例して、酵素反応速度vが上昇するが、式(2)では$[S]$を無限大にすると図 A-5 のように、$k_{cat}[E]_0$ の一定値に近づく。式(1)と式(2)とが異なるように見えるのは、なぜだろう？　その答えは、式(1)の$[E]$が、基質濃度$[S]$とともに減少するためである。）

クイズ 6

左図が正しいとすれば、右図のようにはならず、原点における接線(傾き k_{cat}/K_m)になる。右図が正しいとすれば、左図は ES や EP を加えた、下図のようなエネルギー図になる。

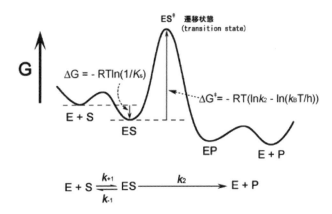

あとがき

本書は当初、「生物学が変わる！　ポストゲノム時代の原子生物学」（倉光、増井、中川（2004）大阪大学出版会）の改訂を目的として加筆訂正が始まった。

しかしその後、「高校生の自主研究にも利用したい」、「酵素の活性を上げたい」、「無農薬野菜の栽培を考え直してみたい」、「健康食品などの摂取について考え直してみたい」、「医療の各治療を理解したい」などの相談が寄せられたことがあった。そこで、これから生命科学を学ぼうとされている学生さんや若い研究者、そして、一般の方々にとって、「幅広い分野の生命現象を、いかにすれば省エネで理解できるか」を検討した。

その後の年月をかけて、生命現象の理解に欠かせない各タンパク質の立体構造や機能について一冊でわかること、生命現象の定量的な扱い方の理解に必要な要素が一冊にまとまっていることを目指して内容を補足し、工夫を重ね、このたびの内容となっていった。

生物進化の系統樹の分岐点にあるような生物やヒトを含めた、これまでに研究されてきた代表的なモデル生物の研究が進展し、単なる説明ではなく、予測可能なシステム生物学へ近づくことができれば、生命現象を「化学反応のレベルで理解できるようになった」と言える時代になるであろう。そうなれば、ヒトの病気の治療や予防なども大きく様変わりすると期待される。たとえば、創薬の場合にも、副作用のない薬の候補を予め選択することが可能になり、薬の安全性を確認するための「治験の過程」は大幅に省力化できるであろう。

ヒトを含めた「生き物」の全身の生命現象を、原子レベルで化学的に理解しようとすると、細胞レベルだけでなく、組織レベル、個体レベルでの情報も必要となる。しかし、現時点の人類の学問基盤を考えると、ヒトはもちろん動植物のような多細胞生物の個体を対象にするのは難しい。そこで第6章で紹介したように、まずは「単細胞」の生物を対象にして、学問基盤を整えつつ生物共通の基本原理を少しでも多く理解することを考えた。しかし、その理解に至るまでのもっとも大きな障壁は、機能がわからない遺伝子（タンパク質）が全体の約1/3も残っていることであった。約30年前には、「多くの生物に共通で、新たな機能が多数発見できる（第6章のような）研究は、これから世界中の研究者が競って取り組むであろう。そうなれば、短期間のうちに機能未知の遺伝子（タンパク質）がなくなり、いよいよ生物全体の生命現象の理解へ近づくことができるだろう」と想像（期待）していた。当時（そして現在も）そのような大きな動きは、世界的にも見られなかった。

筆者らを含めた多くの研究者が、第3〜5章のような各タンパク質分子の構造・機能を考えながら、第6章のようにして研究に着手した。すると、自然が生物進化の過程で作り上げてきた生命現象の奥深さに感銘すると同時に、人類の気づいていない現象がまだまだ多く残されていることをあらためて実感することができた。

どのような新しい発見がなされていくか、今後が楽しみである。

謝　辞

　本書をまとめることができたのは、これまでご意見、ご協力を賜りました多くの皆様のおかげです。とくに第6章に関連する研究においてお世話になった方々は、数百名を超えます。この研究内容は論文や公共データベースなどに掲載されておりますが、一部分を本書の引用文献として紹介させていただきました。皆様へ、ここに厚く御礼申し上げます。

　また、本書ができあがるまでの長い期間、根気よくサポートしていただいた大阪大学出版会の栗原佐智子さんに厚く御礼申し上げます。

執筆者紹介

倉光　成紀（くらみつ　せいき）

1977 年	大阪大学大学院理学研究科 博士課程修了　理学博士
現在	大阪大学 名誉教授、NPO 阪大理学テクノリサーチ 理事代表
研究テーマ	酵素反応機構、高度好熱菌（*Thermus thermophilus* HB8）丸ごと一匹、機能未知タンパク質
所属学会	日本生化学会、日本蛋白質科学会、極限環境生物学会、日本ビタミン学会、日本生物物理学会、日本分子生物学会、日本化学会

著書

『生化学データブック—3 蛋白質—』（共著），東京化学同人（1979）

「リゾチームの活性部位の構造」（共著）『タンパク質化学5』（赤堀四郎他編），共立出版（1981）

「好熱菌丸ごと一匹プロジェクト」（共著）バイオサイエンスとインダストリー **54**, 644-646（1996）

「Structural genomics projects in Japan」（共著）*Nat. Struct. Biol.* **7**, 943-945（2000）

『生物科学が変わる！ ポストゲノム時代の原子生物学』（共著）大阪大学出版会（2004）

『構造ゲノム科学—ポストゲノム時代のタンパク質研究—』（共著），共立出版（2007）

「Molecular mechanism of the whole DNA repair system」（共著）*J. Nucl. Acids* **2010**, ID 179594, 32 pages（2010）

「公開実験授業と研究との共存の試み」文部科学時報 No.1550, 34-37（2005）

増井　良治（ますい　りょうじ）

1977 年	大阪大学大学院理学研究科 博士課程修了　理学博士
現在	大阪公立大学 教授
研究テーマ	DNA 修復システム、ヌクレオチド代謝システム、翻訳後修飾、高度好熱菌 *T. thermophilus*、機能未知タンパク質
所属学会	日本生化学会、日本蛋白質科学会、極限環境生物学会、日本分子生物学会、Protein Society

著書

「好熱菌全ゲノムの配列決定とその意義」（共著）蛋白質核酸酵素 **44**, 165-170（1999）

「Structural genomics projects in Japan」（共著）*Nat. Struct. Biol.* **7**, 943-945（2000）

「酸化傷害 DNA の修復機構」（共著）蛋白質核酸酵素 **46**, 1618-1624（2001）

『ここまでできる PCR 最新活用マニュアル』（佐々木博己編），羊土社（2003）

『ゲノミクスとプロテオミクスの新展開〜生物情報の解析と応用〜』（今中忠行監修），NTS（2004）

『生物科学が変わる！ ポストゲノム時代の原子生物学』（共著），大阪大学出版会（2004）

『構造ゲノム科学—ポストゲノム時代のタンパク質研究—』（共著），共立出版（2007）

「タンパク質の酵素反応」（共著）『やさしい原理からはいるタンパク質科学実験法 3：タンパク質の働きを知る』，p.1-27，化学同人（2009）

「Molecular mechanism of the whole DNA repair system」（共著）*J. Nucl. Acids* **2010**, ID 179594, 32 pages（2010）

「機能未知タンパク質の機能解明を目指して—ヌクレオチド代謝を例に—」生化学 **87**, 749-752（2015）

「DNA 結合活性をもつプロテアーゼ様タンパク質の構造解析」日本結晶学会誌 **60**, 74-75（2018）

中川　紀子（なかがわ　のりこ）

2001 年	大阪大学大学院理学研究科 博士課程修了　理学博士
現在	大阪大学 高等教育・入試研究開発センター　特任助教
研究テーマ	DNA 修復機構の解析、構造ゲノム科学、高度好熱菌 *T. thermophilus*
所属学会	日本生化学会、日本分子生物学会、極限環境生物学会

著書

「原核生物の紫外線傷害と修復」『シリーズ光が拓く生命科学 4. 生物の光傷害とその防御機構』（市橋・佐々木編），共立出版（2000）

「高度好熱菌の DNA 修復蛋白質 UvrB の構造と機能の関連」（共著），蛋白質核酸酵素 **46**，968-975（2001）

「バクテリア蛋白質の網羅的発現」（共著），蛋白質核酸酵素 **47**，1009-1013

『生物科学が変わる！ ポストゲノム時代の原子生物学』（共著），大阪大学出版会（2004）

『構造ゲノム科学—ポストゲノム時代のタンパク質研究—』（共著），共立出版（2007）

「Molecular mechanism of the whole DNA repair system」（共著）*J. Nucl. Acids* **2010**, ID 179594, 32 pages（2010）

生命科学が変わる！

タンパク質の構造・機能の基礎から研究テーマ例まで

2024 年 3 月 29 日　初版第 1 刷発行

著　　者　　倉光成紀・増井良治・中川紀子
発 行 所　　大阪大学出版会
　　　　　　代表者　三成賢次

〒565-0871　大阪府吹田市山田丘 2-7
　　　　　　　大阪大学ウエストフロント
電話（代表）　06-6877-1614
FAX　　　　06-6877-1617
URL　　　　https://www.osaka-up.or.jp

印刷・製本　　株式会社 遊文舎

©S. Kuramitsu, R. Masui & N. Nakagawa 2024
Printed in Japan
ISBN 978-4-87259-797-4　C3045